中等职业教育数控技术应用专业规划教材

数控应用数学

第 2 版

闻福三　于　清　翟瑞波　编

机械工业出版社

本书是依据中等职业学校、技工学校数控技术应用专业领域技能型紧缺人才培养培训指导方案编写的。其内容包括：数控应用数学概述、初等代数、平面几何、三角函数、平面解析几何、其他数学方法简介、数控加工数学模型综合实例。本书内容由浅入深、循序渐进、案例丰富、图文并茂，具有较强的实用性，突出了数控加工知识与数学知识的有机结合。

本书可作为中等职业学校、技工学校数控技术应用专业教材，也可作为职业技术院校机电一体化、机械制造类专业教材及机械工人岗位培训和自学用书。

图书在版编目（CIP）数据

数控应用数学/闻福三，于清，翟瑞波编．—2版．—北京：机械工业出版社，2013.1（2025.2重印）

中等职业教育数控技术应用专业规划教材

ISBN 978-7-111-40082-0

Ⅰ.①数…　Ⅱ.①闻…②于…③翟…　Ⅲ.①数控机床—应用数学—中等专业学校—教材　Ⅳ.①TG659

中国版本图书馆 CIP 数据核字（2012）第 249191 号

机械工业出版社（北京市百万庄大街 22 号　邮政编码 100037）
策划编辑：王晓洁　责任编辑：王晓洁　宋亚东
版式设计：闫玥红　责任校对：樊钟英
封面设计：陈　沛　责任印制：单爱军
北京虎彩文化传播有限公司印刷
2025 年 2 月第 2 版第 10 次印刷
184mm×260mm·13.5 印张·331 千字
标准书号：ISBN 978-7-111-40082-0
定价：27.00 元

电话服务　　　　　　　　　网络服务
客服电话：010-88361066　　机　工　官　网：www.cmpbook.com
　　　　　010-88379833　　机　工　官　博：weibo.com/cmp1952
　　　　　010-68326294　　金　书　网：www.golden-book.com
封底无防伪标均为盗版　　机工教育服务网：www.cmpedu.com

前　言

本书第 1 版自 2007 年出版以来，以其丰富的内容、清晰的思路以及紧贴实际的讲解，得到了读者的喜爱。随着数控技术的发展和教学需要的提高，在新一届陕西省数控教学研究会的专家、学者的指导下，特对第 1 版作了修订，重点加大了数学在数控加工中的综合应用讲解。

数控加工是由计算机按程序控制数控机床完成零件加工的。数控加工的关键，一是数控加工工艺的制订，二是依据加工工艺完成数控加工程序的编制。编制程序时需要遵循一定的编程规则，在建立的坐标系中，根据确定加工轨迹的坐标点来完成，因此坐标点的数据计算对数控编程而言是尤为重要的。本书重点解决的就是如何运用数学知识，完成编程、加工时数据点的计算。本书从数控机床入手，将数控加工的知识与数学知识紧密结合，重点突出了数学的应用。对于数学内容的讲解，本着由浅入深，循序渐进的原则，一方面讲述了初等代数、平面几何等基础知识，另一方面又对与数控加工紧密联系的三角函数、解析几何等知识进行了详细、系统的介绍。根据数控机床的加工特点，书中综合应用实例分为数控车床编程、数控铣床/加工中心编程，力求实例丰富、紧贴实际、便于掌握。通过大量综合应用实例的讲解，可为学生学习数控编程打好坚实的基础。

本书由闻福三、于清、翟瑞波编写，具体编写分工如下：第一、六章和第七章第一、二节由闻福三编写，第二、三、四、五章由于清编写，第七章第三节由翟瑞波编写，全书由翟瑞波统稿。

本书在编写过程中得到了陕西省数控教学研究会各院校专家、学者的大力支持，同时得到了西安航空动力（集团）公司技术、技能专家的大力帮助，在此一并表示感谢。

由于作者水平所限，书中不足之处恳请广大读者批评指正。

编　者

目　录

第一章　数控应用数学概述

任何科学要达到完美的地步都离不开数学，正如马克思所说："一种科学只有在成功地运用数学时，才算达到完善的地步。"对于计算机数控学科更是如此。数控应用数学是一门针对数控专业而开设的数学基础课。在学习数学理论之前，让我们首先进入数控世界，概括地了解数控加工的方法、数控加工中主要的数学处理方法、坐标系的建立、数控加工数学模型的建立以及数学模型的模式，为我们在后续部分的学习中理解数控加工的数学题打好基础。

第一节　数控加工机床及其加工方法

一、普通加工机床与数控加工机床

机床(machine tool)是对金属或其他材料的坯料或工件进行加工，使之获得所要求的几何形状、尺寸精度和表面质量的机器。狭义的机床仅指使用最广、数量最多的金属切削机床，本书所讲的数控机床就属于此类。

普通加工机床或传统加工机床是指动作主要由手工操作完成的机床。在传统式的机械制造程序中，技术人员、操作人员必须先详阅工作图资料，接着安排工作计划：如刀具和工具的选择安装、工件的夹持固定、主轴转速的选定调整、切削和进刀的安排、切削液的使用、切屑的清除等，最后依据工作图上所表达零件的形状和尺寸大小不断地测量调整，再加上个人的熟练技术和工作经验，精心努力工作才逐渐地将工件加工完成。图1-1反映了传统铣床加工的场景。

图　1-1

数控加工机床是装备了数控系统的机床。机床的动作——加工过程所需的各种操作（如主轴变速、松夹工件、进刀退刀、开机与停机、选择刀具、供给切削液等）和步骤，以及刀具与工件之间的相对位移量都由数字化的代码来表示，经过计算机处理，以指令发给机床的执行元件，使机床自动加工出所需的零件。

二、数控加工机床的种类

数控加工机床的种类很多，按照工艺用途可分为普通数控机床、加工中心（机床）、多坐标数控机床及特种数控机床。

1. 普通数控机床

最普通的数控机床有车床、铣床、钻床、镗床、磨床等。

2. 数控加工中心

这类机床是在一般数控机床上加装一个刀具库和自动换刀装置。这类机床打破了一台机床只能进行单工种加工的传统概念，可在实行一次定位后完成多个工序的加工。

3. 特种数控加工机床

用非金属切削的特殊手段进行加工的数控机床，如数控电火花、数控线切割机床、数控激光加工机床等。

三、数控机床加工方法

数控机床加工方法与普通机床的加工方法基本相同，主要有车削、铣削、刨削、磨削、钻削、镗削、插削及特种加工等。数控切削加工机床使用量最大的是车削加工和铣削加工，其数控加工数学处理方法具有代表性。

（1）数控车削加工　图1-2所示为数控车床，图1-3所示为数控车床加工过程及零件成品。

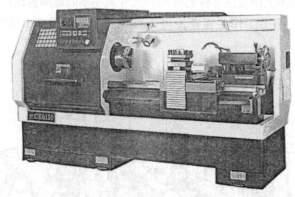

图　1-2

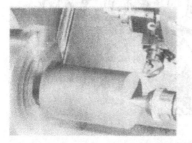

图　1-3

（2）数控铣削加工　图 1-4 所示为 XK7130 型数控铣床，图 1-5 所示为数控铣削加工过程及加工刀具。

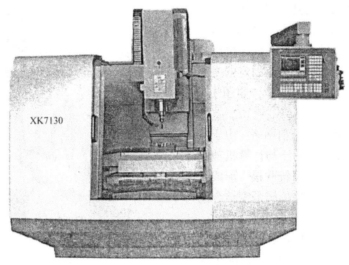

图　1-4

  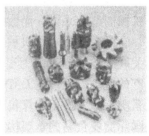

图　1-5

第二节　数控加工的特点及展望

一、数控加工的特点

同常规加工相比，数控加工具有如下的特点：

（1）自动化程度高　在数控机床上加工零件时，除了手工装卸工件外，全部加工过程都由机床自动完成。在柔性制造系统上，上下料、检测、诊断、对刀、传输、调度、管理等也都由机床自动完成，这样减轻了操作者的劳动强度，改善了劳动条件。

（2）加工精度高，加工质量稳定　数控加工的尺寸精度通常为 0.005～0.1mm，目前最高的尺寸精度可达 ±0.0015mm，不受零件形状复杂程度的影响，加工中消除了操作者的人为误差，提高了同批零件尺寸的一致性，使产品质量保持稳定。

（3）对加工对象的适应性极高　数控机床上实现自动加工的控制信息是加工程序。当加工对象改变时，除了相应更换刀具和解决工件装夹方式外，只要重新编写并输入该零件的加工程序，便可自动加工出新的零件，不必对机床作其他复杂的调整，缩短了生产准备周期，给新产品的研制开发以及产品的改进、改型提供了捷径。

（4）生产率高　数控机床的加工效率高，一方面是自动化程度高，在一次装夹中能完成较多表面的加工，省去了划线、多次装夹、检测等工序；另一方面是数控机床的运动速度高，空行程时间短。在固定的生产时间内可以生产出更多的产品，如图1-6所示。

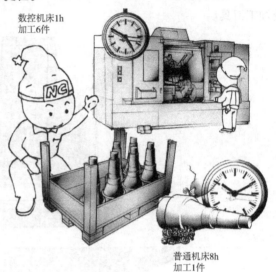

数控机床1h
加工6件

普通机床8h
加工1件

图　1-6

（5）易于建立计算机通信网络　由于数控机床是使用数字信息，易于与计算机辅助设计和制造（CAD/CAM）系统联接，形成计算机辅助设计和制造与数控机床紧密结合的一体化系统。

二、制造业的发展方向及展望

由于世界市场的急剧变化，企业在竞争的环境中，已经不能采用传统的生产方式，必须寻求一种新的生产方式，以实现高效率、高质量、高柔性和低成本的生产。尤其对机械制造业来讲，而数控技术正是提高产品质量、提高劳动生产率必不可少的物质手段，它的广泛使用给机械制造业的生产方式、产业结构、管理方式带来了深刻的变化，它的关联效益和辐射能力更是难以估计：数控技术是制造业实现自动化、柔性化、集成化生产的基础，现代的 CAD（计算机辅助设计）、CAM（计算机辅助制造）、FMS（柔性制造系统）、CIMS（计算机集成制造系统）等，都是建立在数控技术之上的；数控技术也是国际商业贸易的重要构成，发达国家把数控机床视为具有高技术附加值、高利润的重要出口产品，世界贸易额逐年增加。

因此，数控技术是关系到国家战略地位和体现国家综合国力水平的重要基础性产业，其水平高低是衡量一个国家制造业现代化程度的核心标志，实现加工机床及生产过程数控化，是当今制造业的发展方向。专家们曾预言：机械制造的竞争，实质上是数控的竞争。

鉴于此，发达国家都把提高数控技术水平作为提高制造业水平的重要基础，竞相发展本国的数控产业。我国也正积极采取各种有效措施大力发展中国的数控产业，把发展数控技术作为振兴机械制造业的重中之重。数控技术在制造业的扩展与延伸所产生的辐射作用和波及效果对机械制造业的产业结构、产品结构、专业化分工方式、机械加工方式及管理模式、社会的生产分工、企业的运行机制等正带来深刻的变化，对国民经济的发展起着重要的促进作用。

展望未来，现代机械加工业逐步向柔性化、集成化、智能化方向发展，需要将不断发展的通用计算机技术及其体系结构、现代自动控制理论及现代的电子技术应用于新一代数控机床。以计算机数控技术为核心的自动化已成为现代化的代名词，并且，自动化还在朝着"无人化"方向发展。也就是说，机械制造业自动化正在经历着：CNC（计算机数控化）—FMS（柔性制造系统）—CIMS（计算机集成制造系统）的"三部曲"。它使机械制造业自动化不断趋向深化，朝着设计、制造、管理全自动化的高层次方向发展。

第三节　对数控加工对象的数学处理

一、数控机床加工工件过程

数控加工的对象就是工作图所指定的零件,工作图提供了零件的几何信息、技术要求等信息,但是这些信息还远远不够,也不能直接为数控机床接受,除了图样提供的信息外还要补充工艺信息、辅助信息并进行加工处理,即数学处理和工艺处理,使之变换成数控机床能够接受的加工指令(或程序),才能将零件毛坯生产加工成符合零件图要求的成品零件。其完整过程如图 1-7 所示。

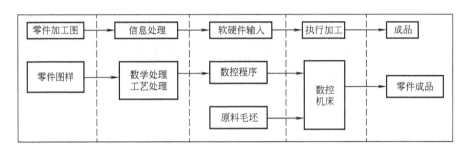

图　1-7

二、数学处理内容

数学处理是数控加工过程的一个必不可少的重要环节,学习数学处理所必须具备的数学知识,即数控应用数学。数学处理内容包括数值换算、坐标计算和辅助计算三个方面。数值换算是准备,坐标计算是核心,辅助计算是完善,其内容如图 1-8 所示。

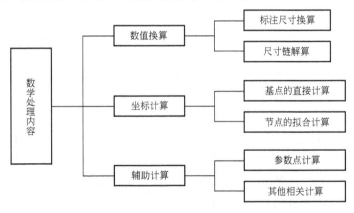

图　1-8

三、数学处理的方法

数学处理的方法主要有八种,如图 1-9 所示。

(1) 作图计算法　这种计算方法是以准确绘图为主,并辅以简单加、减运算的一种处理方法,因其实质为作图,故在习惯上也称为作图法。其绘图、计算后所得结果的准确程度,完全由绘图的精度确定。

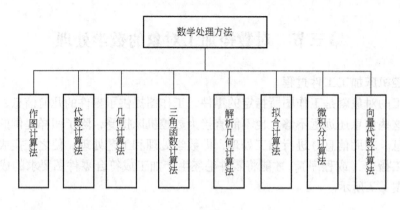

图　1-9

（2）代数计算法　在数控编程中，由于所涉及的零件轮廓形状各异，一般极少单独采用代数与几何这两种方法中的一种进行坐标点的计算，而往往将这两种计算法作为其他计算法（如三角函数计算法）的过渡或辅助手段，并融合在其他计算法中应用。

（3）几何计算法　几何计算法包括平面几何与立体几何，利用几何学中基本定理进行数学推导证明，进而求出加工轮廓点的数值。

（4）三角函数计算法　三角函数计算法简称三角计算法。在手工编程工作中，因为这种方法比较容易掌握，所以应用十分广泛，是进行数学处理时应重点掌握的方法之一。

（5）解析几何计算法　解析几何包括平面解析几何与空间解析几何，重点应掌握平面解析几何。应用平面解析几何计算法可省掉一些复杂的三角关系，用简单的数学方程即可准确地描述零件轮廓的几何图形；因此，分析和计算的过程都得到简化，并减少了较多层次的中间运算，使其计算误差大大减小，计算结果更加准确，并且不易出错。在绝对编程坐标系中，应用这种方法所解出的坐标值一般不产生累积误差，减少了尺寸换算的工作量，还可提高其计算效率等。因此，在数控机床加工的手工编程中，平面解析几何计算法是应用较普遍的计算方法之一。

（6）拟合计算法　在数控加工中经常用到这种方法，它是用微小细分的直线段或圆弧段近似代替非圆曲线的一种数学处理方法。

（7）微积分计算法　应用微积分、微分方程等方法计算题目中所提出的问题。

（8）向量代数计算法　向量代数较多地应用于较复杂的空间矢量计算。

我们把这八种方法称为八项工具。前五种方法主要应用初等数学知识，后三种方法主要应用高等数学知识。对于一般的、常用的、大多数的零件数控加工，学好前五种方法就够用了，其中三角函数、解析几何是重点，在本课程的后面章节中将详细讲解。八项工具并不是分散孤立的，而是互相渗透，互相联系的，只有灵活地、熟练地掌握应用好数学方法这一利器，才能为数控加工打好坚实的基础。

四、数值换算简介

1. 标注尺寸换算

（1）直接换算　指直接通过图样上的标注尺寸，即可获得编程尺寸的一种方法。进行直接换算时，可对图样上给定的基本尺寸或极限尺寸的中值，经过简单的加、减运算后完成。

例如，在图1-10b中除尺寸42.1mm外，其余均属直接按图1-10a的标注尺寸经换算后而得到的编程尺寸。其中，$\phi 59.94$mm、$\phi 20$mm、及 140.08mm 三个尺寸是分别取两极限尺寸平均值得到的编程尺寸。最大极限尺寸与最小极限尺寸的平均值称为该尺寸的中值，这种处理方法称为中值处理。

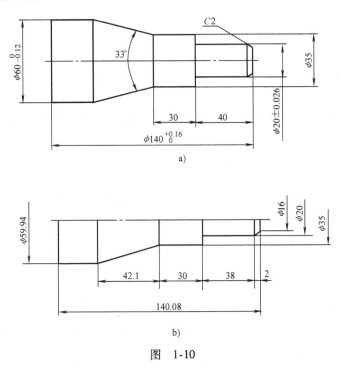

图　1-10

（2）间接换算　指需要通过平面几何、三角函数等计算方法进行必要的解算，才能得到其编程尺寸的一种方法。用间接换算法所换算出来的尺寸，可以是直接编程时所需的基点坐标尺寸，也可以是为计算某些基点坐标值所需要的中间尺寸。

例如图 1-10b 所示的尺寸 42.1mm 就属于间接换算后得到的编程尺寸。

2. 尺寸链的解算

在数控加工中，通过标注尺寸换算，解决了部分图样上的数值的解。当工序基准、测量基准、定位基准或编程原点与设计基准不重合时，一些编程用的数据，如工序尺寸及其公差就不能直接获得，这时需要借助于工艺尺寸链的基本知识和计算方法，通过解算工艺尺寸链才能获得。除了需要准确地得到编程尺寸外，还需要掌握控制某些重要尺寸的允许变动量，这也需要通过解算尺寸链才能得到。

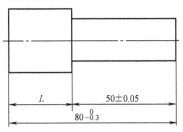

图　1-11

例如，已知条件如图 1-11 所示，(50 ± 0.05)mm 已保证，求编制切断程序时的 L 尺寸及变动范围。根据尺寸图画出尺寸链简图（见图 1-12）。经解算得，编程时的 L 尺寸为 29.85mm，加工中需要控制 L 尺寸的变化范围为 29.95~29.75mm。

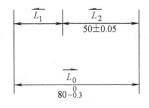

图　1-12

　　故尺寸链解算是数学处理中的一个重要内容。这一部分内容将在数控工艺中详细讲解。

第四节　坐　标　系

一、坐标系基本概念

1. 坐标的定义

能够确定一个点在空间的位置的一个或一组数，叫做这个点的坐标。

2. 坐标系的定义

具有点连续移动的空间、原点、方向和单位长度的基准系统叫坐标系。

3. 直线坐标系

1）在给定的直线 l 上指定正方向。

2）在直线 l 上取一定点作为原点（一般以 O 表示这一点）。

3）任取一条一定长度的线段作为单位长度。我们就说在直线 l 上建立了直线坐标系，这一条直线叫做坐标轴，也叫做数轴，如图 1-13 所示。

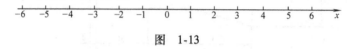

图　1-13

　　根据上面的分析可知，实数和数轴上的点可以建立一一对应的关系。就是说，对于任何一个实数，总可以用数轴上的一个（唯一的）点来表示它；反过来，数轴上的任何一个点，都表示一个（唯一的）实数。我们把这个点可以连续移动的直线叫做一维空间。用直线坐标系就可以表达出高度、深度、温度高低、收支盈亏、打球得分等的坐标值。如图 1-14 所示的实例都可以用直线坐标系表达，只是变量 x 所代表的意义不同。

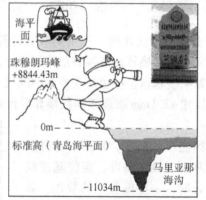

图　1-14

4. 平面直角坐标系

（1）平面直角坐标系定义

1）在平面上选定两条互相垂直的直线，并指定正方向（用箭头表示）。

2）以两直线的交点作为原点。

3）选取任意长的线段作为两直线的公共单位长度。这样，我们就说在平面上建立了一个直角坐标系（图 1-15）。直角坐标系也叫做笛卡儿（Rene Descartes，1596—1650，法国人）直角坐标系，或简称笛卡儿坐标系。

　　这两条互相垂直的直线叫做坐标轴，习惯上把其中的一条放在水平的位置上，从左到右的方向是它的正方向，这条轴叫做横坐标轴，简称为横轴或 x 轴。与 x 轴垂直的一条叫做纵坐标轴，简称为纵轴或 y 轴，从下到上的方向是它的正方向。

（2）平面上点的坐标　　建立了直角坐标系后，平面上的任意一点 P 的位置就可以确定了，方法是这样的：由 P 点分别作 y 轴和 x 轴的平行线（就是向 x 轴和 y 轴分别作垂线），交点分别是 M 和 N（图1-16）。设 x 轴上有向线段 OM 的数量是 a，y 轴上有向线段 ON 的数量是 b，容易理解，P 点到 y 轴的距离是 $|a|$，到 x 轴的距离是 $|b|$。如果 P 点的位置一定，则 a，b 的值也一定。就是说，P 点的位置可以由一对实数 a 和 b 来表示。

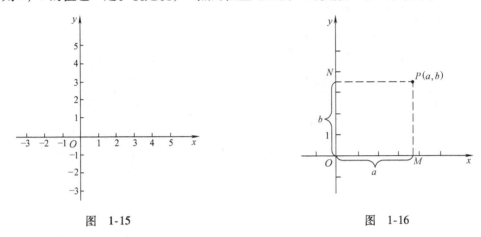

图　1-15　　　　　　　　　　　　图　1-16

我们称 a 是 P 点的横坐标（简称横标），b 是 P 点的纵坐标（简称纵标）。把横标写在前面，纵标写在后面，中间用"逗号"分开，并外加小括号，写成 (a, b) 的形式，这样的一对有序实数 (a, b) 叫做 P 点的坐标。

反过来，如果有一对有序实数 (a, b)，我们可以把 a 看成是 x 轴上某一条有向线段 OM 的数量，把 b 看成 y 轴上某一条有向线段 ON 的数量，然后由 M 和 N 分别作 x 轴和 y 轴的垂线，就可以得到唯一的一个交点。就是说，任何一对有序实数可以确定平面上的一个点。从上面的分析，可以得到下面的结论：在给定的直角坐标系下，对于平面上的任意一点 P，我们可以得到唯一的一对有序实数 (a, b) 来和它对应；反过来，对于任何一对有序实数 (a, b)，在平面上就能确定一个唯一的点 P，这个点的坐标是 (a, b)，即平面上的点 P 和一对有序实数 (a, b) 之间建立了一一对应的关系。我们把这个点可以连续移动的平面叫做二维空间，或者把由两个有序数字确定的点的空间叫二维空间。

日常生活中常见的直角坐标系实例很多，围棋的棋盘就是其中之一，如图1-17所示。

围棋盘以 $(1, -1)$ 为原点，并且是第4象限的坐标平面。国际象棋的棋盘与此稍有不同，这里表示棋子位置的不是2条垂直直线的交点，而是横竖线之间的网格。

再者，北京、西安等古都城市内的街道多为直角正交道路，其街道布局呈现为棋盘格子状，这充分体现了平面直角坐标系的优点。

5. 空间坐标系

（1）空间坐标系定义

1）在空间上选定三条互相垂直的直线，并指定正方向（用箭头表示）。

2）以三直线的交点作为原点。

3）选取任意长的线段作为三直线的公共单位长度。这样，我们就说在空间上建立了一个直角坐标系。

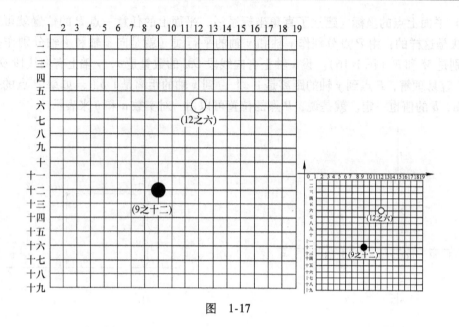

图 1-17

如图 1-18 所示，在空间任意取定一点 O 和过点 O 的三条两两互相垂直的直线 Ox、Oy 与 Oz，分别取定它们的正方向，再取定长度单位，这样就确定了一个空间直角坐标系 $O\text{-}xyz$，点 O 叫做坐标原点，三条轴 Ox、Oy 与 Oz 都叫做坐标轴，并依次叫做 x 轴，y 轴和 z 轴。每两条坐标轴所决定的平面叫做坐标平面，共有三个坐标平面，按照坐标平面所包含的坐标轴，分别叫做 xOy 平面、yOz 平面和 zOx 平面。

（2）空间上点的坐标　在建立了空间直角坐标系之后，空间任意一点 P 的坐标就可以确定了，具体方法如下：过点 P 分别作三个与坐标轴垂直的平面，它们和坐标轴 Ox、Oy、Oz 依次相交于点 Q、R、S（图 1-18），这三点在相应坐标轴上的坐标依次为 x、y、z，于是对于点 P 就确定了三个有顺序的实数 x、y、z，叫做点 P 的坐标，记为点 $P(x, y, z)$ 或 (x, y, z)。x，y，z 依次称为点 P 的横坐标、纵坐标、竖坐标。反之，任意给定三个有顺序的实数 x、y、z，我们在 x 轴、y 轴、z 轴上分别作出以 x、y、z 为坐标的点 Q、R、S，再过 Q、R、S 分别作出与 x 轴、y 轴、z 轴垂直的三个平面，设它们相交于 P 点，则 P 点的坐标就是 (x, y, z)。空间坐标系将空间划分为八个卦限，如图 1-19 所示。

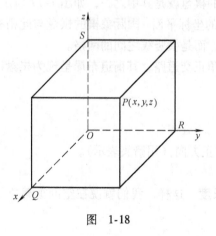

图　1-18

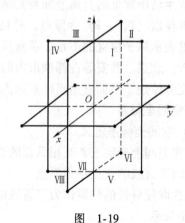

图　1-19

因此，在空间确定直角坐标系后，空间中任意一点就唯一地决定了一个"有序三数组"；反之，任意一个这样的"有序三数组"就唯一地决定了空间中的一个点。也就是说，建立了空间直角坐标系之后，空间中的所有点与由三个有顺序的实数构成的数组的全体之间便建立了一一对应关系。我们把这个点可以连续移动的空间叫做三维空间，或者把由三个有序数字确定的点的空间叫三维空间。

显然，在 xOy 面上的点的竖坐标 $z=0$，即 xOy 面上点的坐标是 $(x, y, 0)$；在 yOz 平面和 zOx 平面上，点的坐标分别是 $(0, y, z)$ 和 $(x, 0, z)$。而在 x 轴、y 轴、z 轴上，点的坐标分别是 $(x, 0, 0)$，$(0, y, 0)$，$(0, 0, z)$。原点的坐标为 $(0, 0, 0)$。三个坐标平面把空间划分成八个区域，称为八个卦限，用大写罗马字母表示。它们按图 1-19 所示依次叫做第 Ⅰ 卦限，第 Ⅱ 卦限，…，第 Ⅷ 卦限。各卦限内的点（除去坐标面上的点外）的坐标 (x, y, z) 的符号如表 1-1 所示。

表 1-1　三维空间各卦限的坐标符号

坐标＼卦限	Ⅰ	Ⅱ	Ⅲ	Ⅳ	Ⅴ	Ⅵ	Ⅶ	Ⅷ
x	+	-	-	+	+	-	-	+
y	+	+	-	-	+	+	-	-
z	+	+	+	+	-	-	-	-

例如，点 $(1, 3, 2)$ 在第 Ⅰ 卦限，点 $(-2, 3, 5)$ 在第 Ⅱ 卦限，而点 $(-2, -1, -3)$ 和点 $(-5, 3, -2)$ 分别在第 Ⅶ 和第 Ⅵ 卦限。

直角坐标系有右手系和左手系两种。如果把右手的拇指和食指分别指着 x 轴和 y 轴的方向时，中指就可以指着 z 轴的方向，这样的坐标系叫做右旋坐标系或右手坐标系；如果左手的这三个手指依次指着 x 轴、y 轴和 z 轴，这样的坐标系叫做左旋坐标系或左手坐标系（图 1-20）。我们以后在讨论空间问题时，如无特别声明，一般都采用空间右手直角坐标系，即右手直角笛卡儿坐标系。

图　1-20

我们知道，在平面直角坐标系中，一个点的位置可以用两个有序实数（即该点的坐标）来确定，而在空间中的一个点却要用三个有序实数才能确定它的位置。例如：要想描述飞离发射架后某时刻导弹的确切位置，就必须说明此刻导弹位于发射架以东 50km，以北 30km，离地 15km，这样导弹在空间中的具体位置就确定了。

二、机床坐标系

1. 机床坐标系的定义

为了确定机床的运动方向和移动距离，需要在机床上建立一个坐标系，这个坐标系就叫机床坐标系。几种常见数控机床的坐标系分别见图 1-21（卧式车床）和图 1-22（立式升降台铣床）。

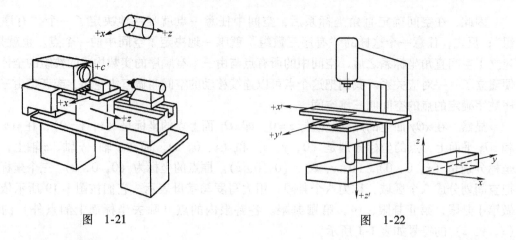

图　1-21　　　　　　　　　　　　图　1-22

2. 坐标轴的确定方法

在确定机床坐标轴时，一般先确定 z 轴，然后确定 x 轴和 y 轴，最后确定其他轴。

（1） z 轴　z 轴的方向是由传递切削力的主轴确定的，与主轴轴线平行的坐标轴即为 z 轴。如图 1-21、图 1-22 所示。如果机床没有主轴，则 z 轴垂直于工件装夹面。同时规定刀具远离工件的方向作为坐标轴的正方向。例如在钻镗加工中，钻入和镗入工件的方向为 z 坐标的负方向，而退出为正方向。

（2） x 轴　x 轴是水平的，平行于工件的装夹面，且垂直于 z 轴。对于工件旋转的机床（如车床、磨床等），x 坐标的方向是在工件的径向上，且平行于横滑座。刀具离开工件旋转中心的方向为 x 轴正方向，如图 1-21 所示。对于刀具旋转的机床（铣床、镗床、钻床等），如 z 轴是垂直的，当从刀具主轴向立柱看时，x 运动的正方向指向右，如图 1-22 所示。如果 z 轴是水平的，当从主轴向工件方向看时，x 轴的正方向指向右，如图 1-21 所示。

（3） y 轴　y 坐标轴垂直于 x、z 坐标轴。y 运动的正方向根据 x 和 z 坐标的正方向，按照右手直角笛卡儿坐标系来判断。

（4）旋转运动　围绕坐标轴 x、y、z 旋转的运动，分别用 a、b、c 表示。它们的正方向用右手螺旋法则判定。

（5）工件运动时的方向　对于工件运动而不是刀具运动的机床，必须将前述为刀具运动所作的规定，作相反的安排。用带"$'$"的字母表示。如 $+x'$ 表示工件相对于刀具正向运动指令。而不带"$'$"的字母，如 $+x$，则表示刀具相对于工件正向运动指令。二者表示的运动方向正好相反，如图 1-22 所示。对于编程人员只考虑不带"$'$"的运动方向；对于机床制造者，则需要考虑带"$'$"的运动方向。

3. 坐标原点的确定

机床坐标系的原点是在机床出厂时，由制造厂家在机床上设置的一个固定点，简称 MCS。它是机床制造时的基准点，又是数控机床进行加工或位移的基准点。数控车床一般将机床原点设在主轴端面卡盘中心处，如图 1-23 所示，数控铣床的原点一般取在 x，y，z 三个

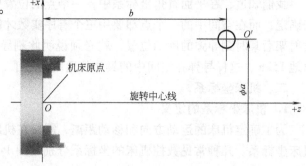

图　1-23

坐标轴的正方向的极限位置上，如图1-24所示。

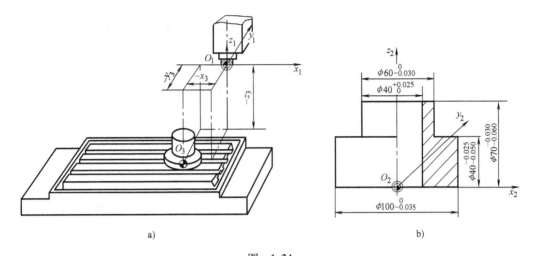

图　1-24

a）数控铣床坐标系及机床原点 O_1　　b）铣削加工零件及工件原点 O_2

三、工件坐标系

1. 定义

工件坐标系是用于确定工件几何图形上各几何要素（点、直线和圆弧）的位置而建立的坐标系。工件坐标系的原点即是工件零点。选择工件零点时，最好把工件零点放在工件图的尺寸能够方便地转换成坐标值的地方。车床工件零点一般设在主轴中心线上，工件的右端面或左端面。如图 1-25 所示，xOz 为车床的机床坐标系，$x'Oz'$ 为工件坐标系。铣床工件零点，一般设在工件外轮廓的某一个角上，或中心点上，进刀深度方向的零点，大多取在工件表面。如图 1-24b 所示。

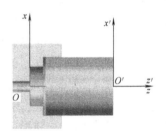

图　1-25

2. 工件零点的一般选用原则

1）工件零点选在工件图样的尺寸基准上，这样可以直接用图样标注的尺寸，作为编程点的坐标值，减少计算工作量。

2）能方便地装夹、测量、对刀和检验。

3）工件零点尽量选在尺寸精度较高、表面粗糙度值比较低的工件表面上，这样可以提高工件的加工精度和同一批零件的一致性。

4）对于有对称形状的几何零件，工件零点最好选在对称中心上，工件零点的选择实例如图 1-23 所示。

工件坐标系的设定可以通过输入工件零点与机床原点在 x、y、z 三个方向上的距离（x_3、y_3、z_3）来实现。其实质是数控系统经运算后实行坐标平移变换，使工件坐标系被机床数控系统确认并与机床坐标系关联，从而使编制的数控程序能够正确运行。

四、编程坐标系

编程坐标系是在编制数控程序过程中用于确定工件几何图形上各几何要素（点、直线和圆弧）的位置而建立的坐标系。编程坐标系分为两种，即绝对坐标系和增量坐标系（或相对坐标系）。

1. 绝对坐标系

编程坐标系的所有坐标点的位置都以坐标原点为基准的坐标系，如图1-26所示，三个坐标系尽管坐标轴字母代号不同，但是在每个坐标系中A、B、C、D的坐标值均以各自坐标原点为基准确定。绝对坐标系与工件坐标系是两个概念，在选用时常常重合。

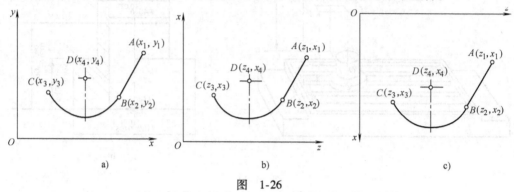

图　1-26

2. 增量坐标系

也称相对坐标系，它是新的坐标原点与旧的坐标原点有相对变换的坐标系。在数控加工中特指加工轮廓曲线上，各线段的终点位置以该线段起点为坐标原点而确定的坐标系。在图1-27中，直线AB的编程坐标系是以A点为坐标原点的W_1-U_1增量坐标系；圆弧BD的编程坐标系是以B点为坐标原点的

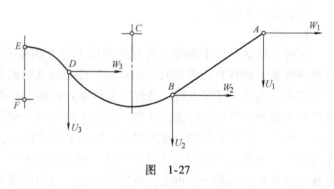

图　1-27

W_2-U_2增量坐标系，圆弧的终点D和圆心C的位置都相对于B点而确定；圆弧DE的编程坐标系是以D点为坐标原点的W_3-U_3增量坐标系。增量坐标系的实质是坐标系的平移变换。

如在计算过程中，已按绝对坐标值计算出某些运动段的起点坐标及终点坐标，以增量方式表示数值时，其换算公式为：增量坐标值＝终点坐标值－起点坐标值

附：记忆口诀：绝对看原点，增量看起点，增量坐标值，终点减起点。

计算应在各坐标轴方向上分别进行。例如：要求以直线插补方式，使刀具从a点（起点）运动到b点（终点），已计算出a点坐标为(x_a, y_a)，b点坐标为(x_b, y_b)，若以增量方式表示时，其x、y轴方向上的增量分别为$\Delta x = x_b - x_a$，$\Delta y = y_b - y_a$。

第五节　基点、节点和参数点

一、基点与直接计算

1. 基点的含义

构成零件轮廓的不同几何要素的交点、切点或者各几何元素间的连结点称为基点，如两

直线间的交点，直线与圆弧或圆弧与圆弧间的交点或切点，圆弧与二次曲线的交点或切点等。显然，相邻基点间只能是一个几何元素。如图1-28中所示的 *A*、*B*、*C*、*D*、*E* 和 *F* 各点都是该零件轮廓上的基点。

2. 基点直接计算的内容

根据直接填写加工程序段时的要求，该内容主要有：每条运动轨迹（线段）的起点或终点（即基点）在选定坐标系中的各坐标值和圆弧运动轨迹的圆心坐标值。对于由直线与直线或直线与圆弧构成的平面轮廓零件，由于目前一般机床数控系统都具有直线、圆弧插补

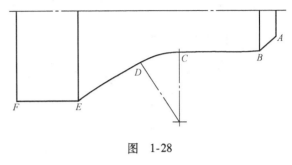

图　1-28

功能，故数值计算比较简单。此时，主要应根据零件图样所给已知条件，计算出基点坐标与圆弧的圆心点坐标，这一般都由人工完成。对于复杂的图样则由计算机或其他方法完成。

二、节点与拟合计算

1. 节点的含义

当采用不具备非圆曲线插补功能的数控机床加工非圆曲线轮廓的零件时，加工程序的编制工作，常常需要用直线或圆弧去近似代替非圆曲线，称为拟合处理。拟合线段中的交点或切点就称为节点。也可以说在满足允许的编程误差的条件下进行分割，即用若干条直线段或圆弧逼近给定的曲线，逼近线段的交点或切点称为节点。图 1-29a 所示为用直线段逼近非圆曲线的情况，图 1-29b 所示为用圆弧段逼近非圆曲线的情况。

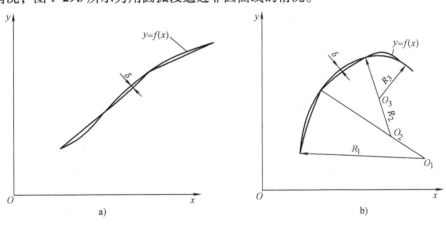

图　1-29

编写程序时，应按节点划分程序段。逼近线段的近似区间越大，则节点数目越少，相应地程序段数目也会减少，但逼近线段的误差 δ 应小于或等于编程公差 $\delta_公$，即 $\delta \leqslant \delta_公$。考虑到工艺系统及计算误差的影响，$\delta_公$ 一般取零件公差的 $\dfrac{1}{5} \sim \dfrac{1}{10}$。由此看来，节点实质就是基点，准确地说节点是在公差约束条件下的基点。

立体型面零件应根据程序编制公差，将曲面分割成不同的加工截面，各加工截面上轮廓曲线也要计算基点和节点。如图 1-30a 中的 *G* 点为圆弧拟合非圆曲线时的节点，图 1-30b 中

的 B、C 和 D 点均为直线拟合非圆曲线时的节点。

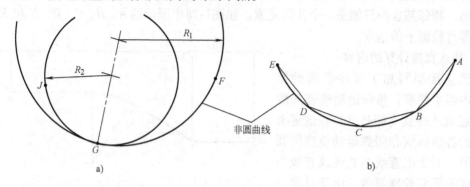

图　1-30

2. 节点拟合计算的内容

节点拟合计算的难度及工作量都较大，故宜通过计算机完成，必要时，也可由人工计算完成，但对编程者的数学处理能力要求较高。拟合结束后，还必须通过相应的计算，对每条拟合线段的拟合误差进行分析。

三、参数点

除基点、节点外，在数控加工过程中还有一些点的坐标值是编程不可缺少的，这些点称为参数点，例如轮廓的粗加工、半精加工所涉及的点（如中间加工过程刀具轨迹的基点），螺纹加工中的大径、中径、小径等的起刀点、退刀点、换刀点、圆心点以及坐标系的参考点，这些参数点由辅助计算完成。参数点的计算，不仅仅是单纯的数学计算，它要依据工艺、机床、控制等方面的要求才能确定，但所用的数学方法基本相同。

四、基点、节点、参数点的一般建立

各种零件的轮廓尽管复杂多样，但都是由许多不同的、简单的几何元素组成。如直线、圆弧、二次曲线及列表点曲线等。一般数控机床实际上只具有直线、圆弧插补运动功能，形成简单几何轮廓轨迹，若将简单轨迹组合，就可以完成复杂多样的轮廓轨迹运动。从运动的角度看，基点就是运动轨迹几何性质改变的转换点。图1-28中基点 $A—B—C—D—E$ 正是斜线、水平线、圆弧线、斜线、水平线的转换点。

基点、节点、参数点都属于几何尺寸及位置的点，都是编写加工程序必不可少的点，在加工图样中不可能将其标清楚、标完全，为此要通过建立解题分析图将它们一一标出。解题分析图即是分析计算的工具，也是编写程序的助手，它们的建立是数学处理的过程和结果。

第六节　数控加工数学模型的建立

一、对数控加工的抽象化理解

数控加工的实质是通过预先设定的数控指令（或程序）由适当的数控机床用不同的加工方法（车、铣、钻、镗、磨、光、电等）完成对工件的加工，以达到设计要求的尺寸精度。无论用哪一种方法，都是要去除毛坯件上多余的部分，剩下余留的部分就是所需要的成品工件。我们主要考虑数学元素，设定适当的坐标系，无论是二维平面图形、三维空间实

体，还是多自由度多维空间，把各种切削刀具都可以简化为一个刀位点或一个微型球形刀，刀位点扫掠经过之处，任何材料均被沿着轨迹严格地切削铲除，刀位点按照工艺规定的刀具路线有序地运动，工件毛坯就像削苹果一样被层层切除，最后留下的部分就是成品工件。在这里我们忽略了刀具的材料、形状、硬度、夹具、载荷、磨损等，也忽略了工件的材料、形状、硬度、夹具、载荷等因素。那么，我们就可以把数控加工理解描绘成一个神奇的数控精灵在空间挥舞着无所不克的魔刀，把毛坯切削成精美绝伦的零件产品，如图1-31、图1-32、图1-33所示。操纵这个数控精灵的就是数控编程师，而数控加工的数学模型就在此基础上建立起来。

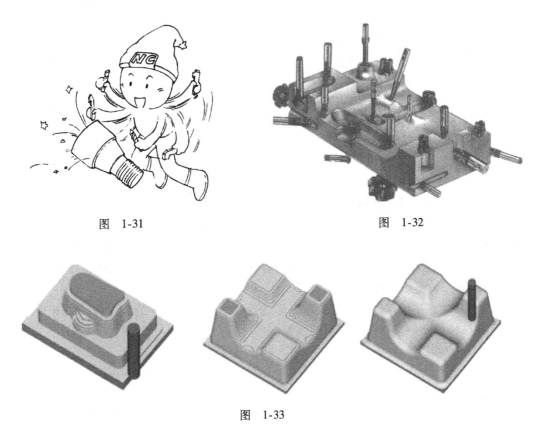

图　1-31　　　　　　　　　　　　　　　　　　图　1-32

图　1-33

二、建立数控加工数学模型的一般方法

1. 零件图分析

对零件图样进行分析时，要求达到下面三个"完整准确"：

（1）一组完整准确的视图　由于设计等方面的原因在图样上出现了不符合标准之处，如视图关系不清楚，加工轮廓的数据不充分、尺寸模糊不清及尺寸封闭等缺陷，可能有几种解或没有解，有时甚至无法编程。如图1-34a所示两圆弧的圆心位置是不确定的，不同的解将得到不同的结果；图1-34b所示圆弧与斜线的关系要求为相切，但计算结果却为相交。

（2）一组完整准确的几何尺寸　图样上尺寸不准确包括：图样上的几何关系矛盾或漏标尺寸，如图1-34c所示的各段长度之和不等于其总长尺寸，漏掉了倒角的尺寸；图样上给定的几何条件形成了封闭尺寸，这不仅给数学处理造成困难，还可能产生不必要的计算误

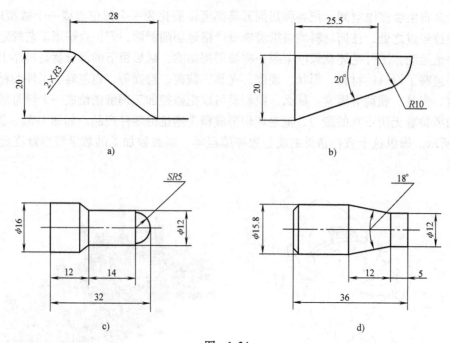

图 1-34

差，如图 1-34d 中，其圆锥体的构成尺寸已经封闭。

（3）一组完整准确的要求 包括几何公差要求、表面粗糙度要求、其他相关要求。例如椭圆轮廓度由 0.1mm 改为 0.01mm，那么在进行拟合处理时，拟合线段将多几倍，相应的数控程序段数也要增加很多。另外：如果用普通灰铸铁材料达到 50 ~ 55HRC 的硬度和表面粗糙度 $Ra\ 0.4\mu m$ 是不合理的。

当发生以上各项缺陷时，应解决后方可进行数学处理及程序编制工作。如图 1-35 为分别对应图 1-34 所示缺陷进行处理后的结果。

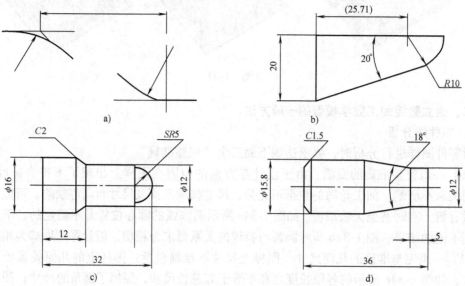

图 1-35

2. 对零件图样进行数值变换

在具有三个"完整准确"图样的基础上，按照设定的工件坐标系对原有的尺寸进行标注尺寸换算和尺寸链解算，求出编程用到的各个组成环的尺寸值，将具有公差的尺寸进行中值处理。

3. 绘制解题分析图

在数值变换的基础上根据零件图样，按一定比例（也可用示意草图）绘制出加工编程部分的轮廓图（如果是对称形状，则可只绘出一半图形），在图上标明工件坐标系原点和坐标轴，标明轮廓部分的基点、节点、圆心点，并给予编号，对某些必要的参数点也要标明并编号。

4. 计算并列表写出结果

应用适当的数学方法对编号的基点、节点、圆心点、参数点的坐标值进行计算求解，并将计算结果列表写出；若图形简单，点数较少，可以直接将计算结果标在解题分析图所求点处。

三、建立数控加工数学模型范例

零件轮廓所有的图素在二维平面上能够表达，在二维平面上建立的零件数控加工数学模型称为二维空间数学模型。例如零件的车削，平面零件外形轮廓、内形轮廓的铣削等。

例1 对图 1-36 所示零件的螺纹锥面轴建立数控加工数学模型，毛坯直径为 $\phi32\text{mm}$，材料为 45 钢，调质处理。

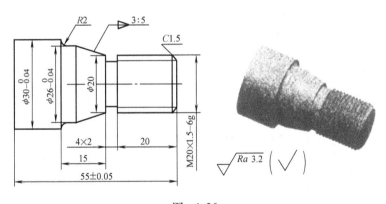

图 1-36

解 1）图样分析：经分析该图达到三个"完整准确"。

2）数值变换：图 1-36 中带公差尺寸变换如下：$\phi30_{-0.04}^{0} \rightarrow \phi29.98$，$\phi26_{-0.04}^{0} \rightarrow \phi25.98$，$55 \pm 0.05 \rightarrow 55.0$。

工件坐标原点设在工件右端面与轴线的交点处，尺寸链不需要变换。

3）解题分析图：见图 1-37，1～10 为基点，$N1$，$N2$ 分别是 M20×1.5-6g 螺纹的实际大径，实际小径的起刀点的坐标。详细计算

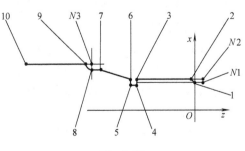

图 1-37

方法见数控加工工艺螺纹部分。$N3$ 为 $R2$ 的圆心坐标。

4）基点、参数点坐标表：（注：x 坐标值为直径量，z 坐标为实际量，单位为 mm）

坐标＼序号	1	2	3	4	5	6	7	8	9	10	$N1$ 螺纹小径起刀点	$N2$ 螺纹大径起刀点	$N3$ 圆心
x	17	20	20.0	16.0	16	20.0	25.98	25.98	29.98	29.98	18.2	19.83	30
z	0	-1.5	-20.0	-20.0	-24.0	-24.0	-34.0	-37.0	-39.0	-55.0	5.0	5.0	-37

四、三维空间数学模型

零件轮廓所有的图素需要在三维空间上能够表达，在三维空间坐标系上建立的零件数控加工所需的所有数学元素的模型称为三维空间数学模型。如三维空间实体、三维空间曲面的铣削加工等。

例2　如图 1-38 所示的棱台面，用三坐标数控铣床加工棱台面，材料为 45 钢，毛坯为矩形块，进行数控加工时，建立数学模型。

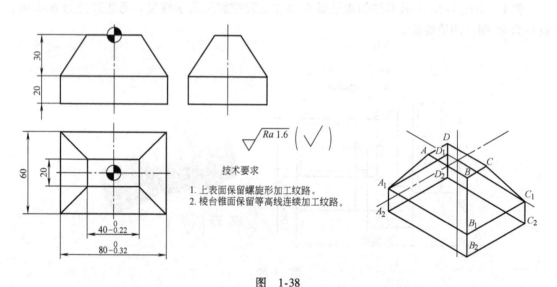

技术要求

1. 上表面保留螺旋形加工纹路。
2. 棱台锥面保留等高线连续加工纹路。

图　1-38

解　1）图样分析：经分析，该图达到三个"完整准确"。

2）数值变换：图中带公差尺寸变换如下：$40_{-0.22}^{0} \rightarrow 39.89$，$80_{-0.32}^{0} \rightarrow 79.84$，坐标原点设在工件上平面与矩形中点处，尺寸链不需要变换。

3）解题分析图：坐标系如图 1-39 所示。

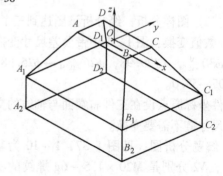

图　1-39

4）基点、参数点坐标表。

序号 坐标	A	B	C	D	A_1	B_1	C_1	D_1	A_2	B_2	C_2	D_2
x	−19.945	19.945	19.945	−19.945	−39.92	39.92	39.92	−39.92	−39.92	39.92	39.92	−39.92
y	−10	−10	10	10	−30	−30	30	30	−30	−30	30	30
z	0	0	0	0	−30	−30	−30	−30	−50	−50	−50	−50

第七节　数控程序示例

示例1　图 1-40 所示零件数车外形精加工程序（坐标系为刀架后置坐标系；＋X 向里）。毛坯为 φ50mm 圆棒料。

程序：O001；	程序名 O001
S500 M03 T0101；	T0101 外圆车刀　主轴正转　转速 500r/min
G00 X52 Z5；	快速移动至 X52 Z5 处（注：数控车床为 X 向直径编程）
G00 X0；	快速移动至 X0
G01 Z0 F0.15；	直线进给至 Z0，速度 0.15mm/r
G03 X30 Z−15 R15；	逆时针圆弧进给至 X30 Z−15，车圆弧半径 R15
G01 X38 Z−55；	直线进给至 X38 Z−55
G02 X48 Z−60 R5；	顺时针圆弧进给至 X48 Z−60，车圆弧半径 R5
G01 Z−75；	直线进给至 Z−75
X52；	直线进给至 X52
G00 X150 Z200；	快速移动换刀点 X150 Z200
M30；	程序结束回程序起点

示例2　图 1-41 所示加工轨迹的铣削加工程序。

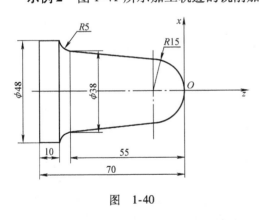

图　1-40

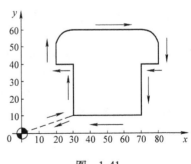

图　1-41

O1；	程序名 O1
M03 S400；	主轴正转，转速 400r/min
G00 X0 Y0；	快速移动至 X0 Y0
X30 Y10；	快速移动至 X30 Y10
G01 Y40 F100；	直线进给至 Y40，速度 100mm/min

X20；	直线进给至 X20
Y50；	直线进给至 Y50
G02 X30 Y60 R10；	顺时针圆弧进给至 X30 Y60，铣圆弧半径 R10
G01 X70；	直线进给至 X70
G02 X80 Y50 R10；	顺时针圆弧进给至 X80 Y50，铣圆弧半径 R10
G01 Y40；	直线进给至 Y40
X70；	直线进给至 X70
Y10；	直线进给至 Y10
X30；	直线进给至 X30
G00 X0 Y0；	快速移动至 X0 Y0
M30；	程序结束回起点

习　题

1. 数控机床与普通机床的区别是什么，数控机床的加工方法主要有哪些？

2. 说明现代制造业正经历着哪"三步曲"，朝着什么方向发展？

3. 数控加工数学处理内容有哪些，其核心是什么？

4. 用框图画出数学处理的三大内容和八项工具，手工编程常用的有哪几种工具？

5. 名词解释：

(1) 坐标；(2) 坐标系；(3) 机床坐标系；(4) 工件坐标系；(5) 绝对坐标系；(6) 相对坐标系；(7) 基点；(8) 节点；(9) 参数点；(10) 图样分析的三个"完整准确"；(11) 建立数学模型的"四个步骤"。

6. 在数轴（图1-42）上 O 为原点，且 $OA=2$，$AB=3$，$OC=-4$. 求 A，B，D 三点的坐标。

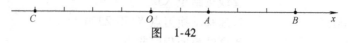

图　1-42

7. 在数轴上标出下列各点的位置：

(1) $A_1(-3.5)$；　　　　(2) $A_2\left(\dfrac{8}{3}\right)$；　　　　(3) $A_3(5\sin15°)$；　　　　(4) $A_4(-\sqrt{3})$。

注意，如果点的坐标是无理数，可以取它的近似数代替，如：$\sqrt{3}\approx1.7$；$5\sin15°\approx1.3$；$\pi\approx3.1$ 等，无要求时取到小数点后一位。

8. 先画出一个空间直角坐标系，再描出下列各点：

$A(2,3,1)$；　　　　$B(-1,3,2)$；　　　$C(-1,-2,-4)$；　　　$D(0,1,-1)$；

$E(0,0,5)$；　　　　$F(-5,0,3)$；　　　$G(4,-1,0)$；　　　　$H(2,-2,-3)$。

9. 下列各点相对于坐标系位置有何特殊？

$A(-2,0,0)$；　　　　$B(0,1,0)$；　　　$C(0,0,-5)$；　　　　$D(0,1,-2)$；

$E(3,0,1)$；　　　　$F(2,-1,0)$。

10. 从点 $P(-1,2,3)$ 和 $Q(a,b,c)$ 分别向各坐标平面和各坐标轴引垂线，求各垂足的坐标。

11. 已知点 $P(2,-3,-1)$ 和 $M(a,b,c)$，分别求这两点关于下列坐标平面、坐标轴、坐标原点的对称点的坐标。

(1) Oxy 平面；　　　(2) Oyz 平面；　　　(3) z 轴；　　　　　(4) 原点。

12. 指出适合下列条件的点的位置：

(1) 横坐标为零的点；(2) 竖坐标为零的点；(3) 横坐标和纵坐标同时为零的点。

13. 设长方体的三条棱的长为2，7，8，若以它的对称中心为原点，试写出立方体各顶点的坐标。

第二章 初 等 代 数

第一节 分 解 因 式

分解因式是与整式的乘法相反的一种运算。那么什么是分解因式呢？把一个多项式化成几个整式的积的形式，这种变形叫做把这个多项式分解因式（或因式分解）。常用的分解因式的方法有以下几种：

一、提取公因式法

如果一个多项式的各项含有公因式，那么就可以把这个公因式提出来，从而将多项式化成两个因式乘积的形式，这种分解因式的方法叫做提取公因式法。

例1 把下列各式分解因式：

(1) $8a^3b^2 - 12ab^3c$；   (2) $-4m^3 + 16m^2 - 26m$；

(3) $2a(b+c) - 3(b+c)$；   (4) $6(x-2) + x(2-x)$。

解 (1) $8a^3b^2 - 12ab^3c = 4ab^2 \cdot 2a^2 - 4ab^2 \cdot 3bc = 4ab^2(2a^2 - 3bc)$；

(2) $-4m^3 + 16m^2 - 26m = -(4m^3 - 16m^2 + 26m) = -2m(2m^2 - 8m + 13)$；

(3) $2a(b+c) - 3(b+c) = (b+c)(2a-3)$；

(4) $6(x-2) + x(2-x) = 6 \cdot (x-2) - x \cdot (x-2) = (x-2)(6-x)$。

注意：如果多项式的第一项的系数是负的，一般要提出"$-$"号，使括号内的第一项的系数是正的，在提出"$-$"号时，多项式的各项都要变号。

二、运用公式法

如果把乘法公式反过来，那么就可以用来把某些多项式分解因式，这种分解因式的方法叫做运用公式法。

1. 平方差公式

把乘法公式 $(a+b)(a-b) = a^2 - b^2$ 反过来，就得到

$$\boxed{a^2 - b^2 = (a+b)(a-b)}$$

这就是说，两个数的平方差，等于这两个数的和与这两个数的差的积。这个公式就是平方差公式。

例2 把下列各式分解因式：

(1) $1 - 25b^2$；   (2) $16(a-b)^2 - 9(a+b)^2$；

(3) $x^5 - x^3$；   (4) $x^4 - y^4$。

解 (1) $1 - 25b^2 = 1^2 - (5b)^2 = (1+5b)(1-5b)$；

(2) $16(a-b)^2 - 9(a+b)^2$

$= [4(a-b)]^2 - [3(a+b)]^2$

$$= [4(a-b) + 3(a+b)][4(a-b) - 3(a+b)]$$
$$= (4a - 4b + 3a + 3b)(4a - 4b - 3a - 3b)$$
$$= (7a - b)(a - 7b);$$

(3) $x^5 - x^3 = x^3(x^2 - 1) = x^3(x+1)(x-1);$

(4) $x^4 - y^4 = (x^2)^2 - (y^2)^2 = (x^2 + y^2)(x^2 - y^2) = (x^2 + y^2)(x+y)(x-y)。$

注意：分解因式，必须进行到每一个多项式都不能再分解为止。

2. 完全平方公式

把乘法公式 $\begin{aligned}(a+b)^2 &= a^2 + 2ab + b^2 \\ (a-b)^2 &= a^2 - 2ab + b^2\end{aligned}$ 反过来，就得到

$$\boxed{\begin{aligned} a^2 + 2ab + b^2 &= (a+b)^2 \\ a^2 - 2ab + b^2 &= (a-b)^2 \end{aligned}}$$

这就是说，两个数的平方和，加上（或者减去）这两个数的积的 2 倍，等于这两个数的和（或者差）的平方。我们把 $a^2 + 2ab + b^2$ 及 $a^2 - 2ab + b^2$ 这样的式子叫做完全平方式，上面方框中的两个公式就是完全平方公式。

例 3 把下列各式分解因式：

(1) $25x^4 + 10x^2 + 1;$　　　　　(2) $3ax^2 - 6axy + 3ay^2。$

解 (1) $25x^4 + 10x^2 + 1 = (5x^2)^2 + 2 \cdot 5x^2 \cdot 1 + 1^2 = (5x^2 + 1)^2;$

(2) $3ax^2 - 6axy + 3ay^2 = 3a(x^2 - 2xy + y^2) = 3a(x - y)^2。$

注意：把完全平方式分解因式时，要根据第二项的符号来选择运用哪一个完全平方式。

3. 立方和与立方差公式

把乘法公式 $\begin{aligned}(a+b)(a^2 - ab + b^2) &= a^3 + b^3 \\ (a-b)(a^2 + ab + b^2) &= a^3 - b^3\end{aligned}$ 反过来，就得到

$$\boxed{\begin{aligned} a^3 + b^3 &= (a+b)(a^2 - ab + b^2) \\ a^3 - b^3 &= (a-b)(a^2 + ab + b^2) \end{aligned}}$$

这就是说，两个数的立方和（或者差），等于这两个数的和（或者差）乘以它们的平方和与它们的积的差（或者和）。这两个公式分别就是立方和公式与立方差公式。

例 4 把下列各式分解因式：

(1) $27 - x^6;$　　　　　(2) $1 + \dfrac{a^3 b^3}{8}。$

解 (1) $27 - x^6 = 3^3 - (x^2)^3 = (3 - x^2)[3^2 + 3 \cdot x^2 + (x^2)^2] = (3 - x^2)(9 + 3x^2 + x^4);$

(2) $1 + \dfrac{a^3 b^3}{8} = 1^3 + \left(\dfrac{ab}{2}\right)^3 = \left(1 + \dfrac{ab}{2}\right)\left[1^2 - 1 \cdot \dfrac{ab}{2} + \left(\dfrac{ab}{2}\right)^2\right]$

$$= \left(1 + \dfrac{ab}{2}\right)\left(1 - \dfrac{ab}{2} + \dfrac{a^2 b^2}{4}\right)。$$

三、分组分解法

利用分组来分解因式的方法叫做分组分解法。它有以下两种情况：

1. 分组后能直接提取公因式

如果把一个多项式的项分组并提取公因式后，它们的另一个因式正好相同，那么这个多项式就可以用分组分解法来分解因式。

例5 把下列各式分解因式：

(1) $a^2 - ab + ac - bc$；　　　　　(2) $3ax + 4by + 4ay + 3bx$。

解 (1) $a^2 - ab + ac - bc = (a^2 - ab) + (ac - bc) = a(a - b) + c(a - b) = (a - b)(a + c)$；

(2) $3ax + 4by + 4ay + 3bx = (3ax + 4ay) + (3bx + 4by)$

$$= a(3x + 4y) + b(3x + 4y) = (3x + 4y)(a + b)。$$

注意：用分组分解法时，一定要想一想分组后能否继续进行，完成分解因式，由此合理选择分组的方法。

想一想：上述例题中的两个题还有没有其他分组的办法？如果有其他办法，因式分解的结果是否一样？

2. 分组后能直接运用公式

如果把一个多项式的项分组后，各组都能直接运用公式或提取公因式进行分解，并且各组在分解后，它们之间又能运用公式或有公因式，那么这个多项式也可以用分组分解法来分解因式。

例6 把下列各式分解因式：

(1) $x^2 - y^2 + ax + ay$；　　　　　(2) $x^3 + x^2y - xy^2 - y^3$。

解 (1) $x^2 - y^2 + ax + ay = (x^2 - y^2) + (ax + ay) = (x + y)(x - y) + a(x + y)$

$$= (x + y)[(x - y) + a] = (x + y)(x - y + a)；$$

(2) $x^3 + x^2y - xy^2 - y^3 = (x^3 + x^2y) - (xy^2 + y^3) = x^2(x + y) - y^2(x + y)$

$$= (x + y)(x^2 - y^2) = (x + y)(x + y)(x - y) = (x + y)^2(x - y)。$$

四、十字相乘法

一般地，由多项式乘法$(x + a)(x + b) = x^2 + (a + b)x + ab$ 反过来，就得到

$$\boxed{x^2 + (a + b)x + ab = (x + a)(x + b)}$$

这就是说，对于二次三项式$x^2 + px + q$，如果能够把常数项q分解成两个因数a、b的积，并且$a + b$等于一次项的系数p，那么它就可以分解因式，即

$$x^2 + px + q = x^2 + (a + b)x + ab = (x + a)(x + b)。$$

运用这个公式，可以把某些二次项系数为1的二次三项式分解因式。

例7 把下列各式分解因式：

(1) $x^2 + 3x + 2$；　　　　　(2) $x^2 - 7x + 6$；

(3) $x^2 - 4x - 21$；　　　　　(4) $x^2 + 2x - 15$。

解 (1) 因为$2 = 1 \times 2$，并且$1 + 2 = 3$，所以$x^2 + 3x + 2 = (x + 1)(x + 2)$；

(2) 因为$6 = (-1) \times (-6)$，并且$(-1) + (-6) = -7$，所以

$$x^2 - 7x + 6 = [x + (-1)][(x + (-6)] = (x - 1)(x - 6)；$$

(3) 因为$-21 = 3 \times (-7)$，并且$3 + (-7) = -4$，所以

$$x^2 - 4x - 21 = (x + 3)[x + (-7)] = (x + 3)(x - 7)；$$

（4）因为 $-15 = (-3) \times 5$，并且 $(-3) + 5 = 2$，所以

$$x^2 + 2x - 15 = [x + (-3)](x + 5) = (x - 3)(x + 5)。$$

通过上面的例题可以看出，把 $x^2 + px + q$ 分解因式时：

如果常数项 q 是正数，那么把它分解成两个同号因数，它们的符号与一次项系数 p 的符号相同；

如果常数项 q 是负数，那么把它分解成两个异号因数，其中绝对值较大的因数与一次项系数 p 的符号相同。

对于分解的两个因数，还要看它们的和是不是等于一次项的系数 p。

上面的方法是用来分解二次项系数为1的二次三项式，那么，应该如何把二次三项式 $ax^2 + bx + c$ 进行因式分解呢？

我们知道，

$$(a_1 x + c_1)(a_2 x + c_2)$$
$$= a_1 a_2 x^2 + a_1 c_2 x + a_2 c_1 x + c_1 c_2$$
$$= a_1 a_2 x^2 + (a_1 c_2 + a_2 c_1)x + c_1 c_2，$$

反过来，就得到

$$a_1 a_2 x^2 + (a_1 c_2 + a_2 c_1)x + c_1 c_2$$
$$= (a_1 x + c_1)(a_2 x + c_2)。$$

我们发现，二次项的系数 a 分解成 a_1、a_2，常数项 c 分解成 c_1、c_2，并且把 a_1、a_2、c_1、c_2 排列如下：

这里按斜线交叉相乘，再相加，就得到 $a_1 c_2 + a_2 c_1$，如果它们正好等于 $ax^2 + bx + c$ 的一次项系数 b，那么 $ax^2 + bx + c$ 就可以分解成 $(a_1 x + c_1)(a_2 x + c_2)$，其中 a_1、c_1 位于上图的上一行，a_2、c_2 位于下一行。

这种借助画十字交叉线分解系数，从而帮助我们把二次三项式分解因式的方法，通常叫做十字相乘法。

必须注意，分解因数及十字相乘都有多种可能情况，所以往往要经过多次尝试，才能确定一个二次三项式能否用十字相乘法分解。

例8　把下列各式分解因式：

（1）$2x^2 - 7x + 3$；　　　　（2）$6x^2 - 7x - 5$；　　　　（3）$5x^2 + 6xy - 8y^2$。

解　（1）$2x^2 - 7x + 3$
　　　　$= (x - 3)(2x - 1)$；

（2）$6x^2 - 7x - 5$
　　　　$= (2x + 1)(3x - 5)$；

（3）$5x^2 + 6xy - 8y^2$
　　　　$= (x + 2y)(5x - 4y)$。

习题　2.1

把下列各式分解因式：

1. （1）$15x^3 y^2 + 5x^2 y - 20 x^2 y^3$；　　　　　（2）$-16x^4 - 32x^3 + 56x^2$；

(3) $(m+n)(p+q)-(m+n)(p-q)$；　　(4) $a(x-a)+b(a-x)-c(x-a)$。

2. (1) a^2-49；　　　　(2) $(2x+y)^2-(x+2y)^2$；　　(3) $81a^4-b^4$；

(4) x^2-2x+1；　　　(5) $m^2+14m+49$；　　　　(6) $25a^4-40a^2b^2+16b^4$；

(7) $(x+y)^2+6(x+y)+9$；　　(8) $1-\dfrac{1}{8}a^3$；　　(9) $3x^3+24$；

(10) $(2x+1)^3-x^3$。

3. (1) $a^2+ab+ac+bc$；　(2) $7x^2-3y+xy-21x$；　　(3) $4x^2-4xy+y^2-a^2$；

(4) $a+a^4$；　　　　(5) $x^4y+2x^3y^2-x^2y-2xy^2$。

4. (1) x^2+9x+8；　　(2) $x^2-10x+24$；　　　(3) $a^2+2ab-15b^2$；

(4) $(x-y)^2-3(x-y)-40$；　　　　(5) $3x^2-7x-6$；

(6) $6a^2-13a+6$；　　(7) $2x^2+3x+1$；　　　(8) $6m^2+11mn-2n^2$。

第二节　一次方程（组）的解法

一、一元一次方程及其解法

1. 概念

含有未知数的等式叫做方程。在一个方程中，只含有一个未知数（元），并且未知数的次数是 1（次），这样的方程叫做一元一次方程。

方程 $ax+b=0$（其中 x 是未知数，a、b 是已知数，并且 $a\neq0$）叫做一元一次方程的标准形式。

2. 一元一次方程的解法

解一元一次方程，一般要通过去分母、去括号、移项、合并同类项、未知数的系数化为 1 等步骤，把一个一元一次方程"转化"成 $x=a$ 的形式。

例 1　解下列方程：

(1) $11x+1=5(2x+1)$；　　　　(2) $\dfrac{1}{5}(x+15)=\dfrac{1}{2}-\dfrac{1}{3}(x-7)$。

解　（1）去括号，得　　　　　$11x+1=10x+5$

移项，得　　　　　$11x-10x=5-1$

合并同类项，得　　　　$x=4$

（2）去分母，得　　　$6(x+15)=15-10(x-7)$

去括号，得　　　　$6x+90=15-10x+70$

移项，得　　　　　$6x+10x=15+70-90$

合并同类项，得　　　$16x=-5$

方程两边同除以 16，得　　$x=-\dfrac{5}{16}$

从上面的例题可以看到，解方程时，并不是所有的步骤都要用到，而是要根据方程的形式灵活地安排求解步骤，有时一些步骤还可以合并简化。但是，有一点要强调：移项时要变号。

3. 可化为一元一次方程的分式方程的解法

分母中含有未知数的方程叫做分式方程。解分式方程的一般步骤是：

1）在方程的两边都乘以最简公分母，约去分母，化成整式方程。

2）解这个整式方程。

3）把整式方程的根代入最简公分母，看结果是否为零。使最简公分母为零的根是原方程的增根，必须舍去。

例 2　解方程 $\dfrac{5}{x} = \dfrac{7}{x-2}$。

解　方程的两边都乘以 $x(x-2)$，约去分母，得　$5(x-2) = 7x$

解这个整式方程，得　$x = -5$

检验：当 $x = -5$ 时，$x(x-2) = (-5) \times (-5-2) = 35 \neq 0$，所以 -5 是原方程的根。

例 3　解方程 $\dfrac{1}{x-2} = \dfrac{1-x}{2-x} - 3$。

解　方程的两边都乘以 $x-2$，约去分母，得　$1 = x - 1 - 3(x-2)$

解这个整式方程，得　$x = 2$

检验：当 $x = 2$ 时，$x - 2 = 0$，所以 2 是增根，原方程无解。

二、二元一次方程（组）及其解法

1. 二元一次方程和二元一次方程组

含有两个未知数，并且所含未知数的项的次数都是 1 的方程叫做二元一次方程。适合一个二元一次方程的一组未知数的值，叫做这个二元一次方程的一个解。

两个二元一次方程合在一起，就组成了一个二元一次方程组。二元一次方程组中各个方程的公共解，叫做这个二元一次方程组的解。

2. 二元一次方程组的解法

解二元一次方程组的基本思路是"消元"——把"二元"变为"一元"。主要方法有以下两种：

（1）代入消元法　在一个二元一次方程组中，将其中一个方程中的某个未知数用含有另一个未知数的代数式表示出来，并代入另一个方程中，从而消去一个未知数，化二元一次方程组为一元一次方程。这种解方程组的方法称为代入消元法，简称代入法。

例 4　解方程组

$$\begin{cases} 2x + 3y = 16 & ① \\ x + 4y = 13 & ② \end{cases}$$

解　由②，得　　　　　　$x = 13 - 4y$　　　　　③

将③代入①，得　　　　　$2(13 - 4y) + 3y = 16$

解得　　　　　　　　　　　$y = 2$

将 $y = 2$ 代入③，得　　　$x = 5$

所以原方程组的解是 $\begin{cases} x = 5 \\ y = 2 \end{cases}$

例 5　解方程组

$$\begin{cases} 2x - 7y = 8 & ① \\ 3x - 8y - 10 = 0 & ② \end{cases}$$

解　由①得　　　　　　　　　$x = \dfrac{8 + 7y}{2}$　　　　　③

将③代入②，得　　　　　　　$\dfrac{3(8 + 7y)}{2} - 8y - 10 = 0$

$$24 + 21y - 16y - 20 = 0$$

即　　　　　　　　　　　　　$y = -\dfrac{4}{5}$

将 $y = -\dfrac{4}{5}$ 代入③，得　　　$x = \dfrac{8 + 7 \times \left(-\dfrac{4}{5}\right)}{2}$

所以　　　　　　　　　　　　$x = 1\dfrac{1}{5}$

所以原方程组的解是 $\begin{cases} x = 1\dfrac{1}{5} \\ y = -\dfrac{4}{5} \end{cases}$

（2）加减消元法　在一个二元一次方程组中，通过将两式相加（减），从而消去其中的一个未知数，化二元一次方程组为一元一次方程。这种解方程组的方法称为加减消元法，简称加减法。

例6　解方程组

$$\begin{cases} 2x - 5y = 7 & ① \\ 2x + 3y = -1 & ② \end{cases}$$

解　②-①，得　　　　　　　$8y = -8$

$$y = -1$$

将 $y = -1$ 代入①，得　　　　$2x + 5 = 7$

$$x = 1$$

所以原方程组的解是 $\begin{cases} x = 1 \\ y = -1 \end{cases}$

例7　解方程组

$$\begin{cases} 2x + 3y = 12 & ① \\ 3x + 4y = 17 & ② \end{cases}$$

解　①×3，得　　　　$6x + 9y = 36$　　　　③

②×2，得　　　　$6x + 8y = 34$　　　　④

③-④，得　　　　　　　　　$y = 2$

将 $y = 2$ 代入①，得　　　　　　$x = 3$

所以原方程组的解是 $\begin{cases} x = 3 \\ y = 2 \end{cases}$

三、三元一次方程组及其解法

在一个方程组中含有三个未知数，每个方程的未知数的项的次数都是1，并且一共有三个方程，这样的方程组叫做三元一次方程组。

三元一次方程组的解法与二元一次方程组的解法类似，都是通过代入法或加减法消去一个或两个未知数，把它化成二元一次方程组或一元一次方程，从而求出方程组的解。

例8 解方程组

$$\begin{cases} 3x + 4z = 7 & \textcircled{1} \\ 2x + 3y + z = 9 & \textcircled{2} \\ 5x - 9y + 7z = 8 & \textcircled{3} \end{cases}$$

解 ②×3＋③，得 $11x + 10z = 35$ ④

①与④组成方程组，$\begin{cases} 3x + 4z = 7 \\ 11x + 10z = 35 \end{cases}$

解这个方程组，得 $\begin{cases} x = 5 \\ z = -2 \end{cases}$

把 $x = 5$，$z = -2$ 代入②，得 $2 \times 5 + 3y - 2 = 9$

所以 $\qquad\qquad\qquad y = \dfrac{1}{3}$

所以原方程组的解是 $\begin{cases} x = 5 \\ y = \dfrac{1}{3} \\ z = -2 \end{cases}$

习题　2.2

1. 解下列一元一次方程：

(1) $2x + 3 = 11 - 6x$；

(2) $2(3y - 4) + 7(4 - y) = 4y$；

(3) $\dfrac{x + 2}{4} - \dfrac{2x - 3}{6} = 1$；

(4) $\dfrac{5y + 1}{6} = \dfrac{9y + 1}{8} - \dfrac{1 - y}{3}$。

2. 解下列分式方程：

(1) $\dfrac{x}{x - 5} = \dfrac{x - 2}{x - 6}$；

(2) $\dfrac{x - 8}{x - 7} - \dfrac{1}{7 - x} = 8$；

(3) $\dfrac{1}{x} + \dfrac{1}{x + 1} = \dfrac{5}{2x + 2}$；

(4) $\dfrac{5x - 4}{2x - 4} = \dfrac{2x + 5}{3x - 6} - \dfrac{1}{2}$。

3. 解下列二元一次方程组：

(1) $\begin{cases} 3x - y = 2 \\ 3x = 11 - 2y \end{cases}$；

(2) $\begin{cases} 3(x - 1) = y + 5 \\ 5(y - 1) = 3(x + 5) \end{cases}$；

(3) $\begin{cases} 5(m-1) = 2(n+3) \\ 2(m+1) = 3(n-3); \end{cases}$

(4) $\begin{cases} \dfrac{2u}{3} + \dfrac{3v}{4} = \dfrac{1}{2} \\ \dfrac{4u}{5} + \dfrac{5v}{6} = \dfrac{7}{15}; \end{cases}$

(5) $\begin{cases} \dfrac{5x}{3} + 4y = 10.4 \\ \dfrac{3x}{4} + 0.5y = 1\dfrac{19}{20}; \end{cases}$

(6) $\begin{cases} \dfrac{x+1}{3} - \dfrac{y+2}{4} = 0 \\ \dfrac{x-3}{4} - \dfrac{y-3}{3} = \dfrac{1}{12}。 \end{cases}$

4. 解下列三元一次方程组：

(1) $\begin{cases} 4x + 9y = 12 \\ 3y - 2z = 1 \\ 7x + 5z = 4\dfrac{3}{4}; \end{cases}$

(2) $\begin{cases} 3x - y + 2z = 3 \\ 2x + y - 3z = 11 \\ x + y + z = 12。 \end{cases}$

第三节　二次方程（组）的解法

一、一元二次方程及其解法

1. 一元二次方程的概念

只含有一个未知数，并且未知数的最高次数是 2 的整式方程叫做一元二次方程。

一元二次方程的一般形式为

$$ax^2 + bx + c = 0 \ (a \neq 0)$$

其中 ax^2 叫做二次项，a 叫做二次项系数；bx 叫做一次项，b 叫做一次项系数；c 叫做常数项。

2. 一元二次方程的解法

（1）直接开平方法　如果一个一元二次方程的一边是未知数或含有未知数的一次式的平方，另一边是一个非负数，那么，就可以用直接开平方的方法来求出方程的根，这种解一元二次方程的方法叫做直接开平方法。

例1　解方程 $(x+3)^2 = 2$。

解　因为 $x+3$ 是 2 的平方根，所以 $x+3 = \pm\sqrt{2}$

即　　　　　　　　　　　　$x + 3 = \sqrt{2}$，或 $x + 3 = -\sqrt{2}$

所以　　　　　　　　　　　$x_1 = -3 + \sqrt{2}$，$x_2 = -3 - \sqrt{2}$。

（2）配方法　把一个一元二次方程的常数项移到方程的右边，再把左边配成一个完全平方式，如果右边是非负数，就可以通过直接开平方法来求出方程的解，这种解一元二次方程的方法叫做配方法。

例2　解方程 $x^2 - 4x - 3 = 0$。

解　移项，得　　　　　　　　　　$x^2 - 4x = 3$

配方，得　　　　　　　$x^2 - 4x + (-2)^2 = 3 + (-2)^2$

$$(x - 2)^2 = 7$$

解这个方程，得　　　　　　　　　$x - 2 = \pm\sqrt{7}$

即　　　　　　　　　　　　$x_1 = 2 + \sqrt{7}$，$x_2 = 2 - \sqrt{7}$。

对于二次项系数不是 1 的一元二次方程，为了便于配方，就要先将二次项的系数化为 1，然后再用配方法求解。

例 3　解方程 $2x^2 + 3 = 7x$。

解　移项，得

$$2x^2 - 7x + 3 = 0$$

把方程的各项都除以 2，得

$$x^2 - \frac{7}{2}x + \frac{3}{2} = 0$$

$$x^2 - \frac{7}{2}x = -\frac{3}{2}$$

配方，得

$$x^2 - \frac{7}{2}x + \left(\frac{7}{4}\right)^2 = -\frac{3}{2} + \left(\frac{7}{4}\right)^2$$

$$\left(x - \frac{7}{4}\right)^2 = \frac{25}{16}$$

解这个方程，得

$$x - \frac{7}{4} = \pm\sqrt{\frac{25}{16}}$$

$$x - \frac{7}{4} = \pm\frac{5}{4}$$

即

$$x_1 = 3,\ x_2 = \frac{1}{2}。$$

（3）公式法　一般地，对于一元二次方程 $ax^2 + bx + c = 0$（$a \neq 0$），当 $b^2 - 4ac \geq 0$ 时，它的根是

$$\boxed{x = \frac{-b \pm \sqrt{b^2 - 4ac}}{2a}}$$

上面这个式子称为一元二次方程的求根公式。用求根公式解一元二次方程的方法称为公式法。

例 4　解方程 $x^2 - 7x - 18 = 0$。

解　这里 $a = 1$，$b = -7$，$c = -18$。

因为

$$b^2 - 4ac = (-7)^2 - 4 \times 1 \times (-18) = 121 > 0$$

所以

$$x = \frac{7 \pm \sqrt{121}}{2 \times 1} = \frac{7 \pm 11}{2}$$

即

$$x_1 = 9,\ x_2 = -2。$$

注意：　① 在使用求根公式时，要求 $b^2 - 4ac \geq 0$，若 $b^2 - 4ac < 0$，则方程无解。

② 确定 a，b，c 的值时，要注意符号。

（4）因式分解法　将一个一元二次方程的一边化为 0，另一边用分解因式的方法分解成两个一次因式乘积的形式，再让这两个一次因式分别等于零，从而求出方程的两个解，这种解一元二次方程的方法叫做因式分解法。

例 5　解方程 $3x^2 - 16x + 5 = 0$。

解　原方程可变形为

$$(3x - 1)(x - 5) = 0$$

$$3x - 1 = 0 \ 或 \ x - 5 = 0$$

所以

$$x_1 = \frac{1}{3},\ x_2 = 5。$$

二、可化为一元二次方程的分式方程

可化为一元二次方程的分式方程的求解方法，与可化为一元一次方程的分式方程的求解方法相同。解方程时，用同一个含有未知数的整式（各分式的最简公分母）去乘方程的两边，约去分母，化为整式方程。这样得到的整式方程的解有时与原方程的解相同，但也有时与原方程的解不同，或者说产生了不适合原分式方程的解（或根），因此，解分式方程时必须代入原方程进行检验。为了简便，可把解得的根代入所乘的整式，如果不使这个整式等于0，就是原方程的根；如果使这个整式等于0，就是原方程的增根，必须舍去。

例6 解方程 $\dfrac{1}{x+2} + \dfrac{4x}{x^2-4} + \dfrac{2}{2-x} = 1$。

解 原方程就是

$$\frac{1}{x+2} + \frac{4x}{(x+2)(x-2)} - \frac{2}{x-2} = 1$$

方程两边都乘以 $(x+2)(x-2)$，约去分母，得

$$x-2+4x-2(x+2) = (x+2)(x-2)$$

整理后，得

$$x^2 - 3x + 2 = 0$$

解这个方程，得

$$x_1 = 1,\ x_2 = 2。$$

检验：把 $x=1$ 代入 $(x+2)(x-2)$，它不等于0，所以 $x=1$ 是原方程的根；把 $x=2$ 代入 $(x+2)(x-2)$，它等于0，所以 $x=2$ 是增根。

所以原方程的根是 $x=1$。

三、简单的二元二次方程组

方程 $x^2 + 2xy + y^2 + x + y + 6 = 0$ 是一个含有两个未知数，并且含有未知数的项的最高次数是2的整式方程，这样的方程叫做二元二次方程。其中 x^2，$2xy$，y^2 叫做这个方程的二次项，x，y 叫做一次项，6叫做常数项。

由有一个二元二次方程和一个二元一次方程组成的方程组，或由两个二元二次方程组成的方程组都叫做二元二次方程组。

以目前介绍的知识，并不能求解所有的二元二次方程组，下面只研究两种最简单的二元二次方程组的解法。

1. 由一个二元一次方程和一个二元二次方程组成的方程组

由一个二元一次方程和一个二元二次方程组成的方程组一般都可以用代入法来解。

例7 解方程组

$$\begin{cases} x^2 - 4y^2 + x + 3y - 1 = 0 & ① \\ 2x - y - 1 = 0 & ② \end{cases}$$

解 由②得

$$y = 2x - 1 \qquad ③$$

把③代入①，整理，得

$$15x^2 - 23x + 8 = 0$$

解这个方程，得

$$x_1 = 1,\ x_2 = \frac{8}{15}$$

把 $x_1 = 1$ 代入③，得

$$y_1 = 1$$

把 $x_2 = \dfrac{8}{15}$ 代入③，得

$$y_2 = \frac{1}{15}$$

所以原方程组的解是

$$\begin{cases} x_1 = 1 \\ y_1 = 1; \end{cases} \qquad \begin{cases} x_2 = \dfrac{8}{15} \\ y_2 = \dfrac{1}{15}。 \end{cases}$$

2. 由一个二元二次方程和一个可以分解为两个二元一次方程的方程组成的方程组

对于一个由一个二元二次方程和一个可以分解为两个二元一次方程的方程组成的方程组，一般采用的解法是：先将可以分解为两个二元一次方程的方程化为两个二元一次方程，再将这两个二元一次方程与原方程组中的二元二次方程组成两个新的二元二次方程组，解这两个方程组，就可以得到原方程组的所有解。

例 8　解方程组

$$\begin{cases} x^2 + y^2 = 20 & ① \\ x^2 - 5xy + 6y^2 = 0 & ② \end{cases}$$

解　由②得 　　　　　　　$(x - 2y)(x - 3y) = 0$

所以 　　　　　　　　　　　$x - 2y = 0$ 或 $x - 3y = 0$

因此，原方程组可化为两个方程组

$$\begin{cases} x^2 + y^2 = 20 \\ x - 2y = 0, \end{cases} \qquad \begin{cases} x^2 + y^2 = 20 \\ x - 3y = 0。 \end{cases}$$

用代入法解这两个方程组，得原方程组的解为

$$\begin{cases} x_1 = 4, \\ y_1 = 2; \end{cases} \quad \begin{cases} x_2 = -4, \\ y_2 = -2; \end{cases} \quad \begin{cases} x_3 = 3\sqrt{2}, \\ y_3 = \sqrt{2}; \end{cases} \quad \begin{cases} x_2 = -3\sqrt{2}, \\ y_2 = -\sqrt{2}。 \end{cases}$$

习题 2.3

1. 用适当的方法解下列二元一次方程：

(1) $x^2 - 3x + 2 = 0$; 　　　　　　(2) $x^2 - 3x - 2 = 0$;

(3) $x^2 + 12x + 27 = 0$; 　　　　　(4) $(x - 1)(x + 2) = 70$;

(5) $(3 - t)^2 + t^2 = 9$; 　　　　　(6) $(y - 2)^2 = 3$;

(7) $(2x + 3)^2 = 3(4x + 3)$; 　　　(8) $(y + \sqrt{3})^2 = 4\sqrt{3}y$;

(9) $(2x - 1)(x + 3) = 4$; 　　　　(10) $3x(x - 1) = 2 - 2x$。

2. 解下列分式方程：

(1) $\dfrac{x - 1}{x^2 - 2x} - \dfrac{1}{x} = \dfrac{x}{x - 2}$; 　　　(2) $\dfrac{x + 1}{x^2 - x} - \dfrac{1}{3x} = \dfrac{x + 5}{3x - 3}$;

(3) $\dfrac{x}{x + 3} + \dfrac{x}{x - 3} = \dfrac{18}{x^2 - 9}$; 　　(4) $\dfrac{1}{1 - x} - 2 = \dfrac{3x - x^2}{1 - x^2}$。

3. 解下列方程组：

(1) $\begin{cases} x + y + 1 = 0 \\ x^2 + 4y^2 = 8; \end{cases}$ 　　　　(2) $\begin{cases} \dfrac{(x + 1)^2}{9} - \dfrac{(y - 1)^2}{4} = 1 \\ x - y = 1; \end{cases}$

(3) $\begin{cases} x^2 - 2xy - 3y^2 = 0 \\ y = \dfrac{1}{4}x^2; \end{cases}$ 　　(4) $\begin{cases} x^2 - 4xy + 3y^2 = 0 \\ x^2 + y^2 = 20。 \end{cases}$

第三章 平 面 几 何

第一节 三 角 形

一、三角形的基本知识

1. 三角形的概念

像图 3-1 那样，由不在同一条直线上的三条线段首尾顺次相接所组成的图形叫做三角形。组成三角形的线段叫做三角形的边，相邻两边的公共端点叫做三角形的顶点，相邻两边所组成的角叫做三角形的内角，简称三角形的角。三角形的一边与另一边的延长线组成的角，叫做三角形的外角。

例如，图 3-1 中，线段 AB、BC、CA 是三角形的边，点 A、B、C 是三角形的顶点，∠A、∠B、∠ACB 是三角形的角，∠ACD 是三角形的外角。

"三角形"可以用符号"△"表示，顶点是 A、B、C 的三角形，记作"△ABC"，读作"三角形 ABC"。

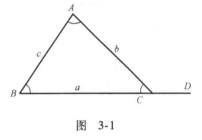

图 3-1

△ABC 的三边，有时也用 a、b、c 来表示。如图3-1 所示，顶点 A 所对的边 BC 用 a 表示，顶点 B 所对的边 AC 用 b 表示，顶点 C 所对的边 AB 用 c 表示。

2. 几种重要线段的概念和性质

（1）三角形的角平分线　三角形一个角的平分线与这个角的对边相交，这个角的顶点和交点之间的线段叫做三角形的角平分线。

在图 3-2 中，射线 AD 平分∠BAC，交对边 BC 于点 D，线段 AD 就是△ABC 的一条角平分线，并且由定义得，$\angle BAD = \angle DAC = \dfrac{1}{2} \angle BAC$。

三角形的角平分线有以下一些性质：

性质 1：在角的平分线上的点到这个角的两边的距离相等。

性质 2：到一个角的两边的距离相等的点，在这个角的角平分线上。

性质 3：在一个三角形里，有三条角平分线，这三条角平分线相交于一点。

（2）三角形的中线　在三角形中，连接一个顶点与它对边中点的线段，叫做这个三角形的中线。

在图 3-3 中，点 E 是边 BC 的中点，线段 AE 就是△ABC 的一条中线，并且由定义得，$BE = EC = \dfrac{1}{2}BC$。

在一个三角形里，有三条中线，这三条中线相交于一点。

（3）三角形的高　从三角形的一个顶点向它的对边所在直线作垂线，顶点和垂足之间的线段叫做三角形的高线，简称三角形的高。

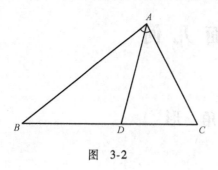

图　3-2

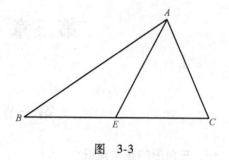

图　3-3

在图3-4中，线段 *AD* 是△*ABC* 的一条高，并且由定义得，∠*ADB* = ∠*ADC* =90°。

在一个三角形里，有三条高，这三条高所在的直线相交于一点，如图3-5所示。

3. 三角形的分类

（1）三角形按边分类　三角形的三条边，有的各不相等，有的有两边相等，有的三条边都相等。三边都不相等的三角形叫做不等边三角形（图3-6a），有两条边相等的三角形叫做等腰三角形（图3-6b），三边都相等的三角形叫做等边三角形（图3-6c）。

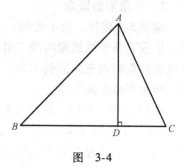

图　3-4

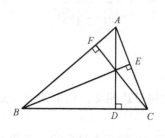 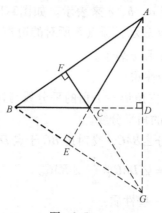 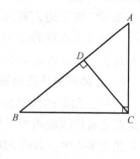

图　3-5

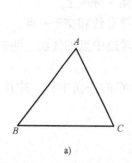  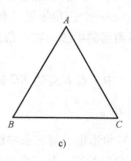

a)　　　　　　　b)　　　　　　　c)

图　3-6

在等腰三角形中，相等的两边都叫做腰，另外一边叫做底，两腰的夹角叫做顶角，腰与底的夹角叫做底角。

等边三角形是特殊的等腰三角形，即底边和腰相等的等腰三角形。

因此，三角形按边的相等关系分类如下：

$$三角形\begin{cases}不等边三角形 \\ 等腰三角形\begin{cases}底边和腰不相等的等腰三角形 \\ 等边三角形\end{cases}\end{cases}$$

（2）三角形按角分类　三角形的三个内角，可能都是锐角，也可能有一个直角，还可能有一个钝角。三个角都是锐角的三角形叫做锐角三角形（图3-7a），有一个角是直角的三角形叫做直角三角形（图3-7b），有一个角是钝角的三角形叫做钝角三角形（图3-7c）。

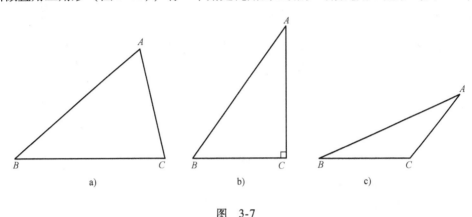

图　3-7

锐角三角形和钝角三角形合称斜三角形。

在直角三角形中，夹直角的两边叫做直角边，直角的对边叫做斜边。两条直角边相等的直角三角形叫做等腰直角三角形。

因此，三角形按角分类如下：

$$三角形\begin{cases}直角三角形 \\ 斜三角形\begin{cases}锐角三角形 \\ 钝角三角形\end{cases}\end{cases}$$

4. 三角形边角之间的关系

（1）三角形边之间的关系

1）在一个任意的三角形中，它的两条边之和大于第三边；两边之差小于第三边。

2）在直角三角形中，两条直角边 a、b 的平方和等于斜边 c 的平方。即

$$\boxed{a^2 + b^2 = c^2}$$

例1　一个等腰三角形的周长为18cm。

1）已知腰长是底边长的2倍，求各边长。

2）已知其中一边长4cm，求其他两边长。

解　1）设底边长为 x，则腰长为 $2x$。

$$x + 2x + 2x = 18\text{cm}，解得 x = 3.6\text{cm}。$$

所以三边长分别是 3.6cm，7.2cm，7.2cm。

2）因为长为 4cm 的边可能是腰，也可能是底，所以要分两种情况计算。

① 4cm 长的边为底。设腰长为 x，由已知条件，有

$$2x + 4cm = 18cm，解得 x = 7cm。$$

② 4cm 长的边为腰。设底边长为 x，由已知条件，有

$$x + 2 \times 4cm = 18cm，解得 x = 10cm。$$

因为 $4 + 4 < 10$，即发生两边的和小于第三边的情况，所以以 4cm 长为腰不能组成三角形，从而可得这个三角形其他两边长都是 7cm。

例2　如图 3-8 所示，已知等边 $\triangle ABC$ 的边长是 6cm。求高 AD 的长和 $\triangle ABC$ 的面积。

解　因为 $\triangle ABC$ 是等边三角形，AD 是高，

故　$BD = \dfrac{1}{2}BC = 3cm$。

在 $Rt\triangle ABD$ 中，$AB = 6cm$，$BD = 3cm$，根据勾股定理，

$$AD^2 = AB^2 - BD^2。$$

所以　$AD = \sqrt{36 - 9}cm = \sqrt{27}cm = 5.196cm$。

则有　$S_{\triangle ABC} = \dfrac{1}{2}BC \times AD$

$$= \dfrac{1}{2} \times 6cm \times 5.196cm = 15.588cm^2。$$

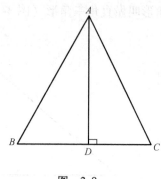

图　3-8

（2）三角形角之间的关系

1）三角形内角和定理：三角形三个内角的和等于 180°。

2）直角三角形的两个锐角互余（即两个锐角之和为 90°）。

3）三角形的一个外角等于和它不相邻的两个内角的和。

4）三角形的一个外角大于任何一个和它不相邻的内角。

例3　如图 3-9 所示，D 是 AB 上的一点，E 是 AC 上的一点，BE、CD 相交于点 F，$\angle A = 62°$，$\angle ACD = 35°$，$\angle ABE = 20°$。

求 $\angle BDC$ 和 $\angle BFD$ 的度数。

解　因为 $\angle BDC = \angle A + \angle ACD$，

所以　$\angle BDC = 62° + 35° = 97°$。

又因为　$\angle BFD = 180° - \angle BDC - \angle ABE$，

所以　$\angle BFD = 180° - 97° - 20° = 63°$。

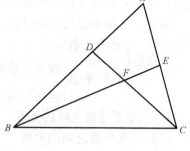

图　3-9

（3）三角形边与角之间的关系　在一个三角形中，如果两条边不相等，那么它们所对的角也不相等，大边所对的角较大。

二、三角形的全等

1.　全等三角形的概念和性质

能够完全重合的两个图形叫做全等图形。两个全等三角形重合时，互相重合的顶点叫做对应顶点，互相重合的边叫做对应边，互相重合的角叫做对应角。

如图 3-10 所示的 $\triangle ABC$ 和 $\triangle A'B'C'$ 能够完全重合，它们就是全等三角形，记作"$\triangle ABC \cong \triangle A'B'C'$"，读作"三角形 ABC 全等于三角形 $A'B'C'$"。其中 A 和 A'、B 和 B'、C

和 C' 是对应顶点，BC 和 $B'C'$、CA 和 $C'A'$、AB 和 $A'B'$ 是对应边，$\angle A$ 和 $\angle A'$、$\angle B$ 和 $\angle B'$、$\angle C$ 和 $\angle C'$ 是对应角。

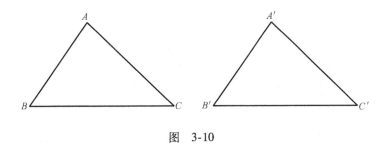

图 3-10

记两个全等三角形时，通常把表示对应顶点的字母写在对应的位置上。

两个全等的三角形有以下两个性质：全等三角形的对应边相等，全等三角形的对应角相等。

2. 三角形全等的判定

（1）边角边公理　有两条边和它们的夹角对应相等的两个三角形全等（可以简写成"边角边"或"SAS"）。

例 4　如图 3-11 所示，已知 $AD /\!/ BC$，$AD = CB$，$AE = CF$。求证：$\triangle AFD \cong \triangle CEB$。

证明　因为 $AD /\!/ BC$，所以 $\angle A = \angle C$。

又因为　$AE = CF$，

所以　$AE + EF = CF + EF$，

即　$AF = CE$。

在 $\triangle AFD$ 和 $\triangle CEB$ 中，

因为　$AD = CB$，$\angle A = \angle C$，$AF = CE$，

所以　$\triangle AFD \cong \triangle CEB$（SAS）。

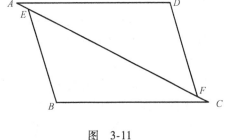

图 3-11

（2）角边角公理　有两个角和它们的夹边对应相等的两个三角形全等（可以简写成"角边角"或"ASA"）。

角边角公理有一个推论：

推论　有两个角和其中一个角的对边对应相等的两个三角形全等（可以简写成"角角边"或"AAS"）。

例 5　如图 3-12 所示，已知 $\triangle ABC \cong \triangle A'B'C'$，$AD$、$A'D'$ 分别是 $\triangle ABC$ 和 $\triangle A'B'C'$ 的高。求证：$AD = A'D'$。

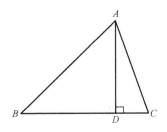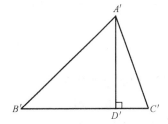

图 3-12

证明　因为△ABC≌△$A'B'C'$，所以 $AB = A'B'$，∠B = ∠B'。

又因为 AD、$A'D'$分别是△ABC 和△$A'B'C'$的高，

所以　∠ADB = ∠$A'D'B'$ = 90°。

在△ABD 和△$A'B'D'$中，

因为　∠B = ∠B'，∠ADB = ∠$A'D'B'$，$AB = A'B'$，

所以△ABD≌△$A'B'D'$（AAS）。所以 $AD = A'D'$。

（3）**边边边公理**　有三条边对应相等的两个三角形全等（可以简写成"边边边"或"SSS"）。

例6　如图 3-13 所示，已知 $AB = CD$，BC = DA，E、F 是 AC 上的两点，且 $AE = CF$。求证：$BF = DE$。

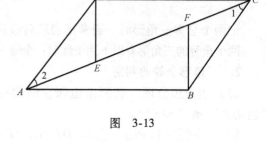

证明　在△ABC 和△CDA 中，

因为　$AB = CD$，$BC = DA$，$AC = CA$，

所以　△ABC≌△CDA（SSS）。

所以　∠1 = ∠2。

在△BCF 和△DAE 中，

因为　$BC = DA$，∠1 = ∠2，$CF = AE$，

所以　△BCF≌△DAE（SAS）。

所以　$BF = DE$。

图　3-13

3. 直角三角形全等的判定

判定两个直角三角形全等，除了上述三个公理及其推论以外，还有一个专用的公理。

斜边、直角边公理　有斜边和一条直角边对应相等的两个直角三角形全等（可以简写成"斜边、直角边"或"HL"）。

例7　如图 3-14 所示，已知在△ABC 和△$A'B'C'$中，CD 和 $C'D'$分别是高，并且 $AC = A'C'$，$CD = C'D'$，∠ACB = ∠$A'C'B'$。求证：△ABC≌△$A'B'C'$。

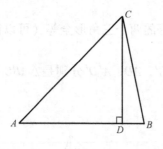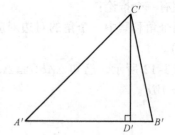

图　3-14

证明　因为 CD、$C'D'$分别是△ABC、△$A'B'C'$的高，

所以　∠ADC = ∠$A'D'C'$ = 90°。

在 Rt△ADC 和 Rt△$A'D'C'$中，

因为　$AC = A'C'$，$CD = C'D'$，所以 Rt△ADC≌Rt△$A'D'C'$（HL）。

则有　∠A = ∠A'。

在△ABC 和△A'B'C'中，

因为　∠A = ∠A'，AC = A'C'，∠ACB = ∠A'C'B'，

所以　△ABC≌△A'B'C'（ASA）。

三、等腰三角形的性质和判定

1．等腰三角形的性质

等腰三角形是一种特殊的三角形，它除了具有一般三角形的性质外，还有一些特殊的性质。

等腰三角形的性质定理　等腰三角形的两个底角相等（简写成"等边对等角"）。

由等腰三角形的这个性质定理，我们可以得出以下几个推论：

推论1：等腰三角形顶角的角平分线平分底边并且垂直于底边。这个推论就是我们常说的"三线合一"，即等腰三角形的顶角平分线、底边上的中线、底边上的高互相重合。

推论2：等边三角形的各角都相等，并且每一个角都等于60°。

例8　如图 3-15 所示，已知点 D、E 在△ABC 的边 BC 上，AB = AC，AD = AE。求证：BD = CE。

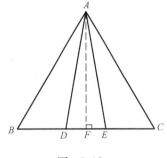

图　3-15

证明　作 AF⊥BC，垂足为 F，则 AF⊥DE。

因为　AB = AC，AD = AE，AF⊥BC，AF⊥DE，

所以　BF = CF，DF = EF（等腰三角形三线合一）。

故　BD = CE。

2．等腰三角形的判定

由等腰三角形的性质定理可知，在一个三角形中，等边对的角相等。反过来，通过证明我们可以得出，等角对的边也相等，这就是等腰三角形的判定定理。

等腰三角形的判定定理　如果一个三角形有两个角相等，那么这两个角所对的边也相等（简写成"等角对等边"）。

推论1：三个角都相等的三角形是等边三角形。

推论2：有一个角等于60°的等腰三角形是等边三角形。

推论3：在直角三角形中，如果一个锐角等于30°，那么它所对的直角边等于斜边的一半。

例9　求证：等腰三角形两底角的平分线的交点到底边的两端点距离相等。

如图 3-16 所示，已知在△ABC 中，AB = AC，BD、CE 是两条角平分线，且相交于点 O。求证：OB = OC。

证明　因为 AB = AC，所以∠ABC = ∠ACB。

又因为　$\angle OBC = \frac{1}{2}\angle ABC$，$\angle OCB = \frac{1}{2}\angle ACB$，

所以　∠OBC = ∠OCB。

所以　OB = OC。

四、三角形的相似

1．比例线段的概念和性质

四条线段 a、b、c、d 中，如果 a 与 b 的比等于 c 与 d 的比，

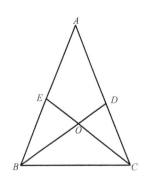

图　3-16

即 $\dfrac{a}{b} = \dfrac{c}{d}$ 或 $a:b = c:d$，那么这四条线段 a、b、c、d 叫做成比例线段，简称比例线段。其中 a、b、c、d 叫做组成比例的项，线段 a、d 叫做比例外项，线段 b、c 叫做比例内项，线段 d 叫做 a、b、c 的第四比例项。如果作为比例内项的是两条相同的线段，即

$$\frac{a}{b} = \frac{b}{c} \quad \text{或} \quad a:b = b:c,$$

那么线段 b 叫做线段 a 和 c 的比例中项。

两条线段的比是它们的长度的比，也就是两个数的比。关于成比例的数就有下面的性质：

（1）比例的基本性质　如果 $\dfrac{a}{b} = \dfrac{c}{d}$，那么有 $ad = bc$。反之，如果 $ad = bc$，那么有 $\dfrac{a}{b} = \dfrac{c}{d}$。

根据比例的基本性质，我们可以得出一个推论：如果 $\dfrac{a}{b} = \dfrac{b}{c}$，那么 $b^2 = ac$。反之，如果 $b^2 = ac$，那么 $\dfrac{a}{b} = \dfrac{b}{c}$。

（2）合比性质　如果 $\dfrac{a}{b} = \dfrac{c}{d}$，那么有 $\dfrac{a \pm b}{b} = \dfrac{c \pm d}{d}$。

（3）等比性质　如果 $\dfrac{a}{b} = \dfrac{c}{d} = \cdots = \dfrac{m}{n}$（$b + d + \cdots + n \neq 0$），那么 $\dfrac{a + c + \cdots + m}{b + d + \cdots + n} = \dfrac{a}{b}$。

如图 3-17 所示，点 C 把线段 AB 分成两条线段 AC 和 BC，如果 $\dfrac{AC}{AB} = \dfrac{BC}{AC}$，那么称线段 AB 被点 C 黄金分割，点 C 叫做线段 AB 的黄金分割点，AC 与 AB 的比叫做黄金比。

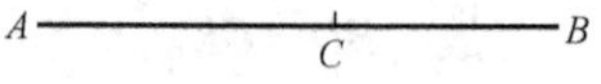

$$AC : AB = \frac{\sqrt{5} - 1}{2} : 1 \approx 0.618 : 1。$$

图　3-17

2. 三角形相似的判定

对应角相等、对应边成比例的三角形，叫做相似三角形。

如图 3-18 所示的 $\triangle ABC$ 和 $\triangle A'B'C'$，如果有

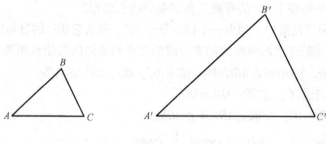

图　3-18

$\angle A = \angle A'$，$\angle B = \angle B'$，$\angle C = \angle C'$，$\dfrac{AB}{A'B'} = \dfrac{BC}{B'C'} = \dfrac{CA}{C'A'} = k$，那么 $\triangle ABC$ 与 $\triangle A'B'C'$ 是相似的。

我们用符号"$\backsim$"来表示相似，记作"$\triangle ABC \backsim \triangle A'B'C'$"，读作"三角形 ABC 相似于三角形 $A'B'C'$"。相似三角形对应边的比 k，叫做相似比。

　　记两个三角形相似时，和记两个三角形全等一样，通常把表示对应顶点的字母写在对应的位置上，这样可以比较容易地找出相似三角形的对应角和对应边。

　　判定两个三角形相似，有以下几种方法：

　　（1）相似三角形的定义　对应角相等，对应边成比例。

　　（2）判定定理1　如果一个三角形的两个角与另一个三角形的两个角对应相等，那么这两个三角形相似。可简单说成：两角对应相等，两三角形相似。

　　（3）判定定理2　如果一个三角形的两条边与另一个三角形的两条边对应成比例，并且夹角相等，那么这两个三角形相似。可简单说成：两边对应成比例且夹角相等，两三角形相似。

　　（4）判定定理3　如果一个三角形的三条边与另一个三角形的三条边对应成比例，那么这两个三角形相似。可简单说成：三边对应成比例，两三角形相似。

　　例10　依据下列各组条件，判断 $\triangle ABC$ 与 $\triangle A'B'C'$ 是否相似，并说明为什么。

　　（1）$\angle A = 120°$，$AB = 7\text{cm}$，$AC = 14\text{cm}$，$\angle A' = 120°$，$A'B' = 3\text{cm}$，$A'C' = 6\text{cm}$；

　　（2）$AB = 4\text{cm}$，$BC = 6\text{cm}$，$AC = 8\text{cm}$，$A'B' = 12\text{cm}$，$B'C' = 18\text{cm}$，$A'C' = 24\text{cm}$。

　　解　（1）因为 $\dfrac{AB}{A'B'} = \dfrac{7}{3}$，$\dfrac{AC}{A'C'} = \dfrac{14}{6} = \dfrac{7}{3}$，所以 $\dfrac{AB}{A'B'} = \dfrac{AC}{A'C'}$。

又因为 $\angle A = \angle A' = 120°$，

所以 $\triangle ABC \backsim \triangle A'B'C'$（两边对应成比例且夹角相等，两三角形相似）。

　　（2）因为 $\dfrac{AB}{A'B'} = \dfrac{4}{12} = \dfrac{1}{3}$，$\dfrac{BC}{B'C'} = \dfrac{6}{18} = \dfrac{1}{3}$，$\dfrac{AC}{A'C'} = \dfrac{8}{24} = \dfrac{1}{3}$，

所以 $\dfrac{AB}{A'B'} = \dfrac{BC}{B'C'} = \dfrac{AC}{A'C'}$。

所以 $\triangle ABC \backsim \triangle A'B'C'$（三边对应成比例，两三角形相似）。

　　判定直角三角形相似与判定直角三角形全等类似，除了上面已讲的定理以外，还有下面的定理。

　　定理：如果一个直角三角形的斜边和一条直角边与另一个直角三角形的斜边和一条直角边对应成比例，那么这两个直角三角形相似。

　　3. 三角形相似的性质

　　如果两个三角形相似，它们就具有下面一些性质：

　　（1）由相似三角形的定义知　相似三角形的对应角相等，对应边成比例。

　　（2）定理1　相似三角形对应高的比、对应中线的比和对应角平分线的比都等于相似比。

　　（3）定理2　相似三角形周长的比等于相似比。

　　（4）定理3　相似三角形面积的比等于相似比的平方。

　　例11　如图3-19所示，CD 是 $\text{Rt} \triangle ABC$ 的斜边上的高。

　　（1）已知 $AD = 9\text{cm}$，$CD = 6\text{cm}$，求 BD；

　　（2）已知 $AB = 25\text{cm}$，$BC = 15\text{cm}$，求 BD。

　　解　（1）因为 $\triangle ABC$ 为直角三角形，CD 是斜边上的高，

所以 $\triangle ACD \backsim \triangle CBD$。

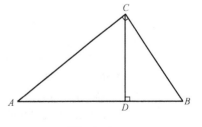

图　3-19

所以 $\dfrac{AD}{CD} = \dfrac{CD}{BD}$，即 $\dfrac{9\text{cm}}{6\text{cm}} = \dfrac{6\text{cm}}{BD}$。

所以 $BD = \dfrac{6 \times 6}{9}\text{cm} = 4\text{cm}$。

（2）同（1）可得：$\triangle CBD \backsim \triangle ABC$，$\dfrac{BC}{BA} = \dfrac{BD}{BC}$。

所以 $\dfrac{15\text{cm}}{25\text{cm}} = \dfrac{BD}{15\text{cm}}$。所以 $BD = \dfrac{15 \times 15}{25}\text{cm} = 9\text{cm}$。

习题 3.1

1. 判断下列长度的三条线段能否组成三角形，为什么？

（1）3cm，4cm，8cm；

（2）5cm，6cm，11cm；

（3）5cm，6cm，10cm。

2. 等腰三角形的周长是16cm，腰比底长2cm，求这个等腰三角形各边的长。

3. 如图3-20所示，要在车床齿轮箱壳上钻两个圆孔，两孔中心的距离 AB 是134mm，两孔中心的水平距离 BC 是77mm，计算两孔中心的垂直距离 AC（精确到0.1mm）。

4. 如图3-21所示，在 $\triangle ABC$ 中，已知 $\angle ABC = 66°$，$\angle ACB = 54°$，BE 是 AC 上的高，CF 是 AB 上的高，H 是 BE 和 CF 的交点。求 $\angle ABE$、$\angle ACF$ 和 $\angle BHC$ 的度数。

5. 如图3-22所示，已知 $AB = AC$，$AD = AE$，$\angle 1 = \angle 2$。求证：$\triangle ABD \cong \triangle ACE$。

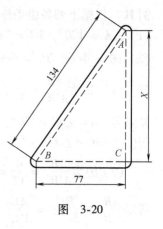

图　3-20

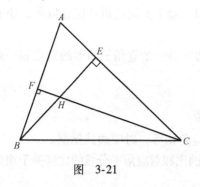

图　3-21

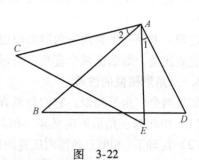

图　3-22

6. 如图3-23所示，已知 $\triangle ABC \cong \triangle A'B'C'$，$AD$、$A'D'$ 分别是 $\triangle ABC$ 和 $\triangle A'B'C'$ 的角平分线。求证：$AD = A'D'$。

7. 如图3-24所示，已知 $AB = AC$，$DB = DC$。F 是 AD 的延长线上的一点。求证：$BF = CF$。

8. 如图3-25所示，已知 $CD \perp AB$，$BE \perp AC$，垂足分别为 D、E，BE、CD 相交于点 O。求证：

（1）当 $\angle 1 = \angle 2$ 时，$OB = OC$；（2）当 $OB = OC$ 时，$\angle 1 = \angle 2$。

9. 求证：等腰三角形两底角的角平分线相等。

10. 求证：等腰三角形底边中点到两腰的距离相等。

11. 如图3-26所示，已知 CD 平分 $\angle ACB$，$AE /\!/ DC$，交 BC 的延长线于点 E。求证 $\triangle ACE$ 是等腰三角形。

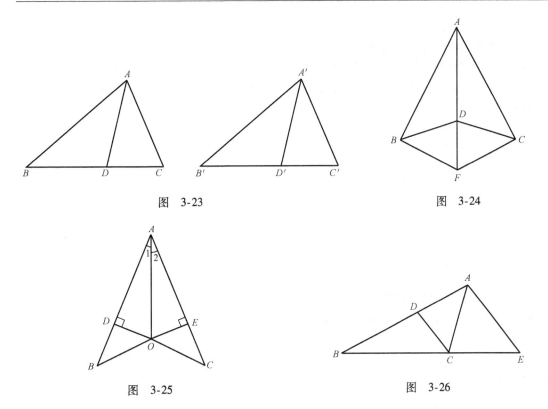

图　3-23　　　　　　　　　　　　　　　　图　3-24

图　3-25　　　　　　　　　　　　　　　　图　3-26

12. 已知 a、b、c、d 是成比例线段，其中 $a=3\text{cm}$，$b=2\text{cm}$，$c=6\text{cm}$，求线段 d 的长。

13. 已知 $\dfrac{a}{b}=2$，求 $\dfrac{a+b}{b}$。

14. 在 $\triangle ABC$ 中，$\angle A=47°$，$AB=1.5\text{cm}$，$AC=2\text{cm}$，在 $\triangle DEF$ 中，$\angle E=47°$，$ED=2.8\text{cm}$，$EF=2.1\text{cm}$。这两个三角形相似吗？为什么？如果相似，写出表达式。

15. 证明：直角三角形被斜边上的高分成的两个直角三角形和原三角形相似。

16. 在 $\triangle ABC$ 中，$AB=12\text{cm}$，$BC=18\text{cm}$，$CA=24\text{cm}$，另一个和它相似的 $\triangle A'B'C'$ 的周长为 81cm，求 $\triangle A'B'C'$ 的各边长。

第二节　四　边　形

一、四边形的有关概念

1. 四边形的定义

如图 3-27 所示，在平面内，由不在同一条直线的四条线段首尾顺次相接组成的图形叫做四边形。组成四边形的各条线段叫做四边形的边，每相邻两条边的公共端点叫做四边形的顶点。四边形用表示它的各个顶点的字母来表示。如图 3-27 中的四边形，可以按照顶点的顺序，记作四边形 $ABCD$。

2. 四边形对角线的定义

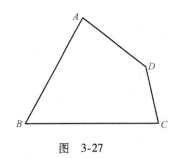

图　3-27

在四边形中，联结不相邻两个顶点的线段叫做四边形的对角线。如图 3-28 所示，在四

边形 *ABCD* 中，我们可以作两条对角线 *AC* 和 *BD*。

3. 四边形内角的定义和性质

四边形相邻两边所组成的角叫做四边形的内角，简称四边形的角。四边形有四个内角，如图 3-29 所示，∠*A*、∠*B*、∠*C*、∠*D* 都是四边形的内角，它们的和等于 360°，即四边形的内角和等于 360°。

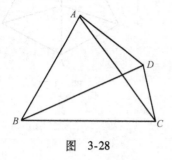

图 3-28

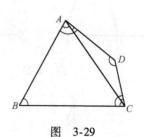

图 3-29

4. 四边形外角的定义和性质

四边形的角的一边与另一边的延长线所组成的角叫做四边形的外角。如图 3-30 所示，四边形 *ABCD* 的四个内角分别是∠1、∠2、∠3、∠4，如果在四边形的每个顶点处取它的一个外角，如图中的∠*α*、∠*β*、∠*γ*、∠*δ*，那么这四个外角的和就是四边形的外角和。通过证明，我们可以得到：四边形的外角和等于 360°。

二、平行四边形

1. 平行四边形及其性质

两组对边分别平行的四边形叫做平行四边形。如图 3-31 所示的四边形 *ABCD* 中，*AB*∥*CD*，*AD*∥*BC*，因此它就是平行四边形。平行四边形用符号"▱"表示，平行四边形 *ABCD*，记作"▱*ABCD*"，读作"平行四边形 *ABCD*"。

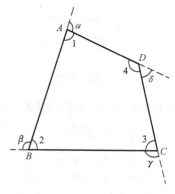

图 3-30

平行四边形是一种特殊的四边形，它除了具有四边形的性质外，还有以下一些特殊的性质：

（1）平行四边形性质定理 1　平行四边形的对角相等。

（2）平行四边形性质定理 2　平行四边形的对边相等。

（3）平行四边形性质定理 3　平行四边形的对角线互相平分。

例 1　已知▱*ABCD*，*AB* = 8cm，*BC* = 10cm，∠*B* = 30°。求▱*ABCD* 的面积。

解　过点 *A* 作 *AE*⊥*BC*，垂足为 *E*（图 3-32）。

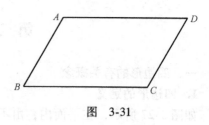

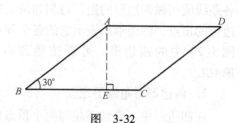

图 3-32

在 Rt△ABE 中，因为 $\angle B = 30°$，$AB = 8\text{cm}$，

所以 $AE = \dfrac{AB}{2} = \dfrac{8\text{cm}}{2} = 4\text{cm}$。

所以 $\square ABCD$ 的面积 $S = BC \times AE = 10\text{cm} \times 4\text{cm} = 40\text{cm}^2$。

2. 平行四边形的判定

判定一个四边形是不是平行四边形，有以下几种方法：

（1）平行四边形的定义 两组对边分别平行的四边形是平行四边形。

（2）平行四边形判定定理1 两组对角分别相等的四边形是平行四边形。

（3）平行四边形判定定理2 两组对边分别相等的四边形是平行四边形。

（4）平行四边形判定定理3 对角线互相平分的四边形是平行四边形。

（5）平行四边形判定定理4 一组对边平行且相等的四边形是平行四边形。

例2 如图 3-33 所示，已知在 $\square ABCD$ 中，E、F 分别是边 AD、BC 的中点。求证：$EB = DF$。

证明 因为四边形 $ABCD$ 是平行四边形，

所以 $AD \parallel BC$，并且 $AD = BC$。

又因为 $ED = \dfrac{1}{2}AD$，$BF = \dfrac{1}{2}BC$，

所以 $ED = BF$，并且 $ED \parallel BF$。

所以四边形 $EBFD$ 是平行四边形。

故 $EB = DF$。

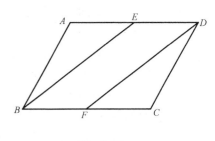

图 3-33

三、矩形

1. 矩形及其性质

如图 3-34 所示，有一个角是直角的平行四边形叫做矩形。

矩形是一种特殊的平行四边形，它除了具有平行四边形的性质外，还有以下一些特殊的性质：

（1）矩形性质定理1 矩形的四个角都是直角。

（2）矩形性质定理2 矩形的对角线相等。

推论 直角三角形斜边上的中线等于斜边的一半。

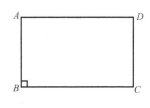

图 3-34

2. 矩形的判定

判定一个四边形是不是矩形，有以下几种方法：

（1）矩形的定义 有一个角是直角的平行四边形是矩形。

（2）矩形判定定理1 有三个角是直角的四边形是矩形。

（3）矩形判定定理2 对角线相等的平行四边形是矩形。

例3 如图 3-35 所示，已知矩形 $ABCD$ 的两条对角线相交于点 O，$\angle AOD = 120°$，$AB = 4\text{cm}$。求矩形对角线的长。

解 因为四边形 $ABCD$ 是矩形，

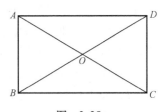

图 3-35

所以　　$AC = BD$。

又因为　　$OA = OC = \frac{1}{2}AC$, $OB = OD = \frac{1}{2}BD$,

所以　　$OA = OD$。

因为　　$\angle AOD = 120°$,

所以　　$\angle ODA = \angle OAD = \frac{180° - 120°}{2} = 30°$。

又因为　　$\angle DAB = 90°$,所以 $BD = 2AB = 2 \times 4cm = 8cm$。

四、菱形

1. 菱形及其性质

如图3-36所示,有一组邻边相等的平行四边形叫做菱形。

菱形是一种特殊的平行四边形,它除了具有平行四边形的性质外,还有以下一些特殊的性质:

（1）菱形性质定理1　菱形的四条边都相等。

（2）菱形性质定理2　菱形的对角线互相垂直,并且每一条对角线平分一组对角。

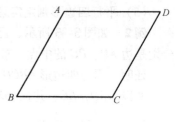

图　3-36

2. 菱形的判定

判定一个四边形是不是菱形,有以下几种方法:

（1）菱形的定义　有一组邻边相等的平行四边形是菱形。

（2）菱形判定定理1　四边都相等的四边形是菱形。

（3）菱形判定定理2　对角线互相垂直的平行四边形是菱形。

例4　如图3-37所示,已知 $\Box ABCD$ 的对角线 AC 的垂直平分线与边 AD、BC 分别交于点 E、F。求证:四边形 $AFCE$ 是菱形。

证明　因为四边形 $ABCD$ 是平行四边形,

所以　$AE /\!/ FC$, $\angle 1 = \angle 2$。

又因为　$\angle AOE = \angle COF$, $AO = CO$,

所以　$\triangle AOE \cong \triangle COF$, $EO = FO$。

所以 $\Box AFCE$ 是平行四边形。

又因为 $EF \perp AC$,所以平行四边形 $AFCE$ 是菱形。

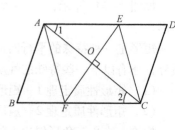

图　3-37

五、正方形

1. 正方形及其性质

有一组邻边相等并且有一个角是直角的平行四边形叫做正方形。

正方形是一种特殊的四边形,它既具有矩形的性质,同时又具有菱形的性质。由矩形和菱形的性质,可知正方形具有下面的性质:

（1）正方形性质定理1　正方形的四个角都是直角,四条边都相等。

（2）正方形性质定理2　正方形的两条对角线相等,并且互相垂直平分,每条对角线平分一组对角。

2. 正方形的判定

判定一个四边形是不是正方形，有以下几种方法：

1）先判断四边形是矩形，再判定这个矩形也是菱形。

2）先判断四边形是菱形，再判定这个菱形也是矩形。

例5 如图 3-38 所示，已知点 A'、B'、C'、D' 分别是正方形 $ABCD$ 四条边上的点，并且 $AA' = BB' = CC' = DD'$。求证：四边形 $A'B'C'D'$ 是正方形。

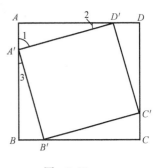

图 3-38

证明 因为四边形 $ABCD$ 是正方形，

所以 $AB = BC = CD = DA$。

又因为 $AA' = BB' = CC' = DD'$，

所以 $D'A = A'B = B'C = C'D$。

因为 $\angle A = \angle B = \angle C = \angle D = 90°$，

所以 $\triangle AA'D' \cong \triangle BB'A' \cong \triangle CC'B' \cong \triangle DD'C'$。

所以 $D'A' = A'B' = B'C' = C'D'$。

所以四边形 $A'B'C'D'$ 是菱形。

又因为 $\angle 2 = \angle 3$，$\angle 1 + \angle 2 = 90°$，所以 $\angle 1 + \angle 3 = 90°$。

因为 $\angle D'A'B' = 180° - (\angle 1 + \angle 3) = 90°$，

所以四边形 $A'B'C'D'$ 是正方形。

六、梯形

1. 梯形及其性质

如图 3-39 所示，一组对边平行而另一组对边不平行的四边形叫做梯形。平行的两边叫做梯形的底（通常把较短的底叫做上底，较长的底叫做下底），不平行的两边叫做梯形的腰，两底间的距离叫做梯形的高。

一腰垂直于底的梯形叫做直角梯形（图 3-40），两腰相等的梯形叫做等腰梯形（图3-41）。

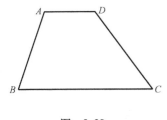

图 3-39

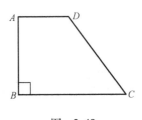

图 3-40

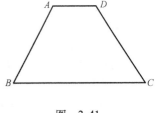

图 3-41

直角梯形和等腰梯形都是特殊的梯形。下面重点介绍等腰梯形所具有的性质：

（1）等腰梯形性质定理1 等腰梯形在同一底上的两个角相等。

（2）等腰梯形性质定理2 等腰梯形的两条对角线相等。

2. 梯形的判定

判定一个四边形是不是等腰梯形，有以下几种方法：

（1）等腰梯形判定定理1 在同一底上的两个角相等的梯形是等腰梯形。

（2）等腰梯形判定定理2　对角线相等的梯形是等腰梯形。

七、四边形和各种特殊四边形之间的关系

我们上面所学习的平行四边形、矩形、菱形、正方形和梯形等都是一些特殊的四边形，这些特殊的四边形之间的关系如图3-42所示。

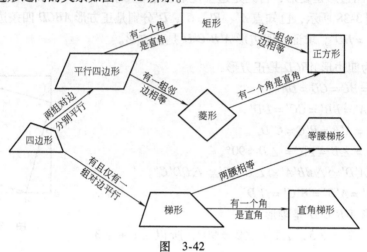

图　3-42

习题　3.2

1. 已知点 O 是 $\square ABCD$ 的对角线交点，$AC = 24\text{mm}$，$BD = 38\text{mm}$，$AD = 28\text{mm}$，求 $\triangle OBC$ 的周长。

2. 如图3-43所示，已知在 $\square ABCD$ 中，AE、CF 分别是 $\angle DAB$、$\angle BCD$ 的平分线。求证：四边形 $AFCE$ 是平行四边形。

3. 求证：对角线互相平分并且相等的四边形是矩形。

4. 已知菱形的周长为20cm，两个相邻的角的度数的比为1:2，求较短的对角线长。

5. 求证：依次联结正方形各边中点所成的四边形为正方形。

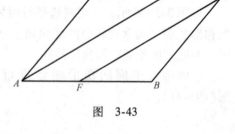

图　3-43

6. 判断题：

1）对角线相等的四边形是矩形。　　　　　　　　　　　　　　　　　　　　（　　）

2）对角线互相垂直的四边形是菱形。　　　　　　　　　　　　　　　　　　（　　）

3）对角线相等且互相垂直的四边形是正方形。　　　　　　　　　　　　　　（　　）

7. 已知等腰梯形的锐角等于60°，它的两底分别为15cm，49cm。求它的腰。

8. 已知直角梯形的一腰长10cm，这条腰和一个底所成的角是30°。求另一腰的长。

第三节　圆

一、圆的概念和有关性质

1. 圆的概念

如图3-44所示，在一个平面内，线段 OA 绕它固定的一个端点 O 旋转一周，另一个端点 A 随之旋转所形成的图形叫做圆。固定的端点 O 叫做圆心，线段 OA 叫做半径。

圆还可以定义为：圆是到定点的距离等于定长的点的集合。由此可得，圆的内部可以看做是到圆心的距离小于半径的点的集合；圆的外部可以看做是到圆心的距离大于半径的点的集合。

圆用⊙表示，如图 3-44 中的圆可用⊙O 表示。

联结圆上任意两点的线段（如图 3-45 中的 CD）叫做弦，经过圆心的弦（如图 3-45 中的 AB）叫做直径。

圆上任意两点间的部分叫做圆弧，简称弧。弧用符号"⌒"表示。以 A、B 为端点的弧记作 $\overset{\frown}{AB}$，读作"圆弧 AB"或"弧 AB"。

圆的任意一条直径的两个端点将圆分成两条弧，每一条弧都叫做半圆。大于半圆的弧（用三个字母表示，如图 3-46 中的 $\overset{\frown}{BAC}$）叫做优弧；小于半圆的弧（如图 3-46 中的 $\overset{\frown}{BC}$）叫做劣弧。

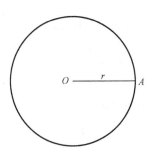

图　3-44

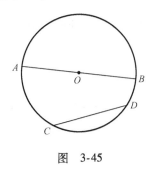

图　3-45

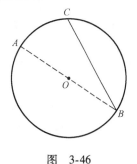

图　3-46

由弦以及所对的弧组成的图形叫做弓形。如图 3-46 所示，弦 BC 与 $\overset{\frown}{BC}$ 及 $\overset{\frown}{BAC}$ 组成两个不同的弓形。

圆心相同、半径不相等的两个圆叫做同心圆。如图 3-47 中的两个圆是以点 O 为圆心的同心圆。

能够重合的两个圆叫做等圆。半径相等的两个圆是等圆。如图 3-48 中，⊙O_1 和 ⊙O_2 的半径都等于 r，所以它们是两个等圆。容易看出，同圆或等圆的半径相等。

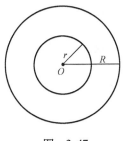

图　3-47

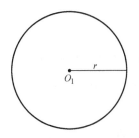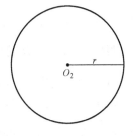

图　3-48

在同圆和等圆中，能够相互重合的弧叫做等弧。

圆有一个重要的性质，这就是：

定理：不在同一条直线上的三个点确定一个圆。

2. 垂直于弦的直径

垂径定理：垂直于弦的直径平分这条弦，并且平分弦所对的两条弧。

如图 3-49 所示，在 ⊙O 中，CD 是直径，AB 是弦，CD⊥AB，

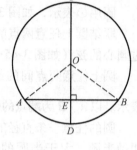

垂足为 E，则 $AE = BE$，$\overset{\frown}{AC} = \overset{\frown}{BC}$，$\overset{\frown}{AD} = \overset{\frown}{BD}$。

垂径定理有下面的推论：

推论1：

1）平分弦（不是直径）的直径垂直于弦，并且平分该弦所对的两条弧。

2）弦的垂直平分线经过圆心，并且平分该弦所对的两条弧。

3）平分弦所对的一条弧的直径，垂直于平分弦，并且平分该弦所对的另一条弧。

图　3-49

推论2：圆的两条平行弦所夹的弧相等。

例1　如图 3-50 所示，已知在以 O 为圆心的两个同心圆中，大圆的弦 AB 交小圆于 C、D 两点。求证 $AC = BD$。

证明　过 O 作 OE⊥AB，垂足为 E，则 $AE = BE$，$CE = DE$。

所以　$AE - CE = BE - DE$，即 $AC = BD$。

例2　如图 3-51 所示，有一座石拱桥的桥拱是圆弧形，它的跨度（弧所对的弦的长）为 37.4m，拱高（弧的中点到弦的距离，也叫弓形高）为 7.2m，求桥拱的半径（精确到 0.1m）。

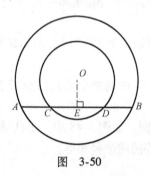

图　3-50

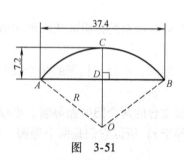

图　3-51

解　如图 3-51 所示，用 $\overset{\frown}{AB}$ 表示拱桥，$\overset{\frown}{AB}$ 的圆心为 O，半径为 R。

经过圆心 O 作弦 AB 的垂线 OD，D 为垂足，与 $\overset{\frown}{AB}$ 相交于点 C。根据垂径定理，D 是 AB 的中点，C 是 $\overset{\frown}{AB}$ 的中点，CD 就是拱高。由题设

$AB = 37.4$m，$CD = 7.2$m，

$AD = \dfrac{1}{2}AB = \dfrac{1}{2} \times 37.4$mm $= 18.7$mm，$OD = OC - DC = R - 7.2$m。

在 Rt△OAD 中，由勾股定理得 $OA^2 = AD^2 + OD^2$，

即　$R^2 = 18.7^2 + (R - 7.2)^2$

解这个方程，得 $R \approx 27.9$m。

所以，这个拱桥的桥拱半径约为 27.9m。

3. 圆心角、弧、弦、弦心距之间的关系

顶点在圆心的角叫做圆心角。从圆心到弦的距离叫做弦心距。

如图 3-52 中 $\angle AOB$ 是圆心角，AB 是一条弦，$OD \perp AB$，垂足为点 D，则 OD 就是弦心距。

圆心角、弧、弦、弦心距之间的关系可用下面的定理来表述。

定理：在同圆或等圆中，相等的圆心角所对的弧相等，所对的弦相等，所对的弦的弦心距相等。

推论：在同圆或等圆中，如果两个圆心角、两条弧、两条弦或两条弦的弦心距中有一组量相等，那么它们所对应的其余各组量都分别相等。

例 3　如图 3-53 所示，点 O 是 $\angle EPF$ 的角平分线上的一点，以点 O 为圆心的圆和角的两边分别交于点 A、B 和 C、D。求证：$AB = CD$。

证明　作 $OM \perp AB$，$ON \perp CD$，M、N 为垂足。

因为　$\angle MPO = \angle NPO$，$OM \perp AB$，$ON \perp CD$，

所以　$OM = ON$。

所以　$AB = CD$。

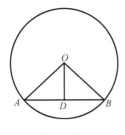

图　3-52

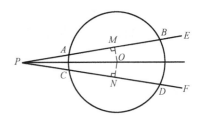

图　3-53

4. 圆周角

顶点在圆上，并且两边都和圆相交的角叫做圆周角。

圆心角和圆周角是不同的角，但是两者之间有一定的关系。

定理：一条弧所对的圆周角等于它所对的圆心角的一半。

推论 1：同弧或等弧所对的圆周角相等；同圆或等圆中，相等的圆周角所对的弧也相等（图3-54）。

推论 2：半圆（或直径）所对的圆周角是直角，90°的圆周角所对的弦是直径（图3-55）。

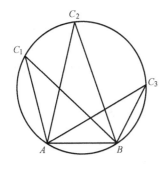

图　3-54

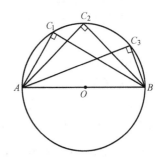

图　3-55

推论3：如果三角形一边上的中线等于这边的一半，那么这个三角形是直角三角形。

例4　如图3-56所示，AD 是 $\triangle ABC$ 的高，AE 是 $\triangle ABC$ 的外接圆直径。

求证：$AB \cdot AC = AE \cdot AD$。

证明　联结 BE，

因为　$\angle ADC = \angle ABE = 90°$，$\angle C = \angle E$，

所以　$\triangle ADC \backsim \triangle ABE$。所以 $\dfrac{AC}{AE} = \dfrac{AD}{AB}$。

所以　$AB \cdot AC = AE \cdot AD$。

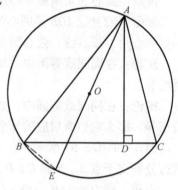

图　3-56

二、直线和圆的位置关系及其性质和判定

1. 直线和圆的位置关系

观察图3-57中直线与圆的相对运动，可以得到直线与圆三种不同的位置关系：

1）直线和圆有两个公共点时，叫做直线和圆相交（图3-57a），这时直线叫做圆的割线。

2）直线和圆有唯一公共点时，叫做直线和圆相切（图3-57b）。这时直线叫做圆的切线，唯一的公共点叫做切点。

3）直线和圆没有公共点时，叫做直线和圆相离（图3-57c）。

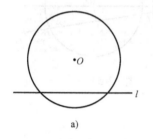　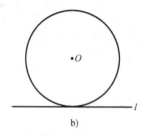　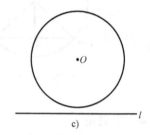

a)　　　　　　　　　　　b)　　　　　　　　　　　c)

图　3-57

根据直线与圆相交、相切、相离的定义，容易看出：

如果 $\odot O$ 的半径为 r，圆心 O 到直线 l 的距离为 d，那么

1）直线 l 和 $\odot O$ 相交 $\Leftrightarrow d < r$；

2）直线 l 和 $\odot O$ 相切 $\Leftrightarrow d = r$；

3）直线 l 和 $\odot O$ 相离 $\Leftrightarrow d > r$。

符号"$\Leftrightarrow$"读作"等价于"。它表示从左端可以推出右端，并且从右端也可以推出左端。

例5　在 $Rt\triangle ABC$ 中，$\angle C = 90°$，$AC = 3cm$，$BC = 4cm$，以 C 为圆心、r 为半径的圆与 AB 有怎样的位置关系？为什么？

（1）$r = 2cm$；　　　　（2）$r = 2.4cm$；　　　　（3）$r = 3cm$。

解　过点 C 作 $CD \perp AB$，垂足为 D（图3-58）。

在 $Rt\triangle ABC$ 中，$AB = \sqrt{AC^2 + BC^2} = \sqrt{3^2 + 4^2}cm = 5cm$。

根据三角形的面积公式，有 $CD \cdot AB = AC \cdot BC$，

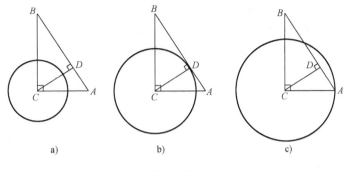

图 3-58

所以 $CD = \dfrac{AC \cdot BC}{AB} = \dfrac{3 \times 4}{5} \mathrm{cm} = 2.4 \mathrm{cm}$。

即圆心 C 到 AB 的距离 $d = 2.4 \mathrm{cm}$。

（1）当 $r = 2 \mathrm{cm}$ 时，有 $d > r$，因此⊙C 和 AB 相离（图 3-58a）。

（2）当 $r = 2.4 \mathrm{cm}$ 时，有 $d = r$，因此⊙C 和 AB 相切（图 3-58b）。

（3）当 $r = 3 \mathrm{cm}$ 时，有 $d < r$，因此⊙C 和 AB 相交（图 3-58c）。

2. 切线的判定和性质

切线的判定定理：经过半径的外端并且垂直于这条半径的直线是圆的切线。

切线的性质定理：圆的切线垂直于经过切点的半径。

推论 1：经过圆心且垂直于切线的直线必经过切点。

推论 2：经过切点且垂直于切线的直线必经过圆心。

例 6 如图 3-59 所示，已知 AB 是⊙O 的直径，BC 是⊙O 的切线，切点为 B，OC 平行于弦 AD。求证：DC 是⊙O 的切线。

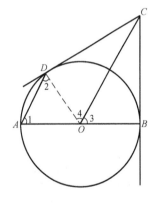

证明 联结 OD。

因为 $OA = OD$，所以 $\angle 1 = \angle 2$。

又因为 $AD /\!/ OC$，所以 $\angle 1 = \angle 3$，$\angle 2 = \angle 4$。

所以 $\angle 3 = \angle 4$。

在△OBC 和△ODC 中，

因为 $OB = OD$，$\angle 3 = \angle 4$，$OC = OC$，所以△$OBC \cong$ △ODC（SAS）。

所以 $\angle OBC = \angle ODC$。

因为 BC 是⊙O 的切线，所以 $\angle OBC = 90°$，则有 $\angle ODC = 90°$。

所以 DC 是⊙O 的切线。

图 3-59

3. 几个重要的定理

（1）切线长定理 如图 3-60 所示，过圆外一点有两条直线 PA、PB 与⊙O 相切。在经过圆外一点的圆的切线上，这点和切点之间的线段的长，叫做这点到圆的切线长。

切线长定理：从圆外一点引圆的两条切线，它们的切线长相等，圆心和这一点的连线平分两条切线的夹角。

例 7 如图 3-61 所示，已知四边形 $ABCD$ 的边 AB、BC、CD、DA 和⊙O 分别相切于点

L、*M*、*N*、*P*。求证：*AB* + *CD* = *AD* + *BC*。

证明 因为 *AB*、*BC*、*CD*、*DA* 都与⊙*O* 相切，*L*、*M*、*N*、*P* 是切点，

所以   *AL* = *AP*，*LB* = *MB*，*DN* = *DP*，*NC* = *MC*。

所以   *AL* + *LB* + *DN* + *NC* = *AP* + *MB* + *DP* + *MC* = *AP* + *DP* + *MB* + *MC*，

即   *AB* + *CD* = *AD* + *BC*。

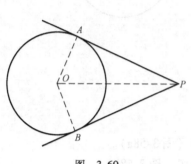

图 3-60

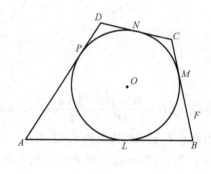

图 3-61

（2）弦切角定理 顶点在圆上，一边和圆相交、另一边和圆相切的角叫做弦切角。如图 3-62 中，∠*BAC* 是弦切角。

弦切角定理：弦切角等于它所夹的弧对的圆周角。

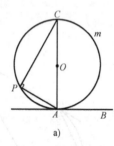

图 3-62

推论：如果两个弦切角所夹的弧相等，那么这两个弦切角也相等。

例 8 如图 3-63 所示，已知 *AB* 是⊙*O* 的直径，*AC* 是弦，直线 *CE* 和⊙*O* 相切于点 *C*，*AD* ⊥ *CE*，垂足为 *D*。求证：*AC* 平分∠*BAD*。

解 联结 *BC*。

因为   *AB* 是⊙*O* 的直径，所以∠*ACB* = 90°。

所以   ∠*B* + ∠*CAB* = 90°。

因为   *AD* ⊥ *CE*，所以∠*ADC* = 90°。

所以   ∠*ACD* + ∠*DAC* = 90°。

因为   *AC* 是弦，且 *CE* 和⊙*O* 相切于点 *C*，

所以   ∠*ACD* = ∠*B*。

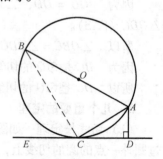

图 3-63

所以　∠DAC = ∠CAB，因此 AC 平分∠BAD。

（3）**相交弦定理**　圆内的两条相交弦，被交点分成的两条线段长的积相等。

如图 3-64 所示，弦 AB 和 CD 交于⊙O 内一点 P，则 $PA \cdot PB = PC \cdot PD$。

推论：如果弦与直径垂直相交，那么弦的一半是它分直径所成的两条线段的比例中项。

如图 3-65 所示，CD 是弦，AB 是直径，CD⊥AB，垂足是 P，则 $PC^2 = PA \cdot PB$。

（4）**切割线定理**　从圆外一点引圆的切线和割线，切线长是这点到割线与圆交点的两条线段长的比例中项。

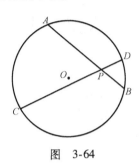

图　3-64

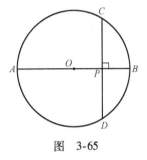

图　3-65

如图 3-66 所示，点 P 是⊙O 外一点，PT 是切线，T 是切点，PA 是割线，点 A、B 是它与⊙O 的交点，则 $PT^2 = PA \cdot PB$。

推论：从圆外一点引圆的两条割线，这一点到每条割线与圆的交点的两条线段长的积相等。

如图 3-67 所示，点 P 是⊙O 外一点，PT 是切线，T 是切点，PA、PC 是两条割线，点 A、B、C、D 分别是它们与⊙O 的交点，则 $PA \cdot PB = PC \cdot PD = PT^2$。

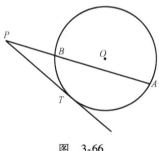

图　3-66

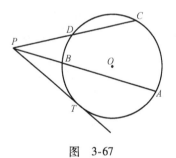

图　3-67

例 9　如图 3-68 所示，已知⊙O 的割线 PAB 交⊙O 于点 A 和 B，$PA = 6\text{cm}$，$AB = 8\text{cm}$，$PO = 10.9\text{cm}$。求⊙O 的半径。

解　设⊙O 的半径为 r，PO 和它的延长线交⊙O 于 C、D。

根据切割线定理的推论，有 $PA \cdot PB = PC \cdot PD$。

因为　$PB = PA + AB$，$PC = 10.9 - r$，$PD = 10.9 + r$，

所以　$(10.9 - r)(10.9 + r) = 6 \times 14$。

取正数解，得 $r = 5.9\text{cm}$。

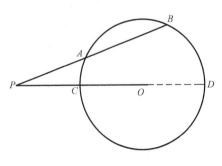

图　3-68

所以⊙O 的半径为 5.9cm。

三、圆和圆的位置关系及其性质

1. 圆和圆的位置关系

在平面内，两圆相对运动，可以得到下面不同的位置关系（图 3-69）。

1）两个圆没有公共点，并且每个圆上的点都在另一个圆的外部时，叫做这两个圆外离（图 3-69a）。

2）两个圆有唯一的公共点，并且除了这个公共点以外，每个圆上的点都在另一个圆的外部时，叫做这两个圆外切（图 3-69b）。这个唯一的公共点叫做切点。

3）两个圆有两个公共点时，叫做这两个圆相交（图 3-69c）。

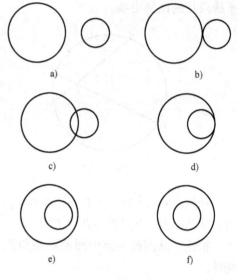

4）两个圆有唯一的公共点，并且除了这个公共点以外，一个圆上的点都在另一个圆的内部时，叫做这两个圆内切（图 3-69d）。这个唯一的公共点叫做切点。

两个圆外切和内切统称两个圆相切。

5）两个圆没有公共点，并且一个圆上的点都在另一个圆的内部时，叫做这两个圆内含（图 3-69e）。两圆同心是两圆内含的一种特例（图3-69f）。

图 3-69

如果两个圆相切，那么切点一定在两圆圆心的连线（连心线）上。

观察图 3-70 可以发现，当两圆的半径一定时，两圆的位置关系与两圆圆心的距离（圆心距）的大小有关。设两圆半径分别为 R 和 r，圆心距为 d，那么

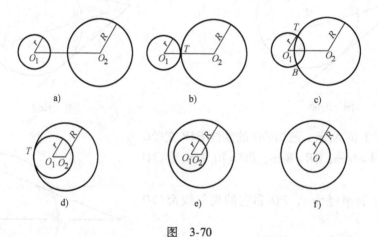

图 3-70

1）两圆外离$\Leftrightarrow d > R + r$。

2）两圆外切$\Leftrightarrow d = R + r$。

3）两圆相交$\Leftrightarrow R - r < d < R + r$ （$R \geqslant r$）。

　4）两圆内切$\Leftrightarrow d = R - r$（$R > r$）。

　5）两圆内含$\Leftrightarrow d < R - r$（$R > r$）。

2. 连心线的性质

定理：相交两圆的连心线垂直平分两圆的公共弦。

例 10　如图 3-71 所示，已知两个等圆$\odot O_1$ 和$\odot O_2$ 相交于A、B 两点，$\odot O_1$ 经过点O_2。求$\angle O_1AB$ 的度数。

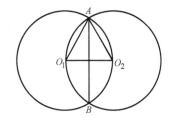

解　因为$\odot O_1$ 经过点O_2，$\odot O_1$ 和$\odot O_2$ 是等圆，

所以　$O_1A = O_1O_2 = O_2A$，

所以　$\angle O_1AO_2 = 60°$。

又因为　$AB \perp O_1O_2$，

所以　$\angle O_1AB = 30°$。

3. 两圆的公切线

如图 3-72 所示，和两个圆都相切的直线，叫做两圆

图　3-71

的公切线。两个圆在公切线同旁时，这样的公切线叫做外公切线（图 3-72a）。两个圆在公切线两旁时，这样的公切线叫做内公切线（图 3-72b）。公切线上两个切点的距离叫做公切线的长。

例 11　如图 3-73 所示，已知$\odot O_1$、$\odot O_2$ 的半径分别为 2cm 和 7cm，圆心距$O_1O_2 = 13$cm，AB 是$\odot O_1$、$\odot O_2$ 的外公切线，切点分别是A、B。求：公切线AB 的长。

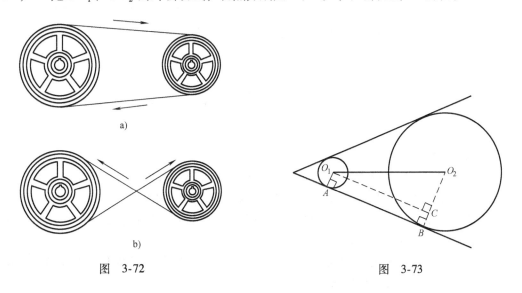

a)	

b)	

图　3-72　　　　　　　　　　　　　图　3-73

解　联结O_1A、O_2B，则$O_1A \perp AB$，$O_2B \perp AB$。过点O_1 作$O_1C \perp O_2B$，垂足为C，则四边形O_1ABC 为矩形，于是有$O_1C \perp CO_2$，$O_1C = AB$，$O_1A = CB$。

在$\mathrm{Rt}\triangle O_1CO_2$ 中，

因为　$O_1O_2 = 13$cm，$O_2C = O_2B - O_1A = 5$cm，

所以　$O_1C = \sqrt{13^2 - 5^2}$cm $= 12$cm。

所以　$AB = 12$cm。

两个圆的位置不同，它们所含有的内、外公切线的个数也不同。具体关系见下表。

位 置	图 形	内公切线数	外公切线数
外离		2条	2条
外切		1条	2条
相交		0	2条
内切		0	1条
内含		0	0

四、正多边形和圆

1. 多边形与正多边形的概念

在平面内，由一些线段首尾顺次相接组成的图形叫做多边形。多边形的边、顶点、内角、外角、对角线的意义和四边形相同。多边形有几条边就叫几边形。

如图3-74所示，各边相等，各角也相等的多边形叫做正多边形。如果一个正多边形有 n 条边，那么这个正多边形叫正 n 边形。

在工程技术和实用图案等方面，常常用到正多边形，其中正三角形、正方形、正五边形、正六边形、正八边形等应用较多。

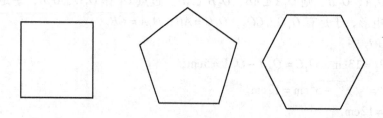

图 3-74

2. 多边形的内角和

多边形的内角和定理：n 边形的内角和等于 $(n-2)\cdot180°$。

推论：任意多边形的外角和等于 $360°$。

例 12 已知一个多边形，它的内角和等于外角和的 2 倍，求这个多边形的边数。

解 设多边形的边数为 n，因为它的内角和等于 $(n-2)\cdot180°$，外角和等于 $360°$，所以，$(n-2)\times180°=2\times360°$。

解得 $n=6$。

3. 多边形的相似

如果两个边数相同的多边形的对应角相等，对应边成比例，这两个多边形叫做相似多边形。相似多边形的对应边的比叫做相似比。

相似多边形具有以下一些性质：

（1）定理 1 相似多边形周长的比等于相似比。

（2）定理 2 两个相似多边形对应对角线的比等于相似比。

（3）定理 3 相似多边形中的对应三角形相似，相似比等于相似多边形的相似比。

（4）定理 4 相似多边形面积的比等于相似比的平方。

4. 三角形和多边形的外接圆和内切圆

如图 3-75 所示，经过三角形的三个顶点可以作一个圆。经过三角形各顶点的圆叫做三角形的外接圆，外接圆的圆心叫做三角形的外心，这个三角形叫做这个圆的内接三角形。图中的 ⊙O 就是△ABC 的外接圆，点 O 就是外心，△ABC 就是 ⊙O 的内接三角形。

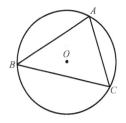

图　3-75

如图 3-76 所示，与三角形各边都相切的圆叫做三角形的内切圆，内切圆的圆心叫做三角形的内心，这个三角形叫做圆的外切三角形。图中的 ⊙O 就是△ABC 的内切圆，点 O 就是内心，△ABC 就是 ⊙O 的外切三角形。

如果一个多边形的所有顶点都在一个圆上，这个多边形叫做圆的内接多边形，这个圆叫做多边形的外接圆。和多边形的各边都相切的圆叫做多边形的内切圆，这个多边形叫做圆的外切多边形。

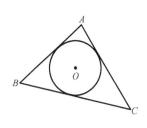

图　3-76

5. 正多边形和圆

正多边形和圆有非常密切的关系。根据下面定理，我们只要把一个圆分成 n 条相等的弧，就可以作出这个圆的内接或外切正 n 边形。

（1）定理 1 把圆分成 n（$n\geq3$）等份：

1）依次联结各分点所得的多边形是这个圆的内接正 n 边形。

2）经过各等分点作圆的切线，以相邻切线的交点为顶点的多边形是这个圆的外切正 n 边形。

如图 3-77 所示，在 ⊙O 中，$\overset{\frown}{AB}=\overset{\frown}{BC}=\overset{\frown}{CD}=\overset{\frown}{DE}=\overset{\frown}{EA}$，$TP$、$PQ$、$QR$、$RS$、$ST$ 分别是经过点 A、B、C、D、E 的 ⊙O 的切线。则五边形 $ABCDE$ 是 ⊙O 的内接正五边形，五边形

PQRST 是⊙*O* 的外切正五边形。

（2）定理2 任何正多边形都有一个外接圆和一个内切圆，这两个圆是同心圆。

正多边形的外接圆（或内切圆）的圆心叫做正多边形的中心，外接圆的半径叫做正多边形的半径，内切圆的半径叫做正多边形的边心距。正多边形各边所对的外接圆的圆心角都相等。正多边形每一条边所对的外接圆的圆心角叫做正多边形的中心角。正 n 边形的每个中心角都等于 $\dfrac{360°}{n}$。

例如，在图3-78中，圆心 O 是正五边形 $ABCDE$ 的中心，OC 是它的一条半径，OH 是它的一条边心距（$OH \perp CD$），$\angle COD$ 是它的一个中心角。

边数相同的正多边形相似，它所具有的性质与相似多边形的性质相同。

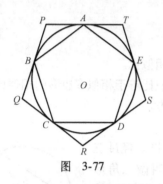
图 3-77

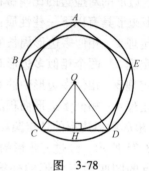
图 3-78

6. 正多边形的有关计算

（1）正多边形的内角 根据正多边形的定义和多边形内角和定理，可知正 n 边形的每个内角都等于 $\dfrac{(n-2) \cdot 180°}{n}$。

（2）正多边形的半径和边心距

定理：正 n 边形的半径和边心距把正 n 边形分成 $2n$ 个全等的直角三角形。

如图3-78中，在这些直角三角形（如 Rt$\triangle OCH$）中，斜边（如 OC）都是正 n 边形的半径 R，一条直角边（如 OH）是正 n 边形的边心距 r_n，另一条直角边（如 CH）是正 n 边形边长 a_n 的一半，一个锐角（如 $\angle COH$）是正 n 边形中心角 α_n 的一半，即 $\dfrac{180°}{n}$，所以，根据上面定理就可以把正 n 边形的有关计算归结为解直角三角形问题。

例13 已知正六边形 $ABCDEF$ 的半径为 R，求这个正六边形的边长 a_6、周长 P_6 和面积 S_6。

解 如图3-79所示，作半径 OA、OB；作 $OG \perp AB$，垂足为 G，得 Rt$\triangle OGB$。

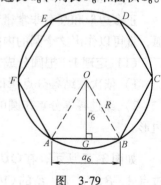
图 3-79

因为 $\angle GOB = \dfrac{180°}{6} = 30°$，所以 $a_6 = 2 \cdot R\sin30° = R$；

所以 $P_6 = 6a_6 = 6R$。

因为 $r_6 = R\cos30° = \dfrac{\sqrt{3}}{2} R$，

所以 $S_6 = \dfrac{1}{2} r_6 \cdot a_6 \times 6 = \dfrac{1}{2} r_6 \cdot P_6 = \dfrac{1}{2} \cdot \dfrac{\sqrt{3}}{2}R \cdot 6R = \dfrac{3\sqrt{3}}{2}R^2$。

如果用 P_n 表示正 n 边形的周长，由例 13 可知，正 n 边形的面积 $S_n = \frac{1}{2} P_n r_n$。

习题 3.3

1. 判断题：

(1) 直径是弦。 （ ）

(2) 弦是直径。 （ ）

(3) 半圆是弧，但弧不一定是半圆。 （ ）

(4) 半径相等的两个半圆是等弧。 （ ）

(5) 长度相等的两条弧是等弧。 （ ）

(6) 经过三个点一定可以作圆。 （ ）

(7) 任意一个三角形一定有一个外接圆，并且只有一个外接圆。 （ ）

(8) 任意一个圆一定有一个内接三角形，并且只有一个内接三角形。 （ ）

(9) 三角形的外心到三角形各顶点的距离都相等。 （ ）

2. 在直径为 130mm 的圆铁片上切去一块高为 32mm 的弓形铁片（图 3-80）。求弓形的弦 AB 的长。

3. 在直径为 650mm 的圆柱形油槽内装入一些油后，截面如图 3-81 所示。若油面宽 $AB = 600$mm，求油的最大深度。

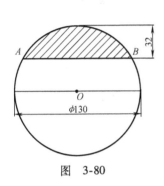

图 3-80

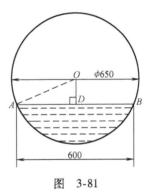

图 3-81

4. 如图 3-82 所示，已知 $AD = BC$，求证：$AB = CD$。

5. 如图 3-83 所示，已知圆心角 $\angle AOB$ 的度数为 $100°$，求圆周角 $\angle ACB$ 的度数。

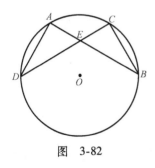

图 3-82

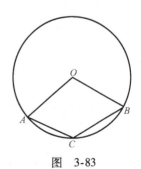

图 3-83

6. 如图 3-84 所示，已知在 $\odot O$ 中，直径 AB 为 10cm，弦 AC 为 6cm，$\angle ACB$ 的平分线交 $\odot O$ 于 D，求 BC、AD 和 BD 的长。

7. 如图 3-85 所示，已知 $\angle AOB = 30°$，M 为 OB 上的一点，且 $OM = 5$cm，以 M 为圆心、以 r 为半径的圆与直线 OA 有怎样的位置关系？为什么？（1）$r = 2$cm；（2）$r = 4$cm；（3）$r = 2.5$cm。

8. 如图3-86所示，AB 是 $\odot O$ 的直径，点 D 在 AB 的延长线上，$BD=OB$，点 C 在圆上，$\angle CAB=30°$。求证：DC 是 $\odot O$ 的切线。

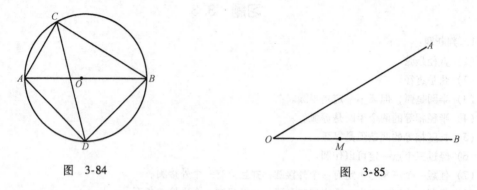

图　3-84　　　　　　　　　　　　　图　3-85

9. 如图3-87所示，已知 $\triangle ABC$ 为等腰三角形，O 是底边 BC 的中点，$\odot O$ 与腰 AB 相切于点 D。求证：AC 与 $\odot O$ 相切。

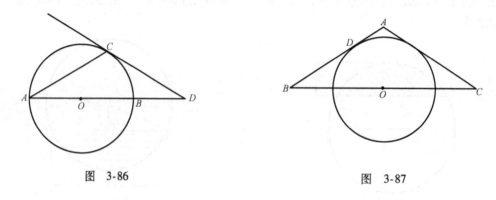

图　3-86　　　　　　　　　　　　　图　3-87

10. 如图3-88所示，AB 是 $\odot O$ 的弦，CD 是经过 $\odot O$ 上一点 M 的切线。求证：

（1）$AB \parallel CD$ 时，$AM=MB$；（2）$AM=MB$ 时，$AB \parallel CD$。

11. 已知圆中两条弦相交，第一条弦被交点分为12cm和16cm的两线段，第二条弦的长为32cm，求第二条弦被交点分成的两段的长。

12. 如图3-89所示，线段 AB 和 $\odot O$ 交于 C、D，$AC=BD$，AE、BF 分别切 $\odot O$ 于 E、F。求证：$AE=BF$。

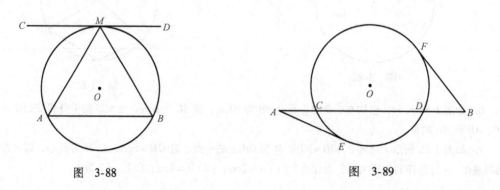

图　3-88　　　　　　　　　　　　　图　3-89

13. $\odot O_1$ 和 $\odot O_2$ 的半径分别为 3cm 和 4cm，设 (1) $O_1O_2 = 8$cm；(2) $O_1O_2 = 7$cm；(3) $O_1O_2 = 5$cm；(4) $O_1O_2 = 1$cm；(5) $O_1O_2 = 0.5$cm；(6) O_1 和 O_2 重合。问 $\odot O_1$ 和 $\odot O_2$ 的位置关系怎样？

14. 两圆半径为 38mm 和 22mm，圆心距为 65mm。求（1）内公切线长；（2）内公切线与连心线的夹角。

15. 已知圆的半径为 R，求它的内接正三角形、正方形的边长、边心距及面积。

第四章 三角函数

第一节 角的概念的推广

一、集合的概念及表示方法

1. 集合与元素

我们观察下列几组事物:(1) 我们学校的全体学生;(2) 某个工厂所有的机床;(3) 2,4,6,8;(4) 所有的等腰三角形;(5) 直线 $y = 2x + 1$ 上所有的点。

它们分别是由一些学生、机床、数、图形和点所组成的整体,这里的学生、机床、数、图形和点都是所考察事物的对象,且每个整体中的对象都具有某种共同属性。

一般地,具有某种共同属性的不同对象的全体称为集合(有时简称为集)。集合里的各个不同对象称为这个集合的元素。例如,2、4、6、8 这四个数组成的集合,其中的对象 2、4、6、8 都是这个集合的元素,这些元素的共同属性是"小于 10 的正偶数"。

尽管集合中的元素可以是各种各样具体的或抽象的事物,但在本书中主要研究数的集合(简称数集)和点集合(简称点集)。

2. 集合的表示法

表示一个集合常用的方法有两种:列举法和描述法。

把集合中的元素一一列举出来,彼此之间用逗号分开,写在一个大括号内,这种表示集合的方法称为列举法。

例如,由 2、4、6、8 这四个数组成的集合可以表示为

$$\{2,4,6,8\}。$$

又如,方程 $x^2 - 3x + 2 = 0$ 所有的解组成的集合(简称为解集)可以表示为

$$\{1,2\}。$$

再如,由全体正奇数组成的集合可以表示为

$$\{1,3,5,7,\cdots,2n+1\}\ (n\ 为非负整数)。$$

一个集合中的元素个数是任意的。含有无限多个元素的集合称为无限集;含有有限个元素的集合称为有限集;只含有一个元素的集合称为单元素集;不含任何元素的集合称为空集,记作 $\{\}$ 或 $\varnothing$。

把集合中的元素的共同属性描述出来,写在大括号内,这种表示集合的方法称为描述法。描述法有两种表示方法:一种是在大括号内先写出这个集合的元素的一般形式,再划一条竖线,在竖线右边列出它的元素的公共属性。例如:

由 2、4、6、8 这四个数组成的集合 $\{2,4,6,8\}$ 可以表示为

$$\{x \mid x\ 是小于 10 的正偶数\}。$$

方程 $x^2 - 3x + 2 = 0$ 的解集可以表示为

$$\{x \mid x^2 - 3x + 2 = 0\}。$$

直线 $y = 2x + 1$ 上所有的点所组成的集合可以表示为

$$\{(x, y) \mid y = 2x + 1\}。$$

描述法的第二种表示方法是把集合中元素的公共属性直接写在大括号内。例如上面的三个集合分别可表示为

$$\{小于 10 的正偶数\};$$
$$\{方程 \, x^2 - 3x + 2 = 0 \, 的解\};$$
$$\{直线 \, y = 2x + 1 \, 上的点\}。$$

3. 集合的记号

我们一般用大写的拉丁字母 A、B、C 等作为集合的记号，用小写的 a、b、c 等表示集合的元素。例如，用 A 表示集合 $\{(x, y) \mid y = 2x + 1\}$，可记为

$$A = \{(x, y) \mid y = 2x + 1\}。$$

如果 a 是集合 A 的元素，就说 a 属于 A，记作 $a \in A$；如果 a 不是 A 的元素，就说 a 不属于 A，记作 $a \notin A$。例如，$B = \{1, 2, 3, 4, 5\}$，那么

$$3 \in B, \; 5 \in B, \; 9 \notin B, \; \frac{1}{2} \notin B。$$

下面是几个常用的数集和它们的专用记号：

全体非负整数的集合简称为自然数集，记作 **N**；

自然数集内排除 0 的集合称为正整数集，记作 $\mathbf{N}^*$ 或 $\mathbf{N}_+$；

全体整数的集合简称为整数集，记作 **Z**；

全体有理数的集合简称为有理数集，记作 Q；

全体实数的集合简称为实数集，记作 **R**。

二、任意角的概念

在平面几何中，角可以看做是一条射线绕着它的端点在平面内旋转形成的。如图 4-1 所示，角 α 就是由一条射线从开始位置 OA，绕着它的端点 O 按逆时针方向旋转到 OB 的位置而形成的。旋转开始时的射线 OA 叫做角 α 的始边，旋转终止时的射线 OB 叫做角 α 的终边，射线的端点 O 叫做角 α 的顶点。

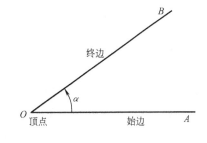

图 4-1

初中我们学过的角 α 的范围是 $0° \le \alpha < 360°$，但在实践中还会遇到其他的角，如图 4-2 所示，把一个螺母拧紧或拧松，扳手旋转的方向是相反的；另外，把螺母拧紧或拧松的过程中，扳手往往不止只旋转一周。这说明，我们既要研究角的大小，又要研究角的方向。

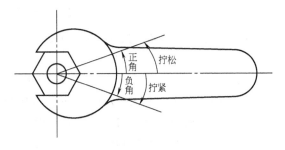

图 4-2

在平面内，一条射线绕着它的端点旋转时，有两个相反的旋转方向。习惯上，按逆时针方向旋转形成的角称为正角；按顺时针方向

旋转形成的角称为负角。特别地，如果射线没有做任何旋转，我们也认为形成了一个角，把它称为零角。

角的概念经过这样推广以后，包括任意大小的正角、负角和零角，它们统称为任意角。

三、终边相同的角

本书主要在平面直角坐标系内研究角。通常，取原点为角的顶点，x 轴的正半轴为角的始边，角的终边落在第几象限，就称这个角是第几象限的角（或说这个角属于第几象限）。当角 α 分别是第一、二、三、四象限角时，分别记作 $\alpha \in$ Ⅰ、$\alpha \in$ Ⅱ、$\alpha \in$ Ⅲ、$\alpha \in$ Ⅳ。如果角的终边在坐标轴上，则规定这个角不属于任一象限。

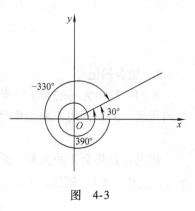

图 4-3

终边落在同一条射线上的角称为终边相同的角。如图 4-3 所示，390°和 −330°这两个角与 30°不仅有相同的顶点和始边，而且还有相同的终边，因此，它们都是终边相同的角。390°和 −330°可分别写成下列形式：

$$1 \times 360° + 30°, \quad -1 \times 360° + 30°。$$

显然，除 390°和 −330°外，与 30°角终边相同的角还有：

$$2 \times 360° + 30°, \quad -2 \times 360° + 30°；$$
$$3 \times 360° + 30°, \quad -3 \times 360° + 30°；$$
$$\cdots$$

由于这些角彼此相差 360°的整数倍，所以与 30°角终边相同的角，连同 30°角在内，可以用一般形式表示为

$$k \cdot 360° + 30°, \quad k \in \mathbf{Z}。$$

当 $k = 0$ 时，它就表示 30°角；当 $k = 1$ 时，它就表示 390°角；当 $k = -1$ 时，它就表示 −330°角。

一般地，所有和 α 角终边相同的角，连同 α 角在内，有无穷多个，它们和 α 角相差 360°的整数倍，可以用一般形式表示为

$$\boxed{k \cdot 360° + \alpha, \quad k \in \mathbf{Z}。}$$

由此可知，与角 α 有相同的顶点、始边和终边的角（即与 α 角终边相同的角）的集合，可以记作

$$\boxed{\{\beta | \beta = k \cdot 360° + \alpha, k \in \mathbf{Z}\}}$$

例1　把下列各角写成 $k \cdot 360° + \alpha (0° \leqslant \alpha \leqslant 360°, k \in \mathbf{Z})$ 的形式，并判断它们分别是第几象限角。

（1）1990°12′；　　　　　（2）−1998°。

解　（1）因为　1990°12′ = 5 × 360° + 190°12′，

所以　1990°12′是与 190°12′终边相同的角。

又　因为　190°12′ ∈ Ⅲ，

所以　1990°12′ ∈ Ⅲ。

（2）因为　−1998° = −6 × 360° + 162°，

所以　　162°是与 −1998°终边相同的角。

又因为　　　162° ∈ Ⅱ，

所以　　　−1998° ∈ Ⅱ。

例 2　写出终边落在 y 轴上的角的集合。

解　终边落在 y 轴正半轴上的角的集合为

$$S_1 = \{\beta \mid \beta = k \cdot 360° + 90°, k \in \mathbf{Z}\} = \{\beta \mid \beta = 2k \cdot 180° + 90°, k \in \mathbf{Z}\}$$
$$= \{\beta \mid \beta = 180°\text{的偶数倍} + 90°\};$$

终边落在 y 轴负半轴上的角的集合为

$$S_2 = \{\beta \mid \beta = k \cdot 360° + 270°, k \in \mathbf{Z}\}$$
$$= \{\beta \mid \beta = 2k \cdot 180° + 180° + 90°, k \in \mathbf{Z}\}$$
$$= \{\beta \mid \beta = (2k+1) \cdot 180° + 90°, k \in \mathbf{Z}\}$$
$$= \{\beta \mid \beta = 180°\text{的奇数倍} + 90°\};$$

所以，终边落在 y 轴上的角的集合为

$$S = S_1 + S_2$$
$$= \{\beta \mid \beta = 180°\text{的偶数倍} + 90°\} + \{\beta \mid \beta = 180°\text{的奇数倍} + 90°\}$$
$$= \{\beta \mid \beta = 180°\text{的整数倍} + 90°\}$$
$$= \{\beta \mid \beta = k \cdot 180° + 90°, k \in \mathbf{Z}\}。$$

例 3　α 在第二象限，那么 $\dfrac{\alpha}{2}$ 在第几象限？

解　由 α 在第二象限，可知　$k \cdot 360° + 90° < \alpha < k \cdot 360° + 180°, k \in \mathbf{Z}$

所以　$k \cdot 180° + 45° < \dfrac{\alpha}{2} < k \cdot 180° + 90°, k \in \mathbf{Z}$

设 $k = 2n$，$n \in \mathbf{Z}$，则　$n \cdot 360° + 45° < \dfrac{\alpha}{2} < n \cdot 360° + 90°, n \in \mathbf{Z}$，可知 $\dfrac{\alpha}{2}$ 为第一象限角；

设 $k = 2n + 1$，$n \in \mathbf{Z}$，则　$n \cdot 360° + 225° < \dfrac{\alpha}{2} < n \cdot 360° + 270°, n \in \mathbf{Z}$，可知 $\dfrac{\alpha}{2}$ 为第三象限角。

即　α 在第二象限，$\dfrac{\alpha}{2}$ 在第一、三象限。

习题　4.1

1. 用列举法表示下列集合：

(1) 大于 3 且小于 15 的偶数的集合；

(2) 绝对值不超过 4 的整数组成的集合；

(3) 方程 $x^2 - 7x + 12 = 0$ 的解集；

(4) 方程 $x + 8 = 8$ 的解集；

(5) 方程 $x^2 + 10 = 0$ 的解集；

(6) $A = \{x \mid -2 < x \leqslant 10, x \in \mathbf{Z}\}$。

2. 在____处填上适当的记号（$\in$，$\notin$）：

　　　$1 \underline{\quad} \mathbf{N}$；　$0 \underline{\quad} \mathbf{N}$；　$-2 \underline{\quad} \mathbf{N}$；　$\dfrac{1}{2} \underline{\quad} \mathbf{N}$；　$\pi \underline{\quad} \mathbf{N}$。

1 ___ $\mathbf{Z}$；　0 ___ $\mathbf{Z}$；　-2 ___ $\mathbf{Z}$；　$\dfrac{1}{2}$ ___ $\mathbf{Z}$；　π ___ $\mathbf{Z}$。

1 ___ $\mathbf{Q}$；　0 ___ $\mathbf{Q}$；　-2 ___ $\mathbf{Q}$；　$\dfrac{1}{2}$ ___ $\mathbf{Q}$；　π ___ $\mathbf{Q}$。

1 ___ $\mathbf{R}$；　0 ___ $\mathbf{R}$；　-2 ___ $\mathbf{R}$；　$\dfrac{1}{2}$ ___ $\mathbf{R}$；　π ___ $\mathbf{R}$。

3．时钟所转的角是正角还是负角？经过下列时间，时钟的分针和时针各转动了多少度？

（1）2h；　　（2）45min；　　（3）$1\dfrac{1}{2}$h；　　（4）5h 25min。

4．把下列各角写成 $k\cdot360°+\alpha(0°\leqslant\alpha\leqslant360°,\ k\in\mathbf{Z})$ 的形式，并判断它们分别是第几象限角：

（1）1500°；　　（2）$-1130°$；　　（3）952°25′；　　（4）$-2024°24′$。

5．写出第一象限角、第二象限角、第三象限角、第四象限角的集合。

6．写出终边落在 x 轴上的角的集合。

第二节　弧　度　制

一、弧度制的概念

角的度量有两种不同的制度，一种是以度（°）、分（′）、秒（″）为单位的角度制；另一种是以弧度（rad）为单位的弧度制。我们知道，把圆周 360 等分，其中一份所对的圆心角称为 1 度的角，记作 1°；把 1°的角 60 等分，其中一份所对的圆心角称为 1 分的角，记作 1′；同样，把 1′的角 60 等分，其中一份所对的圆心角称为 1 秒的角，记作 1″。这种用度、分、秒作单位度量角的制度称为角度制。那么什么是弧度制呢？

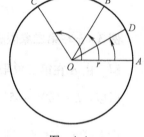

图　4-4

等于半径长的圆弧所对的圆心角称为 1 弧度的角，记作 1rad，读作 1 弧度。

如图 4-4 所示，在半径为 r 的⊙O 中，如果 $\angle AOB$ 所对的 AB 弧长恰好等于 r，那么，$\angle AOB=1\text{rad}$；如果 $\angle AOC$ 所对的 AC 弧长等于 $2r$，那么，$\angle AOC=2\text{rad}$；如果 $\angle AOD$ 所对的 AD 弧长恰好等于 $\dfrac{1}{2}r$，那么，$\angle AOD=\dfrac{1}{2}\text{rad}$。

根据任意角的规定，显然正角的弧度数可以用正实数表示，负角的弧度数可以用负实数表示，而零角的弧度数可以用零表示。因此，角的弧度数可以用任意实数来表示。

一般地，如果圆的半径为 r，圆弧长为 l，该弧所对的圆心角为 α，那么

$$|\alpha|=\frac{l}{r}$$

即圆心角的弧度数的绝对值，等于该角所对的弧长与该圆半径的比值。

这种用弧度作单位度量角的制度称为弧度制。

二、度与弧度的换算

角度制与弧度制是度量角的两种制度，在实践中被广泛地使用着。下面来研究它们之间的换算关系。

一个周角，用角度制来度量是 360°，用弧度制来度量是 $\dfrac{2\pi r}{r}=2\pi\text{rad}$。所以，360°=

2πrad，即 $180° = \pi$rad。由此可得

$$1° = \frac{\pi}{180}\text{rad} \approx 0.01745\text{rad}$$

$$1\text{rad} = \left(\frac{180}{\pi}\right)° \approx 57°17'45''$$

度与弧度的对应关系，可以用上述公式进行换算，也可以查《数学用表》中的《度、分、秒化弧度表》或《弧度化度、分、秒表》，还可以使用计算器进行换算。对于一些常用的特殊角的度与弧度的对应关系见下表。

度	0°	30°	45°	60°	90°	180°	270°	360°
rad	0	$\frac{\pi}{6}$	$\frac{\pi}{4}$	$\frac{\pi}{3}$	$\frac{\pi}{2}$	π	$\frac{3\pi}{2}$	2π

在弧度制下，与角 α 终边相同的角的集合可以记作：

$$S = \{\beta \mid \beta = 2k\pi + \alpha, k \in \mathbf{Z}\}$$

例1 把下列各角的度数化为弧度数：

(1) $22°30'$；　　(2) $114.6°$；　　(3) $12.6°$（精确到 0.001rad）。

解　(1) $22°30' = 22.5° = \frac{\pi}{180} \times 22.5\text{rad} = \frac{\pi}{8}\text{rad}$；

(2) $114.6° = \frac{\pi}{180} \times 114.6\text{rad} = \frac{191\pi}{300}\text{rad}$；

(3) $12.6° = 0.01745\text{rad} \times 12.6 \approx 0.272\text{rad}$。

例2 把下列各角的弧度数化为度数：

(1) $\frac{7\pi}{6}$rad；　　(2) $\frac{3\pi}{5}$rad；　　(3) $1\frac{1}{3}$rad（精确到 $1'$）。

解　(1) $\frac{7\pi}{6}\text{rad} = \left(\frac{180}{\pi}\right)° \times \frac{7\pi}{6} = 210°$；

(2) $\frac{3\pi}{5}\text{rad} = \left(\frac{180}{\pi}\right)° \times \frac{3\pi}{5} = 108°$；

(3) $1\frac{1}{3}\text{rad} = \frac{4}{3}\text{rad} = \left(\frac{180}{\pi}\right)° \times \frac{4}{3} = \left(\frac{240}{\pi}\right)° = 76°26'$。

今后我们用弧度制表示角时，可以略去"rad"。例如：$\angle AOB = 2\text{rad}$ 写成 $\angle AOB = 2$；角 $\alpha = \frac{\pi}{2}\text{rad}$ 写成 $\alpha = \frac{\pi}{2}$；而且用 $\sin\frac{\pi}{4}$ 表示 $\frac{\pi}{4}$rad 的角的正弦；$\cos1$ 表示 1rad 的角的余弦。

三、圆弧长公式

由公式 $|\alpha| = \frac{l}{r}$ 可得

$$l = r|\alpha|$$

这就是说，弧长等于半径的长和圆心角的弧度数的绝对值的乘积。

用上述公式计算弧长时，要特别注意，圆心角 α 的单位必须是弧度。

例3 如图 4-5 所示，在车床上加工工件时，工件圆周上任意一个质点均作匀速圆周运动。设圆的半径为 20cm，点 A 在 1s 内由 A 点运动到 A_1 点，所经过的弧长为 200cm，求：

（1）1s 内点 A 所经过的圆心角。

（2）点 A 在 1s 内所旋转的周数。

（3）质点运动的角速度。

解 设圆弧长为 l，半径为 r，圆心角为 α。

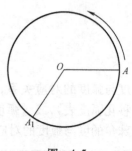

（1）因为　$l = 200\text{cm}$，$r = 20\text{cm}$，

所以　圆心角 $|\alpha| = \dfrac{l}{r} = \dfrac{200}{20}\text{rad} = 10\text{rad}$。

（2）旋转的周数 $= \dfrac{|\alpha|}{2\pi} = \dfrac{10}{2\pi}$ 周 ≈ 1.6 周。

图　4-5

（3）质点运动的角速度 $\omega = \dfrac{|\alpha|}{t} = \dfrac{10}{1}\text{rad/s} = 10\text{rad/s}$。

习题 4.2

1. 把下列各角的度数化为弧度数：

$18°$；$75°$；$-120°$；$240°$；$300°$；$-1440°$；$67°30'$；$55.5°$；$40°20'$。

2. 把下列各角的弧度数化为度数：

$\dfrac{\pi}{12}$；$-\dfrac{3\pi}{4}$；$\dfrac{5\pi}{6}$；$\dfrac{7\pi}{10}$；$-\dfrac{11\pi}{12}$；3；$\dfrac{1}{15}$；4.85。

3. 把下列各角写成 $2k\pi + \alpha$（$0 \leqslant \alpha < 2\pi$，$k \in \mathbf{Z}$）的形式：

（1）$\dfrac{23\pi}{4}$；　（2）$\dfrac{17\pi}{6}$；　（3）$\dfrac{19\pi}{3}$；　（4）$\dfrac{49\pi}{10}$。

4. 在半径等于 22.6cm 的圆上，如果一段弧所含圆心角为 40.5°，求这段弧的长（精确到 0.1cm）

5. 已知长 50cm 的弧所对应的圆心角为 220°，求该弧所在圆的半径（精确到 0.1cm）。

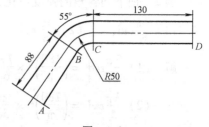

6. 设电动机的转子直径是 10cm，其转速为 1470r/min，求：

（1）转子每秒钟转过的圆心角。

（2）转子每秒钟转过的圆弧长。

（3）转子旋转一周需要几秒钟？

7. 弯管尺寸如图 4-6 所示（单位为 mm），求落料长度（计算图中点画线的长，余量不计算在内）。

图　4-6

第三节　函数的概念和特征

一、函数的概念

在初中，我们已经学习过函数的基本知识。函数的定义如下：

设在某个变化过程中有两个变量 x 和 y。如果对于 x 在某个范围内的每一个确定的值，按照某个对应法则，y 都有唯一确定的值和它对应，那么，变量 y 就叫做变量 x 的函数，x 叫做自变量。

现在，我们用集合的观点来理解函数的概念。

在函数定义中，自变量 x 的取值范围组成一个数集 D，叫做函数的定义域。和自变量 x 的值对应的 y 值，叫做函数值，函数值组成一个数集 M，叫做函数的值域。x 与 y 之间的对应关系所遵循的法则，就是函数的对应法则，用某个字母（例如 "f"）表示它。

例如，对于一次函数 $y=3x+2$，函数的定义域是实数集 **R**，对应法则 f 是"自变量的值先乘 3，后加 2"，函数的值域也是实数集 **R**。

对于函数 $y=\sqrt{x-1}$，函数的定义域是 $\{x \mid x \geqslant 1, x \in \mathbf{R}\}$，对应法则 f 是"自变量的值先减 1，后开平方，再取算术根"，函数的值域是 $\{y \mid y \geqslant 0, y \in \mathbf{R}\}$。

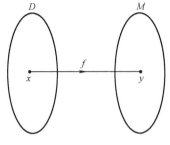

因此，从集合的观点来看，所谓函数实际上是由两个集合，即函数的定义域 D 和值域 M，以及这两个集合的元素之间的对应法则 f 三者所组成的，如图 4-7 所示。

"y 是 x 的函数"通常记作

图 4-7

$$y=f(x)$$

括号里的 x 表示函数的自变量，f 表示从变量 x 到变量 y 的对应法则。有时为了明确地指明函数的定义域，还可以写成

$$y=f(x), \; x \in D$$

其中 D 是函数的定义域。

在同一个过程中涉及几个不同函数时，要用不同的记号表示不同的对应法则，例如，$y=f(x)$，$y=g(x)$ 等。

当自变量 x 在定义域 D 内取一个确定的值 a 时，它所对应的函数值记作 $f(a)$。

例 1 设 $f(x)=2x^2+x-1$，$x \in \mathbf{R}$，求 $f(0)$，$f(-1)$，$f(a)$，$f(-a)$。

解 函数 $f(x)$ 的定义域是 **R**，而 0，-1，a，$-a$ 都属于 **R**。

所以，$f(0)=2(0)^2+0-1=-1$；

$f(-1)=2(-1)^2+(-1)-1=0$；

$f(a)=2a^2+a-1$；

$f(-a)=2(-a)^2+(-a)-1=2a^2-a-1$。

二、区间的概念

在研究函数的性质时，常常要用到区间的概念和记号。

设 a、b 是两个实数，且 $a<b$，那么

满足不等式 $a \leqslant x \leqslant b$ 的实数 x 的集合，叫做闭区间，记作 $[a, b]$；

满足不等式 $a<x<b$ 的实数 x 的集合，叫做开区间，记作 (a, b)；

满足不等式 $a<x \leqslant b$ 或 $a \leqslant x<b$ 的实数 x 的集合，叫做半开半闭区间，记作 $(a, b]$ 或 $[a, b)$。

根据实数集与数轴上点集间的一一对应关系，区间表示数轴上一条线段的点集：开区间 (a, b) 不包含线段的端点 a、b（图 4-8a）；闭区间 $[a, b]$ 包含线段的两个端点（图 4-8b）；半开半闭区间 $(a, b]$ 不包含线段的左端点（图 4-8c）；半开半闭区间 $[a, b)$ 不包含线段的右端点（图 4-8d）。

实数集 **R** 也可以用区间 $(-\infty, +\infty)$ 表示，"∞"读作"无穷大"，它不是一个具体的数，只是一个记号。前面的"$+$"和"$-$"号表示方向，例如，"$+\infty$"表示在数轴上正的方向无限变大。

满足不等式 $x>a$，$x \geqslant a$，$x \leqslant b$，$x<b$ 的实数 x 的集合，可分别记作 $(a, +\infty)$，$[a,$

$+\infty$），$(-\infty, b]$ 和 $(-\infty, b)$。它们在数轴上分别表示射线和不含端点的射线上的所有的点，如图4-9所示。

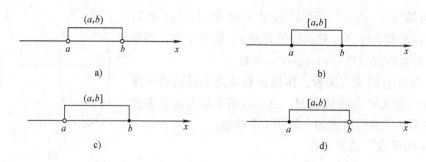

图 4-8

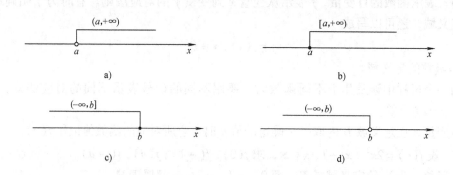

图 4-9

显然，区间是另外一种用来表示由全体实数构成的集合或由部分实数构成的集合的形式。

例2 将下列的数集与区间互相转化：

(1) $\{x \mid -2 \leqslant x \leqslant 4, x \in \mathbf{R}\}$；(2) $\{x \mid x < 3, x \in \mathbf{R}\}$；(3) $\{x \mid 1 > x \geqslant -5, x \in \mathbf{R}\}$；

(4) $(-9, 0)$；   (5) $[-1, +\infty)$；   (6) $(8, 25]$。

解

(1) 数集$\{x \mid -2 \leqslant x \leqslant 4, x \in \mathbf{R}\}$可表示成区间$[-2, 4]$；

(2) 数集$\{x \mid x < 3, x \in \mathbf{R}\}$可表示成区间$(-\infty, 3)$；

(3) 数集$\{x \mid 1 > x \geqslant -5, x \in \mathbf{R}\}$可表示成区间$[-5, 1)$；

(4) 区间$(-9, 0)$可表示成数集$\{x \mid -9 < x < 0, x \in \mathbf{R}\}$；

(5) 区间$[-1, +\infty)$可表示成数集$\{x \mid x \geqslant -1, x \in \mathbf{R}\}$；

(6) 区间$(8, 25]$可表示成数集$\{x \mid 8 < x \leqslant 25, x \in \mathbf{R}\}$。

三、函数的定义域

在实际问题中，函数的定义域要根据问题的实际意义来确定。例如，正多边形的内角 α 是边数 n 的函数：$\alpha = \dfrac{n-2}{n} \times 180°$，这个函数的定义域是一切不小于3的自然数，即$\{n \mid n \geqslant 3, n \in \mathbf{N}\}$。

对于用数学式子表示的函数，在没有明确定义域的情况下，它的定义域就是使这个式子有意义的自变量的那些实数值的集合。函数的定义域可以用集合、不等式、区间三种形式来表示。

例3 求下列函数的定义域：

(1) $y = 3x^2$； (2) $y = \dfrac{1}{x-2}$； (3) $y = \sqrt{3x+2}$； (4) $y = \sqrt{x+1} + \sqrt{1-x}$。

解

(1) 对于函数 $y = 3x^2$，自变量 x 取任何实数值时，$3x^2$ 都有意义，所以这个函数的定义域为实数集 **R**，即 $(-\infty, +\infty)$。

(2) 要使函数 $y = \dfrac{1}{x-2}$ 有意义，必须 $x-2 \neq 0$，即 $x \neq 2$。所以函数 $y = \dfrac{1}{x-2}$ 的定义域为 $\{x \mid x \neq 2, x \in \mathbf{R}\}$。

(3) 要使函数 $y = \sqrt{3x+2}$ 有意义，必须 $3x+2 \geq 0$，即 $x \geq -\dfrac{2}{3}$。所以函数 $y = \sqrt{3x+2}$ 的定义域为 $\left\{x \mid x \geq -\dfrac{2}{3}, x \in \mathbf{R}\right\}$。

(4) 要使函数 $y = \sqrt{x+1} + \sqrt{1-x}$ 有意义，必须 $\begin{cases} x+1 \geq 0 \\ 1-x \geq 0, \end{cases}$ 即 $\begin{cases} x \geq -1 \\ x \leq 1, \end{cases}$ 也就是 $-1 \leq x \leq 1$。所以函数 $y = \sqrt{x+1} + \sqrt{1-x}$ 的定义域为 $[-1, 1]$。

四、函数的特征

1. 函数的单调性

如图 4-10 所示，函数 $y = x^2$ 在区间 $(-\infty, 0)$ 内，y 随着 x 的增大而减小；在区间 $(0, +\infty)$ 内，y 随着 x 的增大而增大。我们把函数的这种性质称为单调性。

一般地，对于给定区间上的函数 $f(x)$：

(1) 如果对于这个区间上的任意两个自变量的值 x_1、x_2，当 $x_1 < x_2$ 时，都有 $f(x_1) < f(x_2)$，那么就说 $f(x)$ 在这个区间上是单调增函数（简称为增函数）；

(2) 如果对于这个区间上的任意两个自变量的值 x_1、x_2，当 $x_1 < x_2$ 时，都有 $f(x_1) > f(x_2)$，那么就说 $f(x)$ 在这个区间上是单调减函数（简称为减函数）。

观察图 4-10 可知，增函数的图像是沿 x 轴正向逐渐上升的；减函数的图像是沿 x 轴正向逐渐下降的。

单调增函数和单调减函数统称为单调函数，使函数保持单调性的自变量的区间叫做函数的单调区间。

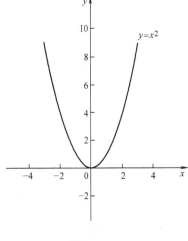

图 4-10

例如，正比例函数 $y = x$ 在区间 $(-\infty, +\infty)$ 内是单调增函数。

又如，二次函数 $y = x^2$ 在区间 $(-\infty, 0)$ 内是单调减函数，在区间 $(0, +\infty)$ 内是单调增函数，但在整个定义域 $(-\infty, +\infty)$ 内不是单调的。

判断一个函数在某个区间上是否单调，通常可以利用函数的图像从直观上来加以考察，也可以根据单调性的定义去证明。

例 4 如图 4-11 所示，这是一个定义在闭区间 [-5，5] 上的函数的图像。试根据图像说出 $f(x)$ 的单调区间，以及在每个单调区间上是增函数还是减函数。

解 函数 $f(x)$ 的单调区间是[-5，-2]，[-2，1]，[1，3]，[3，5]。其中，$f(x)$ 在区间[-5，-2]，[1，3]上是减函数，在区间[-2，1]，[3，5]上是增函数。

2. 函数的奇偶性

我们知道，二次函数 $y = x^2$ 的图像关于 y 轴对称，它具有 $(-x)^2 = x^2$ 的性质，我们称它为偶函数。

再看反比例函数 $y = \dfrac{1}{x}$，它的图像如图 4-12 所示，是关于原点对称的，它具有 $\dfrac{1}{(-x)} = -\dfrac{1}{x}$ 的性质，我们称它为奇函数。

一般地，我们给出下面的定义：

1）如果对于函数 $f(x)$ 的定义域内的任意一个 x，都有 $f(-x) = f(x)$，那么，函数 $f(x)$ 就叫做偶函数。

2）如果对于函数 $f(x)$ 的定义域内的任意一个 x，都有 $f(-x) = -f(x)$，那么，函数 $f(x)$ 就叫做奇函数。

显然，偶函数的图像关于 y 轴对称；奇函数的图像关于原点对称。

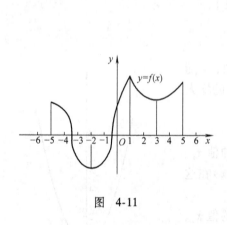

图 4-11

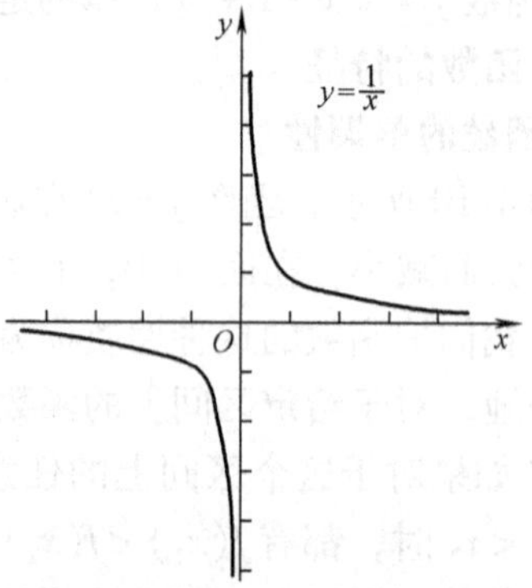

图 4-12

例 5 判断下列函数的奇偶性：

(1) $f(x) = x^3$；   (2) $f(x) = x^4$；   (3) $f(x) = \dfrac{2x}{1 + x^2}$。

解 这些函数的定义域都是 $(-\infty, +\infty)$，它是一个对称于原点的实数集，并且

(1) 因为 $f(-x) = (-x)^3 = -x^3$，即 $f(-x) = -f(x)$，

所以 $f(x) = x^3$ 是奇函数。

(2) 因为 $f(-x) = (-x)^4 = x^4$，即 $f(-x) = f(x)$，

所以 $f(x) = x^4$ 是偶函数。

(3) 因为 $f(-x) = \dfrac{2(-x)}{1 + (-x)^2} = -\dfrac{2x}{1 + x^2}$，即 $f(-x) = -f(x)$，

所以 $f(x) = \dfrac{2x}{1+x^2}$ 是奇函数。

注意：有的函数既不是奇函数，也不是偶函数。例如，$f(x) = x^3 + 1$，

因为 $f(-x) = -x^3 + 1 \neq -f(x)$，又 $f(-x) = -x^3 + 1 \neq f(x)$，

所以 函数 $f(x) = x^3 + 1$ 既不是偶函数，也不是奇函数。

习题 4.3

1. 已知函数 $f(x) = \sqrt{x^2 - 2x + 3}$，指出这个函数对应法则 f 的具体意义。

2. 填空：

(1) 设 $f(x) = 3x^2 - 2x + 5$，那么

$f(2) = 3(\underline{\hspace{1cm}})^2 - 2(\underline{\hspace{1cm}}) + 5 = (\underline{\hspace{1cm}})$，

$f(-1) = 3(\underline{\hspace{1cm}})^2 - 2(\underline{\hspace{1cm}}) + 5 = (\underline{\hspace{1cm}})$，

$f(\dfrac{1}{2}) = 3(\underline{\hspace{1cm}})^2 - 2(\underline{\hspace{1cm}}) + 5 = (\underline{\hspace{1cm}})$；

(2) 设 $g(t) = t^2 - 2t$，那么 $g(5) = (\underline{\hspace{1cm}})^2 - 2(\underline{\hspace{1cm}}) = (\underline{\hspace{1cm}})$；

(3) 设 $F(u) = 2u - 1$，那么 $F(t+1) = 2(\underline{\hspace{1cm}}) - 1 = (\underline{\hspace{1cm}})$。

3. 求下列函数的定义域：

(1) $y = x^2 - 5x + 6$；　　(2) $y = \dfrac{5}{x+3}$；　　(3) $y = \sqrt{2x - 7}$；

(4) $y = \dfrac{2x}{4x+1}$；　　(5) $y = \sqrt{1-x} + \sqrt{x+3}$；　　(6) $y = \dfrac{\sqrt{x}}{x-2}$。

4. 设函数 $f(x)$ 的图像如图4-13所示，指出这个函数的单调区间，以及在每个单调区间上它是增函数，还是减函数。

5. 判断下列函数的奇偶性：

(1) $f(x) = \dfrac{3}{4}x^2 + 4$；

(2) $f(x) = x^2 + 2x + 5$；

(3) $f(x) = -x^3 + 3x$；

(4) $f(x) = x + \dfrac{1}{x}$。

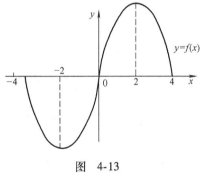

图 4-13

第四节　任意角的三角函数

一、任意角三角函数的定义

在初中，我们已经学习了锐角的三角函数的定义。我们知道，锐角三角函数是以锐角为自变量，以比值为函数值的函数。在这个基础上，我们来研究任意角的三角函数的定义。

如图4-14所示，设 α 是直角坐标系中的一个任意角，在角 α 的终边上任取不与原点重合的一点 P，它的坐标为 (x, y)，点 P 与原点的距离 $r = \sqrt{x^2 + y^2} > 0$，则：

1）比值 $\dfrac{y}{r}$ 称为 α 的正弦，记作 $\sin\alpha$，即 $\sin\alpha = \dfrac{y}{r}$。

2）比值 $\dfrac{x}{r}$ 称为 α 的余弦，记作 $\cos\alpha$，即 $\cos\alpha = \dfrac{x}{r}$。

3）比值 $\dfrac{y}{x}$ 称为 α 的正切，记作 $\tan\alpha$，即 $\tan\alpha = \dfrac{y}{x}$。

4）比值 $\dfrac{x}{y}$ 称为 α 的余切，记作 $\cot\alpha$，即 $\cot\alpha = \dfrac{x}{y}$。

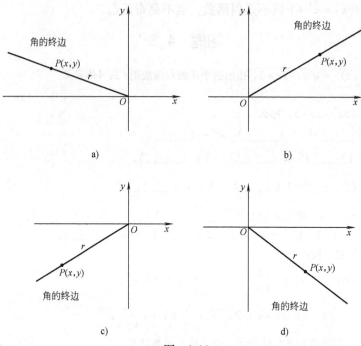

图　4-14

当角 α 的终边在 x 轴上，即 $\alpha = k\pi(k\in\mathbf{Z})$ 时，$y = 0$，$\cot\alpha = \dfrac{x}{y}$ 没有意义；当角 α 的终边在 y 轴上，即 $\alpha = k\pi + \dfrac{\pi}{2}$（$k\in\mathbf{Z}$）时，$x = 0$，$\tan\alpha = \dfrac{y}{x}$ 没有意义。

上面所说的四个比值和在角 α 的终边上所取 P 点的位置无关。这是因为，如图 4-15 所示，在角 α 的终边上再任取一点 P'，设它的坐标是 (x', y')，P' 到原点的距离是 r'，并且从 P 和 P' 分别作 x 轴的垂线 MP 和 $M'P'$，那么 x' 和 x，y' 和 y 的符号相同，并且 $\triangle OM'P' \backsim \triangle OMP$。所以

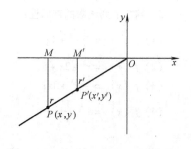

图　4-15

$$\dfrac{y'}{r'} = \dfrac{y}{r}, \qquad \dfrac{x'}{r'} = \dfrac{x}{r}, \qquad \dfrac{y'}{x'} = \dfrac{y}{x}, \qquad \dfrac{x'}{y'} = \dfrac{x}{y}。$$

因此，除无意义的情况外，对于确定的角 α，上面的四个比值都不会随点 P 在角 α 终边上的位置变化而改变，这几个比值都是唯一确定的。这就是说，正弦、余弦、正切、余切都是以角为自变量，以比值为函数值的函数，它们统称为三角函数。

当自变量 α 是用弧度制来度量时，角的集合与实数集之间就建立了一一对应的关系，因此，三角函数就可以看成是以实数为自变量的函数。这时，三角函数的定义域见下表：

三 角 函 数	定 义 域
sin	$\{\alpha \mid \alpha \in \mathbf{R}\}$
cos	$\{\alpha \mid \alpha \in \mathbf{R}\}$
tan	$\{\alpha \mid \alpha \in \mathbf{R}, \ \alpha \neq k\pi + \dfrac{\pi}{2}, \ k \in \mathbf{Z}\}$
cot	$\{\alpha \mid \alpha \in \mathbf{R}, \ \alpha \neq k\pi, \ k \in \mathbf{Z}\}$

例1 已知角 α 终边上的一点 P 的坐标是 $(2,-3)$，求角 α 的四个三角函数值。

解 如图 4-16 所示，

因为 $x = 2$，$y = -3$，

所以 $r = \sqrt{x^2 + y^2} = \sqrt{2^2 + (-3)^2} = \sqrt{13}$，

故 $\sin\alpha = \dfrac{y}{r} = \dfrac{-3}{\sqrt{13}} = -\dfrac{3\sqrt{13}}{13}$，

$\cos\alpha = \dfrac{x}{r} = \dfrac{2}{\sqrt{13}} = \dfrac{2\sqrt{13}}{13}$，

$\tan\alpha = \dfrac{y}{x} = -\dfrac{3}{2}$，

$\cot\alpha = \dfrac{x}{y} = -\dfrac{2}{3}$。

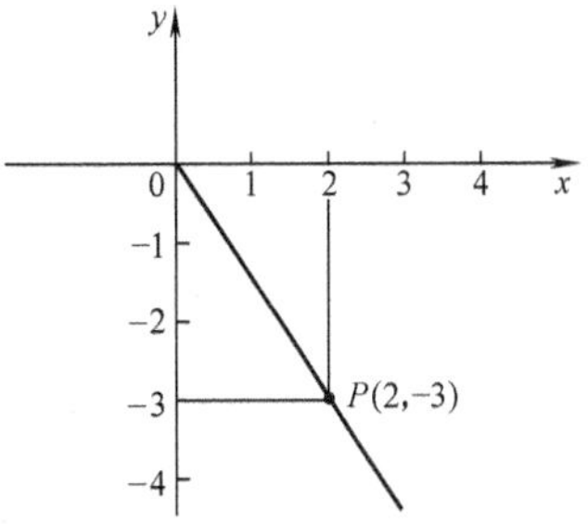

图 4-16

二、三角函数值在四个象限的符号

三角函数值的符号是由三角函数的定义和四个象限内点的坐标 x 和 y 的符号决定的，现在讨论如下：

1. 正弦值 $\left(\dfrac{y}{r}\right)$ 的符号

对于第一、二象限的角，由于 $y>0$，$r>0$，这个函数值是正的；对于第三、四象限的角，由于 $y<0$，$r>0$，这个函数值是负的。

2. 余弦值 $\left(\dfrac{x}{r}\right)$ 的符号

对于第一、四象限的角，由于 $x>0$，$r>0$，这个函数值是正的；对于第二、三象限的角，由于 $x<0$，$r>0$，这个函数值是负的。

3. 正切值 $\left(\dfrac{y}{x}\right)$ 与余切值 $\left(\dfrac{x}{y}\right)$ 的符号

对于第一、三象限的角，由于 x、y 同号，这两个函数值是正的；对于第二、四象限的角，由于 x、y 异号，这两个函数值是负的。

综上所述，各三角函数值在每个象限的符号，如图 4-17 所示。

这里的规律可以概括为：Ⅰ 全正，Ⅱ 正弦，Ⅲ 正切和余切，Ⅳ 余弦。即：角在第一象限，三角函数值全为正值；角在第二象限，正弦值为正值，余者为负值；角在第三象限，正切和余切值为正值，余者为负值；角在第四象限，余弦值为正值，余者为负值。

例2 确定下列各三角函数值的符号：

（1）$\cos 850°$；（2）$\sin\left(-\dfrac{\pi}{4}\right)$；（3）$\tan\left(-\dfrac{4\pi}{3}\right)$；（4）$\cot\dfrac{10\pi}{3}$。

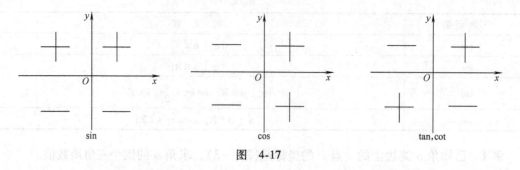

图　4-17

解　(1) 因为　$850° = 2 × 360° + 130°$，而 $130° ∈ Ⅱ$，

　　　　　所以　$850° ∈ Ⅱ$，

　　　　　　故　$\cos 850° < 0$。

　　(2) 因为　$-\dfrac{\pi}{4} ∈ Ⅳ$，

　　　　所以　$\sin\left(-\dfrac{\pi}{4}\right) < 0$。

　　(3) 因为　$-\dfrac{4\pi}{3} ∈ Ⅱ$，

　　　　所以　$\tan\left(-\dfrac{4\pi}{3}\right) < 0$。

　　(4) 因为　$\dfrac{10\pi}{3} = 2\pi + \dfrac{4\pi}{3}$，而 $\dfrac{4\pi}{3} ∈ Ⅲ$，

　　　　所以　$\dfrac{10\pi}{3} ∈ Ⅲ$，

　　　　所以　$\cot \dfrac{10\pi}{3} > 0$。

例3　根据 $\sin\alpha < 0$ 且 $\tan\alpha > 0$，确定 α 是第几象限的角。

解　由于　$\sin\alpha < 0$，

　　　　所以　$\alpha ∈ Ⅲ$ 或 $\alpha ∈ Ⅳ$；

　　　　由于　$\tan\alpha > 0$，

　　　　所以　$\alpha ∈ Ⅰ$ 或 $\alpha ∈ Ⅲ$。

　　　　所以，满足条件 $\sin\alpha < 0$ 且 $\tan\alpha > 0$ 的角 $\alpha ∈ Ⅲ$。

三、常用的几个特殊角的三角函数值

1. $\alpha = 0$ 的三角函数值

当 $\alpha = 0$ 时，角的终边和 x 轴的正半轴重合，因此 $x = r$，$y = 0$，

于是 $\sin 0 = 0$，$\cos 0 = 1$，$\tan 0 = 0$，$\cot 0$ 不存在。

2. $\alpha = \dfrac{\pi}{2}$ 的三角函数值

当 $\alpha = \dfrac{\pi}{2}$ 时，角的终边和 y 轴的正半轴重合，因此 $x = 0$，$y = r$，

于是 $\sin \dfrac{\pi}{2} = 1$，$\cos \dfrac{\pi}{2} = 0$，$\tan \dfrac{\pi}{2}$ 不存在，$\cot \dfrac{\pi}{2} = 0$。

3. $\alpha = \pi$ 的三角函数值

当 $\alpha = \pi$ 时，角的终边和 x 轴的负半轴重合，因此 $x = -r$，$y = 0$，

于是 $\sin\pi = 0$，$\cos\pi = -1$，$\tan\pi = 0$，$\cot\pi$ 不存在。

4. $\alpha = \dfrac{3\pi}{2}$ 的三角函数值

当 $\alpha = \dfrac{3\pi}{2}$ 时，角的终边和 y 轴的负半轴重合，因此 $x = 0$，$y = -r$，

于是 $\sin\dfrac{3\pi}{2} = -1$，$\cos\dfrac{3\pi}{2} = 0$，$\tan\dfrac{3\pi}{2}$ 不存在，$\cot\dfrac{3\pi}{2} = 0$。

把以上讨论的结果，再加上我们初中所学的几个特殊的角，它们的三角函数值就可以列成下表。

函数\角	0	$\dfrac{\pi}{6}$	$\dfrac{\pi}{4}$	$\dfrac{\pi}{3}$	$\dfrac{\pi}{2}$	π	$\dfrac{3\pi}{2}$
$\sin\alpha$	0	$\dfrac{1}{2}$	$\dfrac{\sqrt{2}}{2}$	$\dfrac{\sqrt{3}}{2}$	1	0	-1
$\cos\alpha$	1	$\dfrac{\sqrt{3}}{2}$	$\dfrac{\sqrt{2}}{2}$	$\dfrac{1}{2}$	0	-1	0
$\tan\alpha$	0	$\dfrac{\sqrt{3}}{3}$	1	$\sqrt{3}$	不存在	0	不存在
$\cot\alpha$	不存在	$\sqrt{3}$	1	$\dfrac{\sqrt{3}}{3}$	0	不存在	0

例4 求下列各式的值：

（1）$5\sin90° + 2\cos0° - 2\sin270° + 10\cos180°$；

（2）$\cos\dfrac{\pi}{3} - \sin^2\dfrac{\pi}{4}\cos\pi - \dfrac{1}{3}\tan^2\dfrac{\pi}{3}\sin\dfrac{3\pi}{2} + \cos0$。

解 （1）原式 $= 5 \times 1 + 2 \times 1 - 2 \times (-1) + 10 \times (-1)$

$\qquad\qquad = 5 + 2 + 2 - 10$

$\qquad\qquad = -1$；

（2）原式 $= \dfrac{1}{2} - \left(\dfrac{\sqrt{2}}{2}\right)^2 \times (-1) - \dfrac{1}{3} \times (\sqrt{3})^2 \times (-1) + 1$

$\qquad\quad = \dfrac{1}{2} + \dfrac{1}{2} + 1 + 1$

$\qquad\quad = 3$。

习题 4.4

1. 已知角 α 终边上一点的坐标，分别求出角 α 的四种三角函数值：

(1) $(-5, 2)$；　　 (2) $(-2, -1)$；　　 (3) $(1, 0)$。

2. 确定下列各三角函数式的符号：

(1) $\sin240°$；　　 (2) $\cos\left(-\dfrac{\pi}{6}\right)$；　　 (3) $\tan30°$；

(4) $\cot\dfrac{3\pi}{4}$；　　 (5) $\sin210° \cdot \cos340°$；　　 (6) $\cos1 \cdot \tan2$；

(7) $\dfrac{\sin\left(-\dfrac{\pi}{4}\right) \cdot \cos\left(-\dfrac{\pi}{4}\right)}{\tan\dfrac{3\pi}{4} \cdot \cot\left(-\dfrac{3\pi}{4}\right)}$。

3. 由下列条件分别确定角 α 所在的象限：

(1) $\sin\alpha$ 和 $\cos\alpha$ 同号； (2) $\sin\alpha$ 和 $\tan\alpha$ 异号； (3) $\dfrac{\tan\alpha}{\sin\alpha}>0$。

4. 计算：

(1) $5\sin90°+2\cos0°-3\sin270°+10\cos180°$；

(2) $7\cos270°+12\sin0°+2\cot90°-8\tan180°$；

(3) $\cos\dfrac{\pi}{3}-\tan\dfrac{\pi}{4}+\dfrac{3}{4}\tan^2\dfrac{\pi}{6}-\sin\dfrac{\pi}{6}+\cos^2\dfrac{\pi}{6}+\sin\dfrac{3\pi}{2}$。

第五节　三角函数的诱导公式

锐角的三角函数值可以利用查数学用表中的"三角函数表"或使用计算器求得，那么如何去求一个任意角的三角函数值呢？在数学中，经常是通过使用一些公式，将求任意角的三角函数值的问题转化为求锐角的三角函数值的问题。下面我们就来介绍有关的诱导公式。

一、$-\alpha$ 角与 α 角的三角函数值的关系

通过证明，可以得到 $-\alpha$ 与 α 的三角函数值的关系式（公式一）：

$$\begin{aligned}\sin(-\alpha)&=-\sin\alpha\\\cos(-\alpha)&=\cos\alpha\\\tan(-\alpha)&=-\tan\alpha\\\cot(-\alpha)&=-\cot\alpha\end{aligned}$$

例1 求下列各三角函数的值：

(1) $\sin(-30°)$； (2) $\cos\left(-\dfrac{\pi}{4}\right)$； (3) $\tan\left(-\dfrac{\pi}{3}\right)$； (4) $\cot(-45°)$。

解 (1) $\sin(-30°)=-\sin30°=-\dfrac{1}{2}$；

(2) $\cos\left(-\dfrac{\pi}{4}\right)=\cos\dfrac{\pi}{4}=\dfrac{\sqrt{2}}{2}$；

(3) $\tan\left(-\dfrac{\pi}{3}\right)=-\tan\dfrac{\pi}{3}=-\sqrt{3}$；

(4) $\cot(-45°)=-\cot45°=-1$。

二、$2k\pi+\alpha$ $(k\in\mathbf{Z})$ 角与 α 角的三角函数值的关系

由任意角的三角函数的定义知，终边相同角的同名三角函数值是相等的。这样，我们就可以得到 $2k\pi+\alpha$ $(k\in\mathbf{Z})$ 与 α 的三角函数值的关系式（公式二）：

$$\begin{aligned}\sin(2k\pi+\alpha)&=\sin\alpha\\\cos(2k\pi+\alpha)&=\cos\alpha\\\tan(2k\pi+\alpha)&=\tan\alpha\\\cot(2k\pi+\alpha)&=\cot\alpha\\(k&\in\mathbf{Z})\end{aligned}$$

例2 求下列各三角函数的值：

(1) $\sin\left(-\dfrac{25\pi}{3}\right)$； (2) $\cos(-750°)$； (3) $\tan(-1125°)$； (4) $\cot\left(-\dfrac{13\pi}{6}\right)$。

解 （1） $\sin\left(-\dfrac{25\pi}{3}\right) = -\sin\dfrac{25\pi}{3} = -\sin\left(4\times2\pi+\dfrac{\pi}{3}\right) = -\sin\dfrac{\pi}{3} = -\dfrac{\sqrt{3}}{2}$；

（2） $\cos(-750°) = \cos750° = \cos(2\times360°+30°) = \cos30° = \dfrac{\sqrt{3}}{2}$；

（3） $\tan(-1125°) = -\tan1125° = -\tan(3\times360°+45°) = -\tan45° = -1$；

（4） $\cot\left(-\dfrac{13\pi}{6}\right) = -\cot\dfrac{13\pi}{6} = -\cot\left(1\times2\pi+\dfrac{\pi}{6}\right) = -\cot\dfrac{\pi}{6} = -\sqrt{3}$。

三、$\pi\pm\alpha$、$2\pi-\alpha$ 角与 α 角的三角函数值的关系

通过证明，可以得到 $\pi+\alpha$ 与 α 的三角函数值的关系式（公式三）：

$$\begin{array}{|l|}\hline \sin(\pi+\alpha) = -\sin\alpha \\ \cos(\pi+\alpha) = -\cos\alpha \\ \tan(\pi+\alpha) = \tan\alpha \\ \cot(\pi+\alpha) = \cot\alpha \\ \hline \end{array}$$

例3 求下列各三角函数的值：

（1） $\cos\left(-\dfrac{10\pi}{3}\right)$； （2） $\tan(-210°)$。

解 （1） $\cos\left(-\dfrac{10\pi}{3}\right) = \cos\dfrac{10\pi}{3} = \cos\left(1\times2\pi+\dfrac{4\pi}{3}\right) = \cos\dfrac{4\pi}{3} = \cos\left(\pi+\dfrac{\pi}{3}\right)$

$$= -\cos\dfrac{\pi}{3} = -\dfrac{1}{2}；$$

（2） $\tan(-210°) = -\tan210° = -\tan(180°+30°) = -\tan30° = -\dfrac{\sqrt{3}}{3}$。

由公式三和公式一可以得到 $\pi-\alpha$ 与 α 的三角函数值的关系式（公式四）：

$$\begin{array}{|l|}\hline \sin(\pi-\alpha) = \sin\alpha \\ \cos(\pi-\alpha) = -\cos\alpha \\ \tan(\pi-\alpha) = -\tan\alpha \\ \cot(\pi-\alpha) = -\cot\alpha \\ \hline \end{array}$$

由公式二和公式一可以得到 $2\pi-\alpha$ 与 α 的三角函数值的关系式（公式五）：

$$\begin{array}{|l|}\hline \sin(2\pi-\alpha) = -\sin\alpha \\ \cos(2\pi-\alpha) = \cos\alpha \\ \tan(2\pi-\alpha) = -\tan\alpha \\ \cot(2\pi-\alpha) = -\cot\alpha \\ \hline \end{array}$$

公式一、二、三、四、五都称为诱导公式。它们的共同特点是：

1）$-\alpha$、$2k\pi+\alpha$（$k\in\mathbf{Z}$）、$\pi\pm\alpha$、$2\pi-\alpha$ 的三角函数都可化为 α 角的同名三角函数。

2）公式右端三角函数前的符号与左端的角（其中的 α 角看作锐角）所在象限的该三角函数值的符号相同。

上述两个特点，可以概括为：函数名不变，符号看象限。

利用三角函数的诱导公式，可以求出任意角的三角函数值，其一般步骤为：

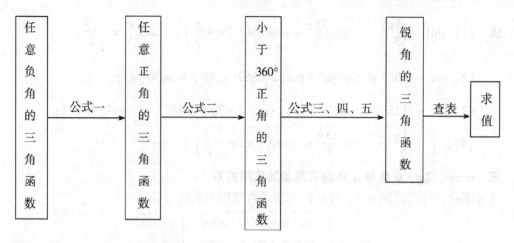

例 4　求下列各三角函数值：

（1）$\sin(-1050°)$；（2）$\cos(-870°15')$；（3）$\tan\left(-\dfrac{55\pi}{6}\right)$；（4）$\cot\left(-\dfrac{29\pi}{10}\right)$。

解　（1）$\sin(-1050°) = -\sin1050° = -\sin(2\times360°+330°)$

$$= -\sin330° = -\sin(360°-30°)$$

$$= -(-\sin30°) = \frac{1}{2};$$

（2）$\cos(-870°15') = \cos870°15' = \cos(2\times360°+150°15')$

$$= \cos150°15' = \cos(180°-29°45')$$

$$= -\cos29°45' \approx -0.8682;$$

（3）$\tan\left(-\dfrac{55\pi}{6}\right) = -\tan\dfrac{55\pi}{6} = -\tan\left(4\times2\pi+\dfrac{7\pi}{6}\right)$

$$= -\tan\frac{7\pi}{6} = -\tan\left(\pi+\frac{\pi}{6}\right)$$

$$= -\tan\frac{\pi}{6} = -\frac{\sqrt{3}}{3};$$

（4）$\cot\left(-\dfrac{29\pi}{10}\right) = -\cot\dfrac{29\pi}{10} = -\cot\left(2\pi+\dfrac{9\pi}{10}\right)$

$$= -\cot\frac{9\pi}{10} = -\cot\left(\pi-\frac{\pi}{10}\right)$$

$$= -\left(-\cot\frac{\pi}{10}\right) = 3.078$$

四、$\dfrac{\pi}{2}\pm\alpha$、$\dfrac{3\pi}{2}\pm\alpha$ 角与 α 角的三角函数值的关系

通过证明，可以得到 $\dfrac{\pi}{2}-\alpha$ 与 α 的三角函数值的关系式（公式六）：

$$\sin\left(\frac{\pi}{2} - \alpha\right) = \cos\alpha$$

$$\cos\left(\frac{\pi}{2} - \alpha\right) = \sin\alpha$$

$$\tan\left(\frac{\pi}{2} - \alpha\right) = \cot\alpha$$

$$\cot\left(\frac{\pi}{2} - \alpha\right) = \tan\alpha$$

由公式六和公式一可以得到 $\frac{\pi}{2} + \alpha$ 与 α 的三角函数值的关系式（公式七）：

$$\sin\left(\frac{\pi}{2} + \alpha\right) = \cos\alpha$$

$$\cos\left(\frac{\pi}{2} + \alpha\right) = -\sin\alpha$$

$$\tan\left(\frac{\pi}{2} + \alpha\right) = -\cot\alpha$$

$$\cot\left(\frac{\pi}{2} + \alpha\right) = -\tan\alpha$$

同理，我们可以得出 $\frac{3\pi}{2} \pm \alpha$ 角与 α 角的三角函数值的关系式（公式八、九）：

$$\sin\left(\frac{3\pi}{2} - \alpha\right) = -\cos\alpha$$

$$\cos\left(\frac{3\pi}{2} - \alpha\right) = -\sin\alpha$$

$$\tan\left(\frac{3\pi}{2} - \alpha\right) = \cot\alpha$$

$$\cot\left(\frac{3\pi}{2} - \alpha\right) = \tan\alpha$$

和

$$\sin\left(\frac{3\pi}{2} + \alpha\right) = -\cos\alpha$$

$$\cos\left(\frac{3\pi}{2} + \alpha\right) = \sin\alpha$$

$$\tan\left(\frac{3\pi}{2} + \alpha\right) = -\cot\alpha$$

$$\cot\left(\frac{3\pi}{2} + \alpha\right) = -\tan\alpha$$

公式六、七、八、九也都称为诱导公式。它们的共同特点是：

1）$\frac{\pi}{2} \pm \alpha$、$\frac{3\pi}{2} \pm \alpha$ 角的三角函数都可以化为 α 的不同名三角函数。

2）公式右端三角函数前的符号与左端的角（其中的 α 看作锐角）所在象限的该三角函

数值的符号相同。

即：函数名称变，符号看象限。

公式六、七、八、九在数学和工程技术中也常会用到它们。例如在电工学中，对正弦交流电路进行分析时，经常需要把 $\sin(\omega t + 90°) \cdot \sin\omega t$ 的形式，化为 $\cos\omega t \cdot \sin\omega t$ 的形式。

习题 4.5

求下列各三角函数值：

1. $\sin\left(-\dfrac{\pi}{3}\right)$, $\tan(-210°)$, $\cos(-240°12')$, $\cot(-400°)$。

2. $\sin\dfrac{3\pi}{5}$, $\cos100°20'$, $\cot\left(-\dfrac{3\pi}{4}\right)$, $\tan(-145°20')$。

3. $\cos\dfrac{65\pi}{6}$, $\cot\dfrac{35\pi}{3}$, $\sin\left(-\dfrac{31\pi}{4}\right)$, $\tan(-1596°)$。

4. $\cos519°$, $\sin\left(-\dfrac{17\pi}{3}\right)$, $\cot(-1665°)$, $\tan(-324°18')$。

第六节 三角函数的图像和性质

一、正弦函数 $y = \sin x$ 的图像和性质

1. 正弦函数 $y = \sin x$ 的图像

正弦函数 $y = \sin x$ 的定义域是 $(-\infty, +\infty)$，先在区间 $[0, 2\pi]$ 上用描点法作它的图像，为此，列出 x 和 y 的对应值见下表。

x	0	$\dfrac{\pi}{6}$	$\dfrac{\pi}{3}$	$\dfrac{\pi}{2}$	$\dfrac{2\pi}{3}$	$\dfrac{5\pi}{6}$	π	$\dfrac{7\pi}{6}$	$\dfrac{4\pi}{3}$	$\dfrac{3\pi}{2}$	$\dfrac{5\pi}{3}$	$\dfrac{11\pi}{6}$	2π
y	0	0.50	0.87	1	0.87	0.50	0	-0.50	-0.87	-1	-0.87	-0.50	0

把表内 x、y 的每一组对应值作为点的坐标，在直角坐标系内作出对应的点，并顺势联结各点成平滑的曲线，这条曲线，就是 $y = \sin x$ 在区间 $[0, 2\pi]$ 上的图像（图4-18）。

由于终边相同角的三角函数值相等，所以 $y = \sin x$ 在 $\cdots [-4\pi, -2\pi]$，$[-2\pi, 0]$，$[2\pi, 4\pi]$，$[4\pi, 6\pi]\cdots$ 上的图像，与它在区间 $[0, 2\pi]$ 上图像的形状完全一样，只是位置不同。于是，我们把 $y = \sin x$ 在区间 $[0, 2\pi]$ 上的图像沿 x 轴向左和向右平行移动 2π，$4\pi\cdots$ 个单位，就可得到 $y = \sin x$ 在定义域 $(-\infty, +\infty)$ 上的图像，如图4-19所示。

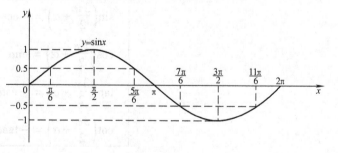

图 4-18

函数 $y = \sin x$ 在 $(-\infty, +\infty)$ 上的图像叫做正弦曲线。

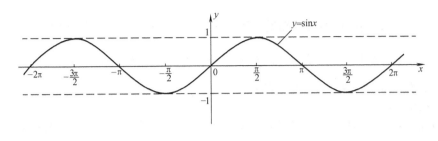

图 4-19

2. 正弦函数 $y = \sin x$ 的性质

（1）定义域 正弦函数 $y = \sin x$ 的定义域为 $(-\infty, +\infty) = \mathbf{R}$。

（2）值域 由正弦曲线可知，曲线上点的纵坐标最小值是 -1，最大值是 1，所以 $|y| \le 1$，也就是 $|\sin x| \le 1$，即 $-1 \le \sin x \le 1$。这也就是说，函数 $y = \sin x$ 的值域为 $[-1, 1]$。并且函数 $y = \sin x$ 在 $x = \dfrac{\pi}{2} + 2k\pi$（$k \in \mathbf{Z}$）时取得最大值 $y_{\max} = 1$；在 $x = -\dfrac{\pi}{2} + 2k\pi$（$k \in \mathbf{Z}$）时取得最小值 $y_{\min} = -1$。

（3）周期性 由诱导公式 $\sin(x + 2k\pi) = \sin x (k \in \mathbf{Z})$ 知，正弦函数值是按一定规律不断重复出现的，这是正弦函数的一个重要性质，称为周期性。一般地，我们有下述定义：

对于函数 $y = f(x)$，若存在非零常数 T，使得当 x 取定义域内的每一个值时，都有 $f(x + T) = f(x)$，则称 $y = f(x)$ 是周期函数。非零常数 T 称为这个周期函数的一个周期。

例如，对于函数 $y = \sin x$（$x \in \mathbf{R}$）来说，$\cdots -4\pi$，-2π，2π，$4\pi \cdots$ 都是这个周期函数的一个周期。这说明，如果一个周期函数有周期，则它的周期往往不止一个。

对于一个周期函数来说，如果在它的所有周期中存在一个最小正数，则把这个最小正数称为最小正周期。显然。正弦函数的最小正周期是 2π（证明从略），为叙述方便，后文把三角函数的最小正周期称为三角函数的周期。

一般地，形如 $y = A\sin(\omega x + \varphi)$（式中 A、ω、φ 均为常数，且 $A > 0$，$\omega > 0$，$x \in \mathbf{R}$）的函数，它的周期 $T = \dfrac{2\pi}{\omega}$。也就是说，常数 A 和 φ 都不影响函数 $y = A\sin(\omega x + \varphi)$ 的周期。今后，可以把这个结论作为公式直接使用。

综上所述，我们可以得出这样的结论：正弦函数 $y = \sin x$ 的周期是 2π。

（4）奇偶性 由诱导公式 $\sin(-x) = -\sin x$ 知，正弦函数 $y = \sin x$（$x \in \mathbf{R}$）是奇函数。反映在图像上，正弦曲线关于坐标原点对称。

（5）单调性 由正弦曲线可以看出：当 x 由 $-\dfrac{\pi}{2}$ 增大到 $\dfrac{\pi}{2}$ 时，曲线逐渐上升，$y = \sin x$ 由 -1 增大到 1；当 x 由 $\dfrac{\pi}{2}$ 增大到 $\dfrac{3\pi}{2}$ 时，曲线逐渐下降，$y = \sin x$ 由 1 减少到 -1。这种变化情况见下表。

x	$-\dfrac{\pi}{2}$	↗	0	↗	$\dfrac{\pi}{2}$	↗	π	↗	$\dfrac{3\pi}{2}$
$\sin x$	-1	↗	0	↗	1	↘	0	↘	-1

我们由正弦函数的周期性可以知道，正弦函数 $y = \sin x$ 在每一个闭区间 $\left[-\dfrac{\pi}{2} + 2k\pi, \dfrac{\pi}{2}\right.$ $\left.+2k\pi\right](k \in \mathbf{Z})$ 上，都从 -1 增大到 1，是增函数；在每一个闭区间 $\left[\dfrac{\pi}{2} + 2k\pi, \dfrac{3\pi}{2} + 2k\pi\right]$ $(k \in \mathbf{Z})$ 上，都从 1 减小到 -1，是减函数。

3. 五点法作图

根据正弦函数的图像和其主要性质可以看出，当 $x \in [0, 2\pi]$ 时，在函数 $y = \sin x$ 的图像中，起决定作用的有五个关键的点：起点 $(0, 0)$、最高点 $\left(\dfrac{\pi}{2}, 1\right)$、中点 $(\pi, 0)$、最低点 $\left(\dfrac{3\pi}{2}, -1\right)$、末点 $(2\pi, 0)$。因此，在精度要求不高时，可以先描出五个关键点，再用平滑曲线按正弦规律依次联结它们，就得到相应区间上的图像。这种作图方法称为五点法。

例1　用五点法作 $y = 3\sin x$ 在 $[0, 2\pi]$ 上的图像。

解　列表求值

x	0	$\dfrac{\pi}{2}$	π	$\dfrac{3\pi}{2}$	2π
$\sin x$	0	1	0	-1	0
$3\sin x$	0	3	0	-3	0

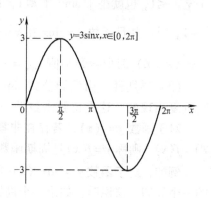

描点连线，得 $y = 3\sin x$ 在 $[0, 2\pi]$ 上的图像，如图 4-20 所示。

二、余弦函数 $y = \cos x$ 的图像和性质

1. 余弦函数 $y = \cos x$ 的图像

余弦函数 $y = \cos x$ 的定义域是 $(-\infty, +\infty)$，先在区间 $[0, 2\pi]$ 上用描点法作它的图像，为此，列出 x 和 y 的对应值表：

图　4-20

x	0	$\dfrac{\pi}{6}$	$\dfrac{\pi}{3}$	$\dfrac{\pi}{2}$	$\dfrac{2\pi}{3}$	$\dfrac{5\pi}{6}$	π	$\dfrac{7\pi}{6}$	$\dfrac{4\pi}{3}$	$\dfrac{3\pi}{2}$	$\dfrac{5\pi}{3}$	$\dfrac{11\pi}{6}$	2π
y	1	0.87	0.5	0	-0.5	-0.87	-1	-0.87	-0.5	0	0.5	0.87	1

把表内 x、y 的每一组对应值作为点的坐标，在直角坐标系内作出对应的点，并联结各点成平滑的曲线，这条曲线，就是 $y = \cos x$ 在区间 $[0, 2\pi]$ 上的图像（图 4-21）。

由于终边相同角的三角函数值相等，所以 $y = \cos x$ 在… $[-4\pi, -2\pi]$，$[-2\pi, 0]$，$[2\pi, 4\pi]$，$[4\pi, 6\pi]$ … 上的图像，与它在区间 $[0, 2\pi]$ 上图像的形状完全一样，只是位置不同。于是，我们把 $y = \cos x$ 在区间 $[0, 2\pi]$

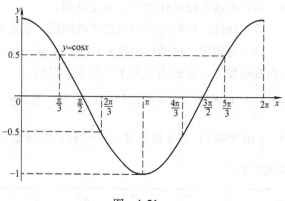

图　4-21

上的图像沿 x 轴向左和向右平行移动 2π，4π … 个单位，就可得到 $y = \cos x$ 在定义域

（－∞，＋∞）上的图像，如图4-22所示。

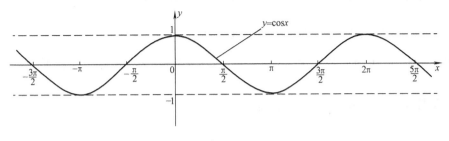

图 4-22

函数 $y = \cos x$ 在（－∞，＋∞）上的图像叫做余弦曲线。余弦曲线也可以用类似作正弦函数图像的五点法画出。

2. 余弦函数 $y = \cos x$ 的性质

（1）定义域 余弦函数 $y = \cos x$ 的定义域为（－∞，＋∞）＝ **R**。

（2）值域 由余弦曲线可知，曲线上点的纵坐标最小值是 －1，最大值是 1，所以 $|y| \leqslant 1$，也就是 $|\cos x| \leqslant 1$，即 $-1 \leqslant \cos x \leqslant 1$。这也就是说，函数 $y = \cos x$ 的值域为 $[-1, 1]$。并且函数 $y = \cos x$ 在 $x = 2k\pi$（$k \in \mathbf{Z}$）时取得最大值 $y_{\max} = 1$；在 $x = (2k+1)\pi$（$k \in \mathbf{Z}$）时取得最小值 $y_{\min} = -1$。

（3）周期性 由诱导公式 $\cos(x + 2k\pi) = \cos x$（$k \in \mathbf{Z}$）知，余弦函数与正弦函数一样，也具有周期性，它的周期与正弦函数的周期相同，也是 $T = 2\pi$。

（4）奇偶性 由诱导公式 $\cos(-x) = \cos x$ 知，余弦函数 $y = \cos x$（$x \in \mathbf{R}$）是偶函数。反映在图像上，余弦曲线关于 y 轴对称。

（5）单调性 由余弦曲线可以看出：当 x 由 $-\pi$ 增大到 0 时，曲线逐渐上升，$y = \cos x$ 由 －1 增大到 1；当 x 由 0 增大到 π 时，曲线逐渐下降，$y = \cos x$ 由 1 减少到 －1。

我们由余弦函数的周期性可以知道，余弦函数 $y = \cos x$ 在每一个闭区间 $[(2k-1)\pi, 2k\pi]$（$k \in \mathbf{Z}$）上，都从 －1 增大到 1，是增函数；在每一个闭区间 $[2k\pi, (2k+1)\pi]$（$k \in \mathbf{Z}$）上，都从 1 减小到 －1，是减函数。

三、正切函数 $y = \tan x$ 的图像和性质

1. 正切函数 $y = \tan x$ 的图像

正切函数 $y = \tan x$ 的定义域是 $\{x \mid x \neq k\pi + \dfrac{\pi}{2}, k \in$

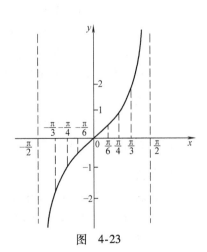

Z$\}$，用描点法先作函数 $y = \tan x$，$x \in \left(-\dfrac{\pi}{2}, \dfrac{\pi}{2}\right)$ 的图像。

列表：

x	$-\dfrac{\pi}{3}$	$-\dfrac{\pi}{4}$	$-\dfrac{\pi}{6}$	0	$\dfrac{\pi}{6}$	$\dfrac{\pi}{4}$	$\dfrac{\pi}{3}$
y	-1.7	-1	-0.58	0	0.58	1	1.7

描点作图，得函数 $y = \tan x$，$x \in \left(-\dfrac{\pi}{2}, \dfrac{\pi}{2}\right)$ 的图像（图4-23）。

图 4-23

利用诱导公式，可得 $\tan(\pi+x)=\tan x$（其中 $x\in\mathbf{R}$，且 $x\neq k\pi+\dfrac{\pi}{2}$，$k\in\mathbf{Z}$）。这说明，正切函数是一个周期函数，$\pi$ 是它的一个周期。因此，我们把函数 $y=\tan x$，$x\in\left(-\dfrac{\pi}{2},\dfrac{\pi}{2}\right)$ 的图像沿 x 轴向左和向右平行移动 π，2π，$3\pi\cdots$ 个单位，就得到了函数 $y=\tan x$ 的图像（图4-24）。

正切函数 $y=\tan x$ 的图像叫正切曲线。

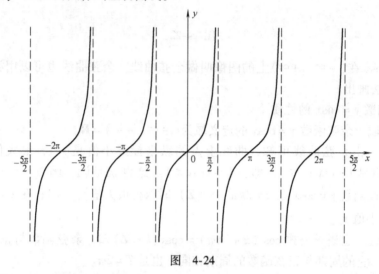

图　4-24

2.　正切函数 $y=\tan x$ 的性质

（1）**定义域**　正切函数 $y=\tan x$ 的定义域为 $\left\{x\,\middle|\,x\neq k\pi+\dfrac{\pi}{2},\,k\in\mathbf{Z}\right\}$。

（2）**值域**　从图4-24可以看出，当 $x<\dfrac{\pi}{2}+k\pi(k\in\mathbf{Z})$ 且无限接近于 $\dfrac{\pi}{2}+k\pi(k\in\mathbf{Z})$ 时，$\tan x$ 无限增大，即可以比任意给定的正数大，我们把这种情况记作 $\tan x\rightarrow+\infty$（读作 $\tan x$ 趋向于正无穷大）；当 $x>-\dfrac{\pi}{2}+k\pi(k\in\mathbf{Z})$ 且无限接近于 $-\dfrac{\pi}{2}+k\pi(k\in\mathbf{Z})$ 时，$\tan x$ 无限减小，即取负值且它的绝对值可以比任意给定的正数大，我们把这种情况记作 $\tan x\rightarrow-\infty$（读作 $\tan x$ 趋向于负无穷大）。这就是说，$\tan x$ 可以取任何实数值，但没有最大值、最小值。因此，正切函数的值域是实数集 $\mathbf{R}$。

（3）**周期性**　正切函数是周期函数，周期是 $T=\pi$。

（4）**奇偶性**　由诱导公式 $\tan(-x)=-\tan x$ 知，正切函数 $y=\tan x$ 是奇函数。反映在图像上，正切曲线关于坐标原点对称。

（5）**单调性**　从图4-24可以看出，正切函数在开区间 $\left(-\dfrac{\pi}{2}+k\pi,\dfrac{\pi}{2}+k\pi\right)$，$k\in\mathbf{Z}$ 内都是增函数。

四、余切函数 $y=\cot x$ 的图像和性质

与正切函数类似，我们可以用描点法作出余切函数 $y=\cot x$，$x\in\{x\mid x\neq k\pi,\,k\in\mathbf{Z}\}$ 的图像（图4-25）。

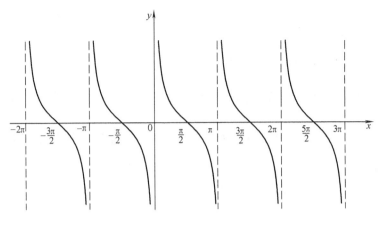

图　4-25

余切函数 $y = \cot x$ 的图像叫余切曲线。

余切函数 $y = \cot x$ 有以下一些主要性质：

（1）定义域　余切函数 $y = \cot x$ 的定义域为 $\{x \mid x \neq k\pi,\ k \in \mathbf{Z}\}$。

（2）值域　与正切函数相同，余切函数的值域是实数集 $\mathbf{R}$。

（3）周期性　余切函数是周期函数，周期是 $T = \pi$。

（4）奇偶性　由诱导公式 $\cot(-x) = -\cot x$ 知，余切函数 $y = \cot x$ 是奇函数。反映在图像上，余切曲线关于坐标原点对称。

（5）单调性　从图 4-25 可以看出，余切函数在开区间 $(k\pi, (k+1)\pi)$，$k \in \mathbf{Z}$ 内都是减函数。

五、正弦型函数 $y = A\sin(\omega x + \varphi)$ 的图像

在物理和工程技术的许多问题中，都要遇到形如 $y = A\sin(\omega x + \varphi)$ 的函数（其中 A、ω、φ 都是常数，$x \in \mathbf{R}$），这种函数称为正弦型函数，正弦型函数的图像称为正弦型曲线。例如，物体作简谐振动时位移 s 与时间 t 的关系，交流电中电流 i 与时间 t 的关系等，都可以表示成这类函数。下面就来讨论函数 $y = A\sin(\omega x + \varphi)$（其中 A、ω、φ 都是常数，$A > 0$，$\omega > 0$）的简图的画法。

例 2　用五点法作函数 $y = 3\sin\left(x - \dfrac{\pi}{4}\right)$ 在一个周期内的简图。

分析：首先，我们知道，常数 3 不影响这个函数的周期。其次，为了求出图像上五个关键点的横坐标，设新变量 $u = x - \dfrac{\pi}{4}$，分别令 $u = 0$、$\dfrac{\pi}{2}$、π、$\dfrac{3\pi}{2}$、2π，则能求出对应的 x 的值：

当 $u = x - \dfrac{\pi}{4} = 0$ 时，$x_1 = \dfrac{\pi}{4}$；

当 $u = x - \dfrac{\pi}{4} = \dfrac{\pi}{2}$ 时，$x_2 = \dfrac{\pi}{4} + \dfrac{\pi}{2} = \dfrac{3\pi}{4}$；

当 $u = x - \dfrac{\pi}{4} = \pi$ 时，$x_3 = \dfrac{\pi}{4} + \pi = \dfrac{5\pi}{4}$；

当 $u = x - \dfrac{\pi}{4} = \dfrac{3\pi}{2}$ 时，$x_4 = \dfrac{\pi}{4} + \dfrac{3\pi}{2} = \dfrac{7\pi}{4}$；

当 $u = x - \dfrac{\pi}{4} = 2\pi$ 时，$x_5 = \dfrac{\pi}{4} + 2\pi = \dfrac{9\pi}{4}$。

由此可见，当 u 从 0 变化到 2π 时，也就是 x 从 $\dfrac{\pi}{4}$ 变化到 $\dfrac{9\pi}{4}$ 时，函数 $y = 3\sin u =$ $3\sin\left(x - \dfrac{\pi}{4}\right)$ 完成一个周期的变化过程。上述过程，可以通过列表求值反映出来。

解 列表求值

x	$\dfrac{\pi}{4}$	$\dfrac{3\pi}{4}$	$\dfrac{5\pi}{4}$	$\dfrac{7\pi}{4}$	$\dfrac{9\pi}{4}$
$u = x - \dfrac{\pi}{4}$	0	$\dfrac{\pi}{2}$	π	$\dfrac{3\pi}{2}$	2π
$\sin u$	0	1	0	-1	0
$y = 3\sin\left(x - \dfrac{\pi}{4}\right)$	0	3	0	-3	0

描点连线，得 $y = 3\sin\left(x - \dfrac{\pi}{4}\right)$ 在一个周期内的简图，如图 4-26 所示。

利用这个函数的周期性，我们可以把它在这个周期上的简图向左、右分别扩展，就可以得到它们在 **R** 上的简图（从略）。

一般地，为了作出正弦型函数 $y = A\sin(\omega x + \varphi)$ 的图像，要先求出五个关键点的横坐标：

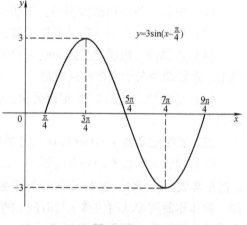

图 4-26

令 $\omega x + \varphi = 0$，　　　　得 $x_1 = -\dfrac{\varphi}{\omega}$；

令 $\omega x + \varphi = \dfrac{\pi}{2}$，　　　　得 $x_2 = \dfrac{-\varphi + \dfrac{\pi}{2}}{\omega}$；

令 $\omega x + \varphi = \pi$，　　　　得 $x_3 = \dfrac{-\varphi + \pi}{\omega}$；

令 $\omega x + \varphi = \dfrac{3\pi}{2}$，　　　　得 $x_4 = \dfrac{-\varphi + \dfrac{3\pi}{2}}{\omega}$；

令 $\omega x + \varphi = 2\pi$，　　　　得 $x_5 = \dfrac{-\varphi + 2\pi}{\omega}$。

不难看出，x_2、x_3、x_4、x_5 分别是由它前一个点的横坐标加上 $\dfrac{T}{4}$ 而得到的，即

$$x_2 = x_1 + \dfrac{T}{4}, \qquad\qquad x_3 = x_2 + \dfrac{T}{4},$$

$$x_4 = x_3 + \dfrac{T}{4}, \qquad\qquad x_5 = x_4 + \dfrac{T}{4}。$$

例3 用五点法作 $y = 5\sin\left(\dfrac{1}{2}x + \dfrac{\pi}{6}\right)$ 在一个周期内的简图。

解 因为 $x_1 = -\dfrac{\varphi}{\omega} = -\dfrac{\dfrac{\pi}{6}}{\dfrac{1}{2}} = -\dfrac{\pi}{6} \times 2 = -\dfrac{\pi}{3}$,

$$T = \frac{2\pi}{\omega} = \frac{2\pi}{\dfrac{1}{2}} = 4\pi,$$

所以 $x_2 = x_1 + \dfrac{T}{4} = -\dfrac{\pi}{3} + \pi = \dfrac{2\pi}{3}$;

$x_3 = x_2 + \dfrac{T}{4} = \dfrac{2\pi}{3} + \pi = \dfrac{5\pi}{3}$;

$x_4 = x_3 + \dfrac{T}{4} = \dfrac{5\pi}{3} + \pi = \dfrac{8\pi}{3}$;

$x_5 = x_4 + \dfrac{T}{4} = \dfrac{8\pi}{3} + \pi = \dfrac{11\pi}{3}$。

列表求值

$\dfrac{1}{2}x + \dfrac{\pi}{6}$	0	$\dfrac{\pi}{2}$	π	$\dfrac{3\pi}{2}$	2π
x	$-\dfrac{\pi}{3}$	$\dfrac{2\pi}{3}$	$\dfrac{5\pi}{3}$	$\dfrac{8\pi}{3}$	$\dfrac{11\pi}{3}$
$y = 5\sin\left(\dfrac{1}{2}x + \dfrac{\pi}{6}\right)$	0	5	0	-5	0

描点连线，得 $y = 5\sin\left(\dfrac{1}{2}x + \dfrac{\pi}{6}\right)$ 在一个周期内的简图，如图4-27所示。

例4 已知一股正弦电流 $i(\mathrm{A})$ 随时间 $t(\mathrm{s})$ 的部分变化曲线如图4-28所示，试写出 i 与 t 的函数关系式。

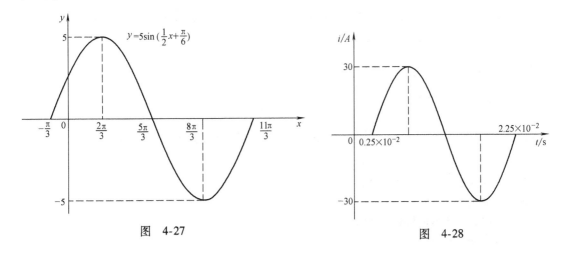

图 4-27   图 4-28

解 由于已知曲线是正弦曲线，所以设所求函数关系式为

$$i = A\sin(\omega t + \varphi)。$$

由图知，正弦电流 i 的最大值 $A = 30$，周期 $T = 2.25 \times 10^{-2} \text{s} - 0.25 \times 10^{-2} \text{s} = 2 \times 10^{-2} \text{s}$。

因为　周期 $T = \dfrac{2\pi}{\omega}$，

所以　$\omega = \dfrac{2\pi}{T} = \dfrac{2\pi}{2 \times 10^{-2}} = 100\pi$。

又因为起点的横坐标 $t_1 = -\dfrac{\varphi}{\omega} = 0.25 \times 10^{-2}$。

所以　$\begin{aligned} \varphi &= -\omega \times 0.25 \times 10^{-2} \\ &= -100\pi \times 0.25 \times 10^{-2} \\ &= -0.25\pi = -\dfrac{\pi}{4}。 \end{aligned}$

所以，所求函数关系式为 $i = 30\sin\left(100\pi t - \dfrac{\pi}{4}\right)$。

在物理学中，当物体作简谐振动时，可以用正弦型函数 $y = A\sin(\omega t + \varphi)$（$A > 0$，$\omega > 0$），$t \in [0, +\infty)$ 来表示振动的位移 y 随时间 t 的变化规律，其中：

1）A 称为简谐振动的振幅，它表示物体振动时离开平衡位置的最大位移。

2）$T = \dfrac{2\pi}{\omega}$ 称为简谐振动的周期，它表示物体往复振动一次所需要的时间。

3）$f = \dfrac{1}{T} = \dfrac{\omega}{2\pi}$ 称为简谐振动的频率，它表示单位时间内物体往复振动的次数。

4）$\omega t + \varphi$ 称为相位，$t = 0$ 时的相位 φ 称为初相。

习题　4.6

1. 用五点法作下列函数在区间 $[0, 2\pi]$ 上的图像：

（1）$y = -\sin x$；（2）$y = 2\sin x$；（3）$y = 1 + \sin x$；（4）$y = 3\cos x$。

2. 求下列函数的周期：

（1）$y = \sin 3x$；（2）$y = 3\sin\dfrac{x}{4}$；（3）$y = \sin\left(x + \dfrac{\pi}{10}\right)$；（4）$y = \sqrt{3}\sin\left(\dfrac{1}{2}x - \dfrac{\pi}{4}\right)$。

3. 用五点法作下列函数在一个周期内的图像：

（1）$y = 2\sin\left(\dfrac{1}{2}x + \dfrac{\pi}{3}\right)$；　　　（2）$y = \dfrac{1}{2}\sin\left(3x - \dfrac{\pi}{4}\right)$；

（3）$y = \dfrac{1}{4}\sin\left(2x - \dfrac{\pi}{4}\right)$；　　　（4）$y = 3\sin\left(\dfrac{1}{2}x + \dfrac{\pi}{6}\right)$。

4. 用五点法作 $y = 2\sin\left(\dfrac{1}{2}x - \dfrac{\pi}{6}\right)$ 在一个周期内的图像，并根据图像回答下列问题：

（1）y 的最大值是多少？y 取最大值时，x 的值是多少？

（2）y 的最小值是多少？y 取最小值时，x 的值是多少？

（3）y 的周期 T 是多少？

（4）$y > 1$ 时，x 的取值范围是什么？

（5）y 的频率 f 是多少？

（6）初相 φ 是多少？

（7）$x = \pi$ 时的相位是多少？

（8）y 的振幅 A 是多少？

第七节 反三角函数

一、反函数的概念

函数的概念涉及两个变量，它们之间的关系往往是相对的。例如，正方形的面积和边长之间的关系，如果设边长为 x，面积为 y，当已知边长 x，求面积 y 时，有

$$y = x^2 \qquad x \in (0, +\infty)$$

此时，边长 x 是自变量，面积 y 就是边长 x 的函数。反过来，如果已知面积 y，求边长 x 时，有

$$x = \sqrt{y} \qquad y \in (0, +\infty)$$

此时，面积 y 是自变量，边长 x 就是面积 y 的函数。

上面的两个函数表示了正方形的面积与边长之间的同一个关系，但由于两者的自变量不同，对应法则也就不同。所以，我们称函数 $x = \sqrt{y}$ 是函数 $y = x^2$ 的反函数。

一般地，设给定函数

$$y = f(x) \qquad x \in D$$

它的值域为 M，如果对于 M 中的每一个值 y，由 $y = f(x)$ 都能确定 D 中唯一的 x 值和它对应，那么，就能确定一个以 y 为自变量的函数，这个函数称为函数 $y = f(x)$ 的反函数，记作

$$x = f^{-1}(y) \qquad y \in M$$

其中 f^{-1} 是根据 $y = f(x)$，从 y 反求 x 的对应法则，称为 f 的反对应法则（图 4-29）。

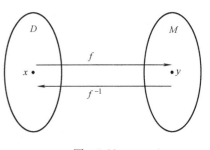

图 4-29

由定义可以看出，函数 $y = f(x)$ 也是函数 $x = f^{-1}(y)$ 的反函数，就是说它们是互为反函数，并且前者的定义域是后者的值域，前者的值域是后者的定义域。

在函数 $x = f^{-1}(y)$ 中，y 是自变量，x 是 y 的函数。但在习惯上，一般是用 x 表示自变量，用 y 表示函数，所以，在函数式 $x = f^{-1}(y)$ 中对调字母 x 和 y，把它改写成 $y = f^{-1}(x)$。凡不特别说明，本书中函数 $y = f(x)$ 的反函数都采用这种经过改写的 $y = f^{-1}(x)$ 的形式。

例 1 求下列函数的反函数：

(1) $y = \dfrac{1}{2}x + 3$；　　　(2) $y = \sqrt{x-1}$；　　　(3) $y = \dfrac{2x+3}{x-1}$。

解 (1) 由 $y = \dfrac{1}{2}x + 3$ 解出 x，得 $x = 2y - 6$。

所以，函数 $y = \dfrac{1}{2}x + 3$ 的反函数为 $y = 2x - 6$。

(2) 由 $y = \sqrt{x-1}$ 解出 x，得 $x = y^2 + 1$。

所以，函数 $y = \sqrt{x-1}$ 的反函数为 $y = x^2 + 1$。

这里，函数 $y = \sqrt{x-1}$ 的定义域是 $x \in [1, +\infty)$，值域是 $y \in [0, +\infty)$。它的反函

数 $y = x^2 + 1$ 的定义域是 $x \in [0, +\infty)$，值域是 $y \in [1, +\infty)$。

（3）由 $y = \dfrac{2x+3}{x-1}$ 解出 x，得 $x = \dfrac{y+3}{y-2}$。

所以，函数 $y = \dfrac{2x+3}{x-1}$ 的反函数为 $y = \dfrac{x+3}{x-2}$。

必须注意，不是每一个函数在其定义域内都有反函数，只有当 f 的反对应关系 f^{-1} 是单值时，函数 $y = f(x)$ 才有反函数。例如，函数 $y = x^2$，定义域为 $(-\infty, +\infty)$，值域为 $[0, +\infty)$。当我们解出 x，得

$$x = \pm\sqrt{y}$$

时发现，对于值域中的每一个 y 值，x 有两个确定值 $+\sqrt{y}$ 和 $-\sqrt{y}$ 与它对应，也就是说，函数 $y = x^2$ 的反对应关系不是单值的，所以函数 $y = x^2$ 在定义域 $(-\infty, +\infty)$ 内没有反函数。但是，如果把函数 $y = x^2$ 的定义域限制在 $[0, +\infty)$ 上，那么它就有反函数 $y = \sqrt{x}$；如果把函数 $y = x^2$ 的定义域限制在 $(-\infty, 0)$ 上，那么它就有反函数 $y = -\sqrt{x}$。

例2 求函数 $y = 3x - 2 (x \in \mathbf{R})$ 的反函数，并在同一直角坐标系中作出函数及其反函数的图像。

解 从 $y = 3x - 2$ 中解出 x，得 $x = \dfrac{y+2}{3}$；在 $x = \dfrac{y+2}{3}$ 中对调字母 x 和 y，得 $y = 3x - 2 (x \in \mathbf{R})$ 的反函数 $y = \dfrac{x+2}{3}$ $(x \in \mathbf{R})$。

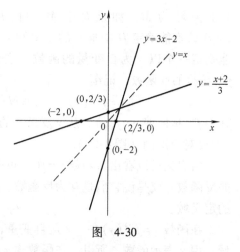

图 4-30

函数 $y = 3x - 2$ $(x \in \mathbf{R})$ 和它的反函数 $y = \dfrac{x+2}{3}$ $(x \in \mathbf{R})$ 的图像，如图4-30所示。

由图4-30可以看出，函数 $y = 3x - 2 (x \in \mathbf{R})$ 和它的反函数 $y = \dfrac{x+2}{3} (x \in \mathbf{R})$ 的图像关于直线 $y = x$ 对称。一般地，我们有下述定理（证明从略）：

函数 $y = f(x)$ 的图像和它的反函数 $y = f^{-1}(x)$ 的图像关于直线 $y = x$ 对称。

二、反正弦函数的概念

我们知道，正弦函数 $y = \sin x$ 的定义域是 $(-\infty, +\infty)$，值域是 $[-1, 1]$。对于每一个 $x \in (-\infty, +\infty)$ 的值，都有唯一的 $y \in [-1, 1]$ 的值与之对应。反过来，我们由正弦函数 $y = \sin x$ 的图像（图4-31）可以看出，对于 $y \in [-1, 1]$ 上的每一个值，x 有无穷多个值和它对应。例如，对于 $y = \dfrac{1}{2}$，x 有 $\dfrac{\pi}{6}$，$\dfrac{5\pi}{6}$ ⋯无穷多个值和它对应。所以正弦函数 $y = \sin x$，$x \in (-\infty, +\infty)$ 没有反函数。

但是，在正弦函数的每一个单调区间：$\left[-\dfrac{\pi}{2}, \dfrac{\pi}{2}\right]$，$\left[\dfrac{\pi}{2}, \dfrac{3\pi}{2}\right]$，$\left[\dfrac{3\pi}{2}, \dfrac{5\pi}{2}\right]$ ⋯上，对于 $y \in [-1, 1]$ 上的每一个值，x 有唯一的值与 y 对应。例如，如图4-32a所示，在区间

$\left[-\dfrac{\pi}{2}, \dfrac{\pi}{2}\right]$上，当 y 取 $\dfrac{1}{2}$ 时，x 有唯一的值 $\dfrac{\pi}{6}$ 和它对应；当 y 取 -1 时，x 有唯一的值 $-\dfrac{\pi}{2}$ 和它对应。因此，定义在每个单调区间上的函数 $y = \sin x$ 都分别有反函数。

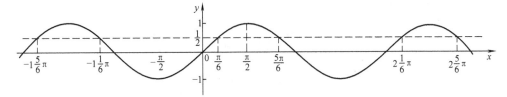

图　4-31

因为最常用到的角是 0 到 $\dfrac{\pi}{2}$ 间的角，因此定义：

函数 $y = \sin x$，$x \in \left[-\dfrac{\pi}{2}, \dfrac{\pi}{2}\right]$ 的反函数，称为反正弦函数，记作 $x = \arcsin y$。

由于习惯上用字母 x 表示自变量，用字母 y 表示函数，所以，反正弦函数写成 $y = \arcsin x$，它的定义域为 $[-1, 1]$，值域为 $\left[-\dfrac{\pi}{2}, \dfrac{\pi}{2}\right]$，其函数图像如图 4-32b 所示。

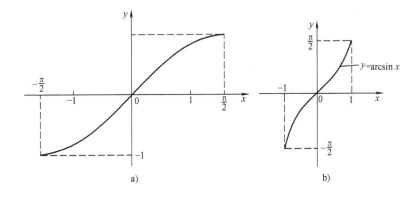

图　4-32

这样，对于 $[-1, 1]$ 上的每一个值 x，$\arcsin x$ 表示 $\left[-\dfrac{\pi}{2}, \dfrac{\pi}{2}\right]$ 上唯一确定的一个角，这个角的正弦值恰好等于已知的 x。对于符号 $\arcsin x$，我们要理解并记忆以下三点：

1）$\arcsin x$ 表示一个角。

2）这个角的正弦值就等于 x，即

$$\boxed{\sin(\arcsin x) = x, \quad x \in [-1, 1]}$$

3）这个角一定在 $-90° \sim 90°$ 之间，即 $-\dfrac{\pi}{2} \leqslant \arcsin x \leqslant \dfrac{\pi}{2}$，$x \in [-1, 1]$。

例3 求下列各反正弦函数的值：

（1）$\arcsin \dfrac{\sqrt{3}}{2}$；　　（2）$\arcsin\left(-\dfrac{\sqrt{3}}{2}\right)$；　　（3）$\arcsin 0$；　　（4）$\arcsin(-1)$。

解 （1）因为 $\sin\dfrac{\pi}{3}=\dfrac{\sqrt{3}}{2}$，且 $\dfrac{\pi}{3}\in\left[-\dfrac{\pi}{2},\dfrac{\pi}{2}\right]$，

所以 $\arcsin\dfrac{\sqrt{3}}{2}=\dfrac{\pi}{3}$；

虽然 $\sin\dfrac{2\pi}{3}=\dfrac{\sqrt{3}}{2}$，但 $\dfrac{2\pi}{3}\notin\left[-\dfrac{\pi}{2},\dfrac{\pi}{2}\right]$，因此，$\arcsin\dfrac{\sqrt{3}}{2}\neq\dfrac{2\pi}{3}$。

（2）因为 $\sin\left(-\dfrac{\pi}{3}\right)=-\dfrac{\sqrt{3}}{2}$，且 $-\dfrac{\pi}{3}\in\left[-\dfrac{\pi}{2},\dfrac{\pi}{2}\right]$，

所以 $\arcsin\left(-\dfrac{\sqrt{3}}{2}\right)=-\dfrac{\pi}{3}$；

（3）因为 $\sin 0=0$，且 $0\in\left[-\dfrac{\pi}{2},\dfrac{\pi}{2}\right]$，

所以 $\arcsin 0=0$；

（4）因为 $\sin\left(-\dfrac{\pi}{2}\right)=-1$，且 $-\dfrac{\pi}{2}\in\left[-\dfrac{\pi}{2},\dfrac{\pi}{2}\right]$，

所以 $\arcsin(-1)=-\dfrac{\pi}{2}$。

例4 用反正弦函数值表示下列各角：

（1）$\dfrac{\pi}{4}$；　（2）$-\dfrac{\pi}{6}$；　（3）0；　（4）$\dfrac{4\pi}{3}$。

解 （1）因为 $\sin\dfrac{\pi}{4}=\dfrac{\sqrt{2}}{2}$，且 $\dfrac{\pi}{4}\in\left[-\dfrac{\pi}{2},\dfrac{\pi}{2}\right]$，

所以 $\dfrac{\pi}{4}=\arcsin\dfrac{\sqrt{2}}{2}$；

（2）因为 $\sin\left(-\dfrac{\pi}{6}\right)=-\sin\dfrac{\pi}{6}=-\dfrac{1}{2}$，且 $-\dfrac{\pi}{6}\in\left[-\dfrac{\pi}{2},\dfrac{\pi}{2}\right]$，

所以 $-\dfrac{\pi}{6}=\arcsin\left(-\dfrac{1}{2}\right)$；

（3）因为 $\sin 0=0$，且 $0\in\left[-\dfrac{\pi}{2},\dfrac{\pi}{2}\right]$，

所以 $0=\arcsin 0$；

（4）因为 $\dfrac{4\pi}{3}\notin\left[-\dfrac{\pi}{2},\dfrac{\pi}{2}\right]$，但 $\dfrac{4\pi}{3}=\pi+\dfrac{\pi}{3}$，而 $\dfrac{\pi}{3}\in\left[-\dfrac{\pi}{2},\dfrac{\pi}{2}\right]$，且 $\sin\dfrac{\pi}{3}=\dfrac{\sqrt{3}}{2}$，

所以 $\dfrac{4\pi}{3}=\pi+\dfrac{\pi}{3}=\pi+\arcsin\dfrac{\sqrt{3}}{2}$。

三、反余弦函数的概念

类似于反正弦函数，我们在 $y=\cos x$ 的单调区间 $[0,\pi]$ 上定义反余弦函数。

函数 $y=\cos x$，$x\in[0,\pi]$ 的反函数，称为反余弦函数，记作 $y=\arccos x$。

函数 $y=\arccos x$ 的定义域为 $[-1,1]$，值域为 $[0,\pi]$。这样，对于 $[-1,1]$ 上的每一个值 x，$\arccos x$ 表示 $[0,\pi]$ 上唯一确定的一个角，这个角的余弦值恰好等于已知的

x。对于符号 $\arccos x$，我们要理解并记忆以下三点：

1）$\arccos x$ 表示一个角。

2）这个角的余弦值就等于 x，即

$$\boxed{\cos(\arccos x) = x, \ x \in [-1, 1]}$$

3）这个角一定在 $0° \sim 180°$ 之间，即 $0 \leqslant \arccos x \leqslant \pi$，$x \in [-1, 1]$。

例 5 求下列各反余弦函数值：

（1）$\arccos \dfrac{\sqrt{3}}{2}$；（2）$\arccos \dfrac{1}{2}$；（3）$\arccos\left(-\dfrac{\sqrt{2}}{2}\right)$；（4）$\arccos\left(\cos \dfrac{11\pi}{6}\right)$。

解 （1）因为 $\cos \dfrac{\pi}{6} = \dfrac{\sqrt{3}}{2}$，且 $\dfrac{\pi}{6} \in [0, \pi]$，

所以 $\arccos \dfrac{\sqrt{3}}{2} = \dfrac{\pi}{6}$；

（2）因为 $\cos \dfrac{\pi}{3} = \dfrac{1}{2}$，且 $\dfrac{\pi}{3} \in [0, \pi]$，

所以 $\arccos \dfrac{1}{2} = \dfrac{\pi}{3}$；

（3）因为 $\cos \dfrac{3\pi}{4} = -\dfrac{\sqrt{2}}{2}$，且 $\dfrac{3\pi}{4} \in [0, \pi]$，

所以 $\arccos\left(-\dfrac{\sqrt{2}}{2}\right) = \dfrac{3\pi}{4}$；

（4）$\arccos\left(\cos \dfrac{11\pi}{6}\right) = \arccos\left(\cos \dfrac{\pi}{6}\right) = \arccos \dfrac{\sqrt{3}}{2} = \dfrac{\pi}{6}$。

四、反正切函数和反余切函数的概念

类似于反正弦函数，我们可以得到反正切函数和反余切函数的定义。

函数 $y = \tan x$，$x \in \left(-\dfrac{\pi}{2}, \dfrac{\pi}{2}\right)$ 的反函数，称为反正切函数，记作 $y = \arctan x$。函数 $y = \arctan x$ 的定义域为 $(-\infty, +\infty)$，值域为 $\left(-\dfrac{\pi}{2}, \dfrac{\pi}{2}\right)$。这样，对于 $(-\infty, +\infty)$ 上的每一个值 x，$\arctan x$ 表示 $\left(-\dfrac{\pi}{2}, \dfrac{\pi}{2}\right)$ 上唯一确定的一个角，这个角的正切值恰好等于已知的 x。对于符号 $\arctan x$，我们要理解并记忆以下三点：

1）$\arctan x$ 表示一个角。

2）这个角的余切值就等于 x，即

$$\boxed{\tan(\arctan x) = x, \ x \in (-\infty, +\infty)}$$

3）这个角一定在 $-90° \sim 90°$ 之间，即 $-\dfrac{\pi}{2} < \arctan x < \dfrac{\pi}{2}$，$x \in (-\infty, +\infty)$。

函数 $y = \cot x$，$x \in (0, \pi)$ 的反函数，称为反余切函数，记作 $y = \text{arccot} x$。函数 $y = \text{arccot} x$ 的定义域为 $(-\infty, +\infty)$，值域为 $(0, \pi)$。这样，对于 $(-\infty, +\infty)$ 上的每一个值 x，$\text{arccot} x$ 表示 $(0, \pi)$ 上唯一确定的一个角，这个角的余切值恰好等于已知的 x。对于符号 $\text{arccot} x$，我

们要理解并记忆以下三点：

1）arccot$x$ 表示一个角。

2）这个角的余切值就等于 x，即

$$\cot(\text{arccot}x) = x, x \in (-\infty, +\infty)$$

3）这个角一定在 0°～180°之间，即 $0 < \text{arccot}x < \pi, x \in (-\infty, +\infty)$。

反正弦函数、反余弦函数、反正切函数、反余切函数统称为反三角函数。

例6 求下列各式的值：

（1）arctan0；（2）arctan$(-\sqrt{3})$；（3）arccot1；（4）arccot$(-\sqrt{3})$。

解 （1）arctan0 $= 0$；

（2）arctan$(-\sqrt{3}) = -\dfrac{\pi}{3}$；

（3）arccot1 $= \dfrac{\pi}{4}$；

（4）arccot$(-\sqrt{3}) = \dfrac{5\pi}{6}$。

习题 4.7

1. 求下列函数的反函数：

（1）$y = -2x + 3 \ (x \in \mathbf{R})$；   （2）$y = \dfrac{5}{x} \ (x \neq 0)$；

（3）$y = \dfrac{x}{3x + 5} \ (x \neq -\dfrac{5}{3})$；   （4）$y = 1 + \sqrt{1+x} \ (x \geq -1)$。

2. 求下列各反正弦函数的值：

（1）arcsin$\dfrac{1}{2}$；（2）arcsin$(-\dfrac{\sqrt{2}}{2})$；（3）arcsin1；（4）arcsin0.6959。

3. 用反余弦函数表示下列各式（式中 $x \in [0, \pi]$）：

（1）$\cos x = \dfrac{2}{3}$；（2）$\cos x = -\dfrac{1}{5}$；（3）$\cos x = 0.8065$；（4）$\cos x = a(|a| \leq 1)$。

4. 求下列各式的值：

（1）arctan(-1)；（2）arctan$\dfrac{\sqrt{3}}{3}$；（3）arccot$(-\dfrac{\sqrt{3}}{3})$；（4）arccot$\sqrt{3}$。

第八节   解 三 角 形

一、直角三角形的解法

1. 直角三角形中各元素之间的关系

三角形的三条边与三个角叫做三角形的基本元素。如图4-33所示，直角三角形 ABC 中各基本元素之间有如下关系：

1）锐角之间的关系：

$$\angle A + \angle B = 90°;$$

2）三边之间的关系：

$$a^2 + b^2 = c^2;$$

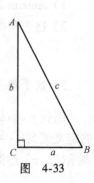

图 4-33

3）边角之间的关系：

$$\sin A = \frac{a}{c}, \quad \cos A = \frac{b}{c}, \quad \tan A = \frac{a}{b}, \quad \cot A = \frac{b}{a}。$$

$$\sin B = \frac{b}{c}, \quad \cos B = \frac{a}{c}, \quad \tan B = \frac{b}{a}, \quad \cot B = \frac{a}{b}。$$

在三角形中，由已知的基本元素，计算未知的基本元素，叫做解三角形。

2. 直角三角形的解法

在直角三角形除直角以外的五个元素中，知道其中两个元素（至少有一条边），便能解直角三角形。解直角三角形的问题，按已知条件，可以分成以下几种类型：

	已 知 条 件	解　　法
两边	一条直角边和斜边，如 a、c	(1) 由 $\sin A = \frac{a}{c}$，求∠A (2) 由 ∠A + ∠B = 90°，求∠B (3) 由 $a^2 + b^2 = c^2$，求 b
	两条直角边 a、b	(1) 由 $\tan A = \frac{a}{b}$，求∠A (2) 由 ∠A + ∠B = 90°，求∠B (3) 由 $a^2 + b^2 = c^2$，求 c
一边一角	斜边和一个锐角，如 c、∠A	(1) 由 ∠A + ∠B = 90°，求∠B (2) 由 $\sin A = \frac{a}{c}$，求 a (3) 由 $\cos A = \frac{b}{c}$，求 b
	直角边和一个锐角，如 a、∠A	(1) 由 ∠A + ∠B = 90°，求∠B (2) 由 $\sin A = \frac{a}{c}$，求 c (3) 由 $\cot A = \frac{b}{a}$，求 b

例1 已知：∠B = 22°37′，$a = 12$，解这个直角三角形。

解　（1）因为　∠A + ∠B = 90°，

所以　∠A = 90° − ∠B = 90° − 22°37′ = 67°23′；

（2）因为　$\tan B = \frac{b}{a}$，

所以　$b = a \cdot \tan B = 12 \cdot \tan 22°37' = 12 \times 0.4166 \approx 4.999$；

（3）因为　$\cos B = \frac{a}{c}$，

所以　$c = \frac{a}{\cos B} = \frac{12}{\cos 22°37'} = \frac{12}{0.9231} \approx 13.00。$

注意：在解三角形时，如无特别说明，角度精确到1′，边长和面积均保留四位有效数字。

3. 直角三角形解法的应用

在生产实践和科学技术问题中，经常会遇到计算图形中的角度或线段的长度等问题，这类问题通常可以用解三角形的方法解决。具体解法是：首先要搞清题目的要求，并画出符合题意的示意图；其次，要找出包含已知条件与所求量的三角形或多边形；最后，用解三角形的方法解决所提出的问题。在解题过程中，要注意综合应用平面几何有关定理及代数中列方程、解方程的知识，以便简化解题过程。

例2　已知正五边形的边长是4cm，求它的内切圆半径、外接圆半径和面积（结果保留一位小数）。

解　如图4-34所示，圆心为 O，外接圆半径为 OA，内切圆半径为 OH，AB 为正五边形的一边，那么 $AB = 4$cm。

在 Rt$\triangle AOH$ 中，

因为　$AH = \dfrac{1}{2}AB = 2$cm，$\angle AOH = \dfrac{1}{2}\angle AOB = \dfrac{1}{2} \times 72° = 36°$。

图　4-34

所以　$OH = AH \cdot \cot 36° = 2$cm $\times 1.3764$
$= 2.7528$cm ≈ 2.8cm，

$$OA = \frac{AH}{\sin 36°} = \frac{2\text{cm}}{0.5878} \approx 3.4\text{cm}，$$

$$S_{正五边形} = \frac{1}{2}AB \cdot OH \cdot 5 = \frac{1}{2} \times 4\text{cm} \times 2.7528\text{cm} \times 5 \approx 27.5\text{cm}^2。$$

例3　如图4-35所示，已知 $\triangle ABC$ 中，$\angle C = 90°$，$AB = c$，$\angle A = 30°$，$DEFG$ 为内接正方形，求该正方形的边长。

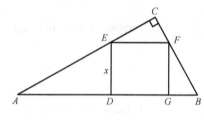

图　4-35

解　设 $DE = x$，则 $AD = x \cdot \cot 30° = \sqrt{3}x$，

由 $\angle B = 60°$，得 $BG = x \cdot \cot 60° = \dfrac{\sqrt{3}}{3}x$，

所以　$AB = AD + DG + GB = \sqrt{3}x + x + \dfrac{\sqrt{3}}{3}x = c$，

于是　$x = \dfrac{4\sqrt{3} - 3}{13}c$。

例4　若要在如图4-36所示的工件上钻85°的斜孔，可将工件的一端垫高，使之与工作台面成5°的倾斜角，问应在离 A 点800mm 的 B 处垫高多少？

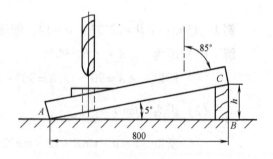

图　4-36

解　由图4-36可知，在 $\triangle ABC$ 中，

因为　$\angle A = 5°$，$BC = h$，$AB = 800$mm，

所以　$h = 800$mm $\times \tan 5°$

$\approx 800\text{mm} \times 0.0875$

$= 70\text{mm}$。

所以，应在离 A 点 800mm 处垫高 70mm。

例5 有一个燕尾块其横截面如图 4-37 所示，燕尾角 $\alpha = 55°$，下端宽度 $l = 60\text{mm}$，加工时 l 的尺寸不易直接量得，经常用钢柱测量法进行检

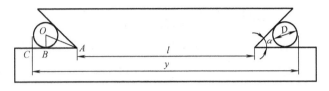

图 4-37

验，就是用两个直径相同的钢柱放在燕尾角里，用卡尺测量两钢柱的外围尺寸 y，如果钢柱直径 $D = 10\text{mm}$，y 等于多少时，才能使 l 的尺寸符合要求？（精确到 0.01mm）

解 从图 4-37 可以看出，要求 y 的长，应该先求 AB 的长。

在 Rt△ABO 中，

因为 $\angle OAB = \dfrac{\alpha}{2}$，$OB = \dfrac{D}{2}$，$AB = \dfrac{D}{2}\cot\dfrac{\alpha}{2}$，

所以 $y = l + 2(AB + BC) = l + 2\left(\dfrac{D}{2}\cot\dfrac{\alpha}{2} + \dfrac{D}{2}\right) = l + D\left(\cot\dfrac{\alpha}{2} + 1\right)$，

把 l、D、α 的值代入上式，得

$y = 60\text{mm} + 10\text{mm} \times (\cot 27°30' + 1) = 60\text{mm} + 10\text{mm} \times (1.921 + 1) = 89.21\text{mm}$。

所以，钢柱的外围尺寸 y 等于 89.21mm 时，才能使 l 的尺寸符合要求。

二、斜三角形的解法

1. 正弦定理

如图 4-38 所示，在△ABC 中，a、b、c 分别为角 A、B、C 所对的边。

正弦定理 在任意三角形中，各边与它所对角的正弦之比相等，并且都等于三角形外接圆的直径，即

$$\boxed{\dfrac{a}{\sin A} = \dfrac{b}{\sin B} = \dfrac{c}{\sin C} = 2R}$$

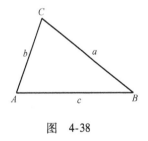

图 4-38

正弦定理是可以证明的，这里从略。利用正弦定理可以求三角形的未知元素，主要有以下两种情况：

1）已知两角和一边，求其他元素。

2）已知两边和其中一边的对角，求其他元素。

例6 如图 4-39 所示，在△ABC 中，已知 $a = 5$，$\angle B = 45°$，$\angle C = 105°$，求 $\angle A$、边 b 和边 c。

解 因为 $\angle A + \angle B + \angle C = 180°$，

所以 $\angle A = 180° - \angle B - \angle C$

$\qquad = 180° - 45° - 105° = 30°$。

由正弦定理得 $\dfrac{5}{\sin 30°} = \dfrac{b}{\sin 45°}$，

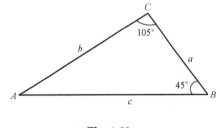

图 4-39

所以 $b = \dfrac{5\sin45°}{\sin30°} \approx \dfrac{5 \times 0.7071}{0.5} = 7.071$。

又由正弦定理得 $\dfrac{5}{\sin30°} = \dfrac{c}{\sin105°}$,

而 $\sin105° = \sin(180° - 75°) = \sin75° \approx 0.9659$,

所以 $c = \dfrac{5\sin105°}{\sin30°} \approx \dfrac{5 \times 0.9659}{0.5} = 9.659$。

例 7 如图 4-40 所示，在 $\triangle ABC$ 中，已知 $b = 10$，$c = 6$，$\angle B = 60°$，求 $\angle C$。

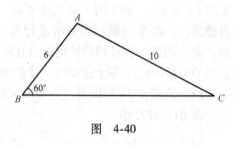

解 由正弦定理得 $\dfrac{10}{\sin60°} = \dfrac{6}{\sin C}$,

所以 $\sin C = \dfrac{6\sin60°}{10} \approx \dfrac{6 \times 0.8660}{10} = 0.5196$。

因为 $\sin C \approx 0.5196 > 0$,

所以 $\angle C$ 可以是锐角，也可以是钝角，

所以 $\angle C \approx 31°18'$ 或 $\angle C \approx 180° - 31°18' = 148°42'$。

又因为 $148°42' + 60° = 208°42' > 180°$,

所以 $\angle C \approx 148°42'$ 应舍去。

所以 $\angle C \approx 31°18'$。

图 4-40

例 8 如图 4-41 所示，在 $\triangle ABC$ 中，已知 $\angle B = 45°$，$b = 2\sqrt{2}$，$c = 2\sqrt{3}$，求 $\angle C$。

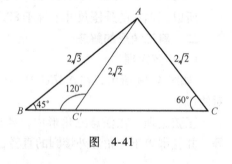

解 由正弦定理得 $\dfrac{2\sqrt{2}}{\sin45°} = \dfrac{2\sqrt{3}}{\sin C}$,

所以 $\sin C = \dfrac{2\sqrt{3}\sin45°}{2\sqrt{2}} = \dfrac{2\sqrt{3} \times \dfrac{\sqrt{2}}{2}}{2\sqrt{2}}$

$= \dfrac{\sqrt{3}}{2}$。

图 4-41

所以 $\angle C = 60°$ 或 $\angle C = 180° - 60° = 120°$。

这里 $\angle C$ 有两个解，如图 4-41 所示。

2. 余弦定理

余弦定理 在任意三角形中，任何一边的平方等于其他两边的平方和，减去这两边与它们夹角的余弦乘积的 2 倍，即

$$
\begin{aligned}
a^2 &= b^2 + c^2 - 2bc\cos A \\
b^2 &= a^2 + c^2 - 2ac\cos B \\
c^2 &= a^2 + b^2 - 2ab\cos C
\end{aligned}
$$

余弦定理也是可以证明的，这里从略。利用余弦定理可以求三角形的未知元素，主要有以下两种情况：

1）已知两边及其夹角，求其他元素。

2）已知三边，求其他元素。

例9　如图4-42所示，在△ABC中，已知$\angle A = 41°$，$b = 60$，$c = 34$，求a、$\angle B$、$\angle C$。

解　（1）由余弦定理得

$a^2 = b^2 + c^2 - 2bc\cos A$

$= 60^2 + 34^2 - 2 \times 60 \times 34 \times \cos 41°$

$\approx 3600 + 1156 - 4080 \times 0.7547$

≈ 1677，

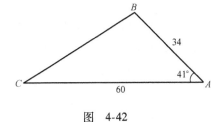

图　4-42

所以　$a \approx 41$。

（2）由正弦定理得

$$\sin C = \frac{c\sin A}{a} \approx \frac{34 \times \sin 41°}{41} \approx \frac{34 \times 0.6561}{41} \approx 0.5441，$$

所以　$\angle C \approx 32°58'$。

（3）因为$\angle A + \angle B + \angle C = 180°$，

所以　$\angle B = 180° - \angle A - \angle C \approx 180° - 41° - 32°58' = 106°2'$。

例10　如图4-43所示，在△ABC中，已知$a = 5$，$b = 7$，$c = 4$，求$\angle A$、$\angle B$、$\angle C$。

解　（1）因为$c^2 = a^2 + b^2 - 2ab\cos C$，

所以　$\cos C = \dfrac{a^2 + b^2 - c^2}{2ab}$

$= \dfrac{5^2 + 7^2 - 4^2}{2 \times 5 \times 7}$

≈ 0.8286，

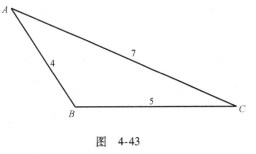

图　4-43

所以　$\angle C \approx 34°3'$。

（2）因为$a^2 = b^2 + c^2 - 2bc\cos A$，

所以　$\cos A = \dfrac{b^2 + c^2 - a^2}{2bc} = \dfrac{7^2 + 4^2 - 5^2}{2 \times 7 \times 4} \approx 0.7143$，

所以　$\angle A \approx 44°25'$。

（3）因为$\angle A + \angle B + \angle C = 180°$，

所以　$\angle B = 180° - \angle A - \angle C$

$\approx 180° - 44°25' - 34°3'$

$= 101°32'$。

3.　斜三角形的解法

由上面的例题我们可以知道，在斜三角形的六个元素中，若已知其中任意三个元素（其中至少有一条边），就可以求出其他未知元素。

解斜三角形的问题，按已知条件，可以分成以下几种类型与解法：

已知条件		一般解法
一边两角	两角和一边，如$\angle B$、$\angle C$和a	（1）利用$\angle A + \angle B + \angle C = 180°$，求$\angle A$ （2）应用正弦定理，求b、c

（续）

	已 知 条 件	一 般 解 法
两边一角	两边和夹角，如 a、b 和 $\angle C$	（1）应用余弦定理，求 c 边 （2）应用正弦定理，先求短边所对的角，再由 $\angle A + \angle B + \angle C = 180°$ 求另一角
	两边和其中一边的对角， 如 a、b 和 $\angle A$	（1）应用正弦定理，求 $\angle B$ （2）利用 $\angle A + \angle B + \angle C = 180°$，求 $\angle C$ （3）应用正弦定理，求边 c
三边	三条边 a、b、c	（1）应用余弦定理求出 $\angle A$、$\angle B$ （2）利用 $\angle A + \angle B + \angle C = 180°$，求 $\angle C$

4. 斜三角形解法的应用

例 11　如图 4-44 所示，在冲模板上加工三角形孔时，为了保证直线尺寸的精度，先在三角形孔中镗一个圆孔，使圆与三角形的三边相切，在圆孔内用硫化铜着色后，再加工三角孔。为此，在 $\triangle ABC$ 中，设 $AB = 180\text{mm}$，$BC = 150\text{mm}$，$AC = 130\text{mm}$，求内切圆的半径（精确到 0.01mm）。

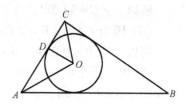

图　4-44

解　设 $\odot O$ 与 AC 相切于点 D，联结 OD，则 $OD \perp AC$。

再作辅助线 OA、OC，则 $\angle OAD = \dfrac{\angle A}{2}$，$\angle OCD = \dfrac{\angle C}{2}$。在 $\triangle ABC$ 中，由余弦定理得

$$\cos A = \frac{AB^2 + AC^2 - BC^2}{2 \cdot AB \cdot AC} = \frac{180^2 + 130^2 - 150^2}{2 \times 180 \times 130}$$

$$\approx 0.5726,$$

故　$\angle A \approx 55°4'$，$\dfrac{\angle A}{2} = 27°32'$；

在 $\triangle ABC$ 中，由余弦定理得

$$\cos C = \frac{AC^2 + BC^2 - AB^2}{2 \cdot AC \cdot BC} = \frac{130^2 + 150^2 - 180^2}{2 \times 130 \times 150} \approx 0.1795,$$

所以　$\angle C \approx 79°40'$，$\dfrac{\angle C}{2} = 39°50'$。

在 $\triangle AOC$ 中，

$$\angle AOC = 180° - \frac{\angle A}{2} - \frac{\angle C}{2} \approx 180° - 27°32' - 39°50' = 112°38',$$

由正弦定理得

$$\frac{OA}{\sin \dfrac{\angle C}{2}} = \frac{AC}{\sin \angle AOC}，\text{所以} \frac{OA}{\sin 39°50'} \approx \frac{130}{\sin 112°38'},$$

所以　$OA \approx \dfrac{130\text{mm} \times \sin 39°50'}{\sin 112°38'} \approx \dfrac{130\text{mm} \times 0.6405}{0.9230} \approx 90.21\text{mm}。$

所以，在 $\text{Rt}\triangle AOD$ 中，所求内切圆的半径

$$OD = OA \cdot \sin \frac{\angle A}{2} \approx 90.21\text{mm} \times \sin 27°32' \approx 90.21\text{mm} \times 0.4622 \approx 41.70\text{mm}。$$

例 12 如图 4-45 所示，加工 A、B、C 三孔时，镗好 A 孔，再顺次镗 B、C 孔，由于加工需要，必须先计算出 BD、BE 和 EC 的尺寸（精确到 0.1）。

解 在 Rt△ABD 中，已知 $AB=65$，$AD=30$，由勾股定理得

$$BD = \sqrt{65^2 - 30^2} = \sqrt{3325} \approx 57.7,$$

因为 $\sin\angle ABD = \dfrac{30}{65} \approx 0.4615,$

所以 $\angle ABD = 27°29'$。

在 △ABC 中，由余弦定理得

$$\cos\angle ABC = \frac{AB^2 + BC^2 - AC^2}{2 \cdot AB \cdot BC} = \frac{65^2 + 90^2 - 70^2}{2 \times 65 \times 90} \approx 0.6346,$$

所以 $\angle ABC = 50°36'$。

在 Rt△BCE 中，

因为 $\begin{aligned}\angle CBE &= 90° - (\angle ABD + \angle ABC)\\ &= 90° - (27°29' + 50°36')\\ &= 11°55'。\end{aligned}$

所以 $BE = 90° \times \cos 11°55' \approx 90 \times 0.9786 \approx 88.1,$

         $EC = 90° \times \sin 11°55' \approx 90 \times 0.2065 \approx 18.6。$

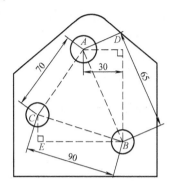

图   4-45

例 13 有一个零件的部分轮廓如图 4-46 所示，试根据图示尺寸计算 A 与 B、B 与 C 两点之间的水平距离和垂直距离（精确到 0.01）。

解法 1 如图 4-47a 所示，过点 A 作一条水平直线，交 BC 的延长线于点 D，分别过 B、C 两点作直线 AD 的垂线，交 AD 于 F、E 两点，再过点 C 作 BF 的垂线，交 BF 于点 G。

在 Rt△DCE 中，

因为 $\angle D = 20°$，$EC = FG = \dfrac{26-20}{2} = 3,$

所以 $DE = EC \cdot \cot 20° \approx 3 \times 2.747 \approx 8.242。$

在 △DAB 中，

因为 $\angle D = 20°$，$\angle A = 30°$，$AD = AE + DE = 36 + 8.242 = 44.242,$

所以 $\angle ABD = 180° - 20° - 30° = 130°,$

由正弦定理得 $\dfrac{AD}{\sin\angle ABD} = \dfrac{AB}{\sin\angle D}$，即 $\dfrac{44.242}{\sin 130°} = \dfrac{AB}{\sin 20°}$,

所以 $AB = \dfrac{44.242 \times \sin 20°}{\sin 130°} \approx \dfrac{44.242 \times 0.3420}{0.7660} \approx 19.754。$

在 Rt△ABF 中，

因为 $\angle A = 30°$，$AB = 19.754,$

所以 $AF = AB \cdot \cos 30° \approx 19.754 \times 0.8660 \approx 17.11,$

         $BF = AB \cdot \sin 30° \approx 19.754 \times 0.5 \approx 9.88,$

         $CG = EF = AE - AF \approx 36 - 17.11 \approx 18.89,$

         $BG = BF - FG \approx 9.88 - 3 \approx 6.88。$

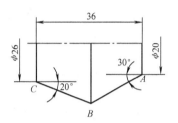

图   4-46

所以，A、B 两点间的水平距离约为 17.11，垂直距离约为 9.88；B、C 两点间的水平距离约为 18.89，垂直距离约为 6.88。

解法2 如图 4-47b 所示，过点 A 作水平直线 AE，过点 C 作垂直直线 CE，两条直线相交于点 E，过点 B 作 AE 的垂线，交 AE 于点 F，再过点 C 作 BF 的垂线，交 BF 于 G 点。联结 AC。

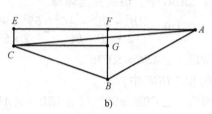

在 Rt△ACE 中，

因为 $AE=36$，$EC=FG=\dfrac{26-20}{2}=3$，

所以 $AC=\sqrt{AE^2+CE^2}=\sqrt{36^2+3^2}\approx 36.125$，

又因为 $\tan\angle CAE=\dfrac{CE}{AE}=\dfrac{3}{36}\approx 0.0833$，

所以 $\angle CAE\approx 4°46'$。

在△ABC 中，

因为 $\angle BAC\approx 30°-4°46'\approx 25°14'$，$\angle ACB\approx 20°+4°46'\approx 24°46'$，

所以 $\angle ABC=180°-25°14'-24°46'=130°$，

由正弦定理得 $\dfrac{AC}{\sin\angle ABC}=\dfrac{BC}{\sin\angle ABC}$，所以 $\dfrac{36.125}{\sin 130°}=\dfrac{BC}{\sin 25°14'}$，

所以 $BC=\dfrac{36.125\times\sin 25°14'}{\sin 130°}\approx\dfrac{36.125\times 0.4263}{0.7660}\approx 20.105$。

在 Rt△BCG 中，

因为 $\angle BCG=20°$，$BC=20.105$，

所以 $CG=BC\cdot\cos 20°\approx 20.105\times 0.9397\approx 18.89$，

$BG=BC\cdot\sin 20°\approx 20.105\times 0.3420\approx 6.88$，

$AF=AE-EF=AE-CG\approx 36-18.89\approx 17.11$，

$BF=BG+FG\approx 6.88+3\approx 9.88$。

图 4-47

所以，A、B 两点间的水平距离约为 17.11，垂直距离约为 9.88；B、C 两点间的水平距离约为 18.89，垂直距离约为 6.88。

例14 有一个零件的部分轮廓如图 4-48 所示，试根据图示尺寸计算 A 与 B、B 与 O、B 与 C、C 与 D 两点之间的水平距离和垂直距离（精确到 0.01）。

解 如图 4-49 所示，延长 DC 交过 A 点所作的水平直线 AH 于点 H，联结 OB、OC，过点 B 作 BE 垂直于 OC，交 OC 于点 E，再过点 B 作一水平直线 BF，过 A 点作一垂直直线 AF，两线相交于点 F，过点 O 作 OG 垂直于 BF，垂足为点 G。

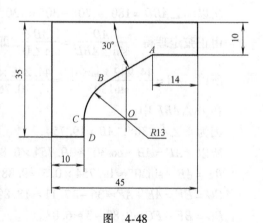

图 4-48

因为点 O 是 $\overset{\frown}{BC}$ 所在圆的圆心，直线 AB、CD 分别是 $\odot O$ 的切线，所以 $OB \perp AB$，$OC \perp DH$。根据图中各元素之间的关系，我们可以得到

$\angle HAB = \angle ABF = \angle BOG = 30°$。

在 Rt$\triangle BOG$ 中，

因为　$\angle BOG = 30°$，$OB = 13$，

所以　$BG = OB\sin 30° = 13 \times 0.5 = 6.5$；

$OG = OB\cos 30° = 13 \times 0.8660 \approx 11.26$。

在 Rt$\triangle ABF$ 中，

因为　$\angle ABF = 30°$，

$BF = (45 - 10 - 14) - (13 - 6.5) = 14.5$，

所以　$AF = BF \cdot \tan 30° = 14.5 \times 0.5774 \approx 8.37$。

因为　$BE = OG \approx 11.26$，

$CE = OC - OE = OC - BG = 13 - 6.5 = 6.5$；

$CD = 35 - 10 - AF - OG \approx 35 - 10 - 8.37 - 11.26$

≈ 5.37。

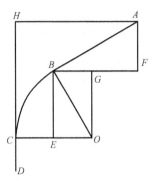

图　4-49

所以，A、B 两点之间的水平距离为 14.5，垂直距离为 8.37；B、O 两点之间的水平距离为 6.5，垂直距离为 11.26；B、C 两点之间的水平距离为 6.5，垂直距离为 11.26；C、D 两点之间的水平距离为 0，垂直距离为 5.37。

习题　4.8

1. 按下列条件，解直角三角形（边长保留两位小数，角度精确到 $1'$）：

（1）已知 $c = 300$，$\angle A = 36°52'$；

（2）已知 $a = 42$，$\angle B = 39°15'$；

（3）已知 $a = 12$，$c = 110$；

（4）已知 $a = 22.5$，$b = 12$。

2. 按下列条件，解斜三角形（边长保留两位小数，角度精确到 $1'$）：

（1）已知 $a = 2$，$b = 6$，$\angle B = 135°$；

（2）已知 $c = \sqrt{3}$，$\angle B = 60°$，$\angle A = 45°$；

（3）已知 $a = \sqrt{6}$，$b = 2$，$c = \sqrt{3} - 1$；

（4）已知 $a = 3$，$b = 2$，$\angle C = 60°$。

3. 如图 4-50 所示，有一工件的横截面为等腰梯形，因表面有伤需锉下 4mm，锉好后工件的表面长为多少（精确到 0.1mm）？

4. 如图 4-51 所示，燕尾槽的横断面是等腰梯形，其中燕尾角 B 是 55°，外口宽 AD 是 180mm，燕尾槽的深度是 70mm。求它的里口宽 BC（精确到 1mm）。

5. 在加工如图 4-52 所示的垫模时，需计算斜角 α，根据图示尺寸求 α。

6. 如图 4-53 所示，某机械零件上有 A、B 两孔，它们之间的距离 $AB = 75.0$mm，$\angle DAB = 36°52'$，求两孔的水平距离 AC 和垂直距离 BC（结果精确到 0.1mm）。

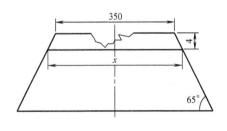

图　4-50

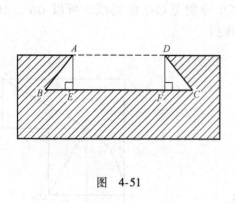

图 4-51

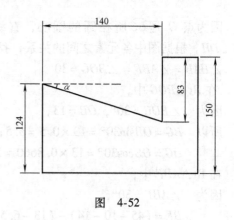

图 4-52

7. 在如图 4-54 所示厚度为 45mm 的铁板上，钻直径为 32mm 的通孔时，采用一种顶角为 118°的钻头，求钻头的钻削深度 L（精确到 0.1mm）。

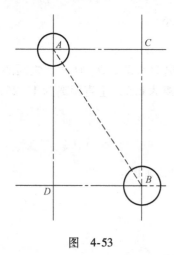

图 4-53

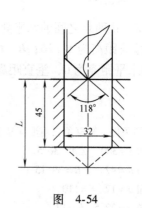

图 4-54

8. 如图 4-55 所示，$AC = 110$mm，$CB = 113$mm，求 AB。

9. 要加工如图 4-56 所示的手柄，已知 $R = 11.6$mm，$d = 13$mm，求 x 的值（精确到 0.1mm）。

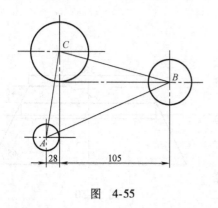

图 4-55

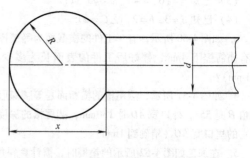

图 4-56

10. 某型号飞机的机翼形状如图 4-57 所示。根据图中的数据计算 AC、BD 和 AB 的长度（精确到

0.01m）。

11. 铣削一个正六边形的工件，具体尺寸如图 4-58 所示，试根据图示尺寸求 x 的值（精确到 0.1mm）。

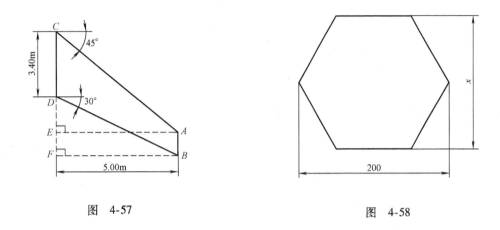

图 4-57　　　　　　　　　　　图 4-58

12. 如图 4-59 所示，有一样板，加工时需要知道尺寸 x，试根据图示尺寸，计算 x 和角 α 的值（角度精确到 1′）。

13. 加工如图 4-60 所示的零件时，需要知道尺寸 H，试根据图示尺寸求 H（精确到 0.01mm）。

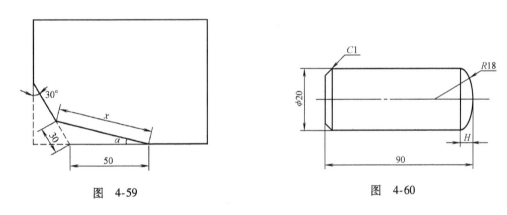

图 4-59　　　　　　　　　　　图 4-60

14. 有一零件如图 4-61 所示，试根据图示尺寸计算 x 的值（精确到 0.01mm）。

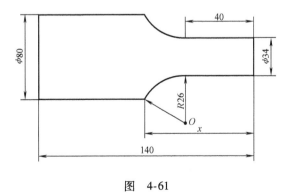

图 4-61

15. 如图 4-62 所示，有一圆锥孔零件，用 $D = 15$mm 的钢球测量，测得 $h = 6.3$mm；用 $d = 10$mm 的钢球

测量，测得 $H = 52.44$mm。求该零件的锥角 α（角度精确到 $1'$）。

16. 在钢板上要加工如图 4-63 所示的两个孔，加工完成后为了检查加工是否合格，需要测出 AB 弦的长度。试问，当弦 AB 为多长时，零件合格（精确到 0.01mm）。

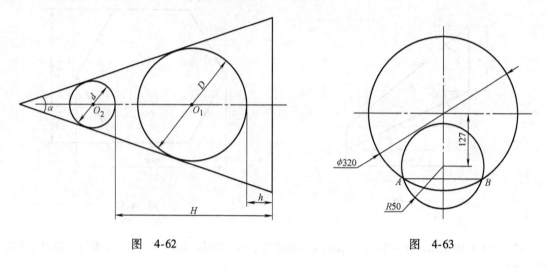

图　4-62　　　　　　　　　　　　　图　4-63

第五章　平面解析几何

第一节　坐标法的简单应用

在初中，我们用一个实数表示数轴上一个点的位置，用一对有序实数（即点的坐标）表示直角坐标平面内一个点的位置。这种用数表示点的位置的方法，叫做坐标法，也就是说，坐标法是借助坐标系来研究几何图形的一种方法。下面我们先利用坐标法来研究几个简单而又重要的问题。

一、数轴上有向线段的数量

规定了起点和终点（即规定了方向）的线段，叫做有向线段。在直角坐标平面上，如果平行于坐标轴的有向线段的方向与坐标轴的正方向一致，则规定这条有向线段的方向是正的，否则是负的。

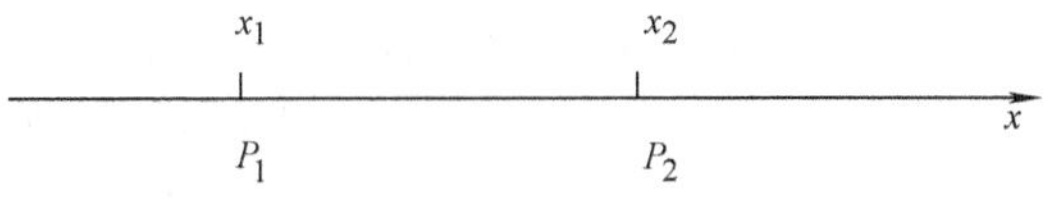

一条有向线段的长度，连同表示它的方向的正负号，叫做这条有向线段的数量。表示有向线段数量时，要把起点的字母写在前面，终点的字母写在后面。如图 5-1 所示，以

图 5-1

P_1 为起点、P_2 为终点的有向线段的数量记作 P_1P_2，它的长度记作 $|P_1P_2|$。显然，$|P_1P_2| = |P_2P_1|$，但是 $P_1P_2 = -P_2P_1$。

在图 5-1 所示的数轴上，设点 P_1 的坐标为 x_1、点 P_2 的坐标为 x_2，根据数轴上点的坐标的定义和有向线段的数量的定义，可以证明（具体从略）这条有向线段的数量 P_1P_2 等于 $x_2 - x_1$，即

$$P_1P_2 = x_2 - x_1$$

由此公式得数轴上两点 P_1 与 P_2 的距离

$$|P_1P_2| = |x_2 - x_1|$$

例1　设数轴上点 P_1 的坐标为 3、点 P_2 的坐标为 -4，求有向线段的数量 P_1P_2 和它的长度 $|P_1P_2|$。

解　所求数量为

$$P_1P_2 = x_2 - x_1 = -4 - 3 = -7;$$

所求长度为

$$|P_1P_2| = |x_2 - x_1| = |-7| = 7。$$

二、两点间的距离公式

如图 5-2 所示，设 $P_1(x_1, y_1)$ 和 $P_2(x_2, y_2)$ 是直角坐标平面上的两个已知点，过点 P_1、P_2 分别作 x 轴、y 轴的平行线相交于点 Q，则点 Q 的坐标为 (x_2, y_1)。

在 $\text{Rt}\triangle P_1QP_2$ 中，

$$|P_1P_2|^2 = |P_1Q|^2 + |QP_2|^2,$$

因为　$|P_1Q|^2 = |x_2 - x_1|^2 = (x_2 - x_1)^2,$

　　　$|QP_2|^2 = |y_2 - y_1|^2 = (y_2 - y_1)^2,$

所以　$|P_1P_2|^2 = (x_2 - x_1)^2 + (y_2 - y_1)^2$。

由此就可以得到 $P_1(x_1, y_1)$ 和 $P_2(x_2, y_2)$ 两点间的距离公式

$$\boxed{|P_1P_2| = \sqrt{(x_2 - x_1)^2 + (y_2 - y_1)^2}}$$

特别地，直角坐标平面上任意一点 $P(x, y)$ 到原点 $O(0, 0)$ 的距离为

$$\boxed{|OP| = \sqrt{x^2 + y^2}}$$

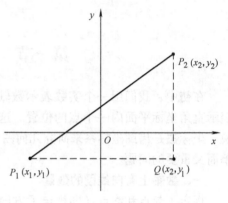

图 5-2

例 2　求 $P_1(-3, 0)$、$P_2(1, -3)$ 两点的距离。

解　这里 $x_1 = -3$，$y_1 = 0$；$x_2 = 1$，$y_2 = -3$。代入两点间的距离公式，得

$$|P_1P_2| = \sqrt{[1 - (-3)]^2 + (-3 - 0)^2} = 5。$$

例 3　冲制如图 5-3 所示的零件时，需要知道三个孔的中心距。已知三个孔的中心坐标是：$A(-2, 4)$，$B(4, 0)$，$C(-5, 0)$，求三个孔的中心距。

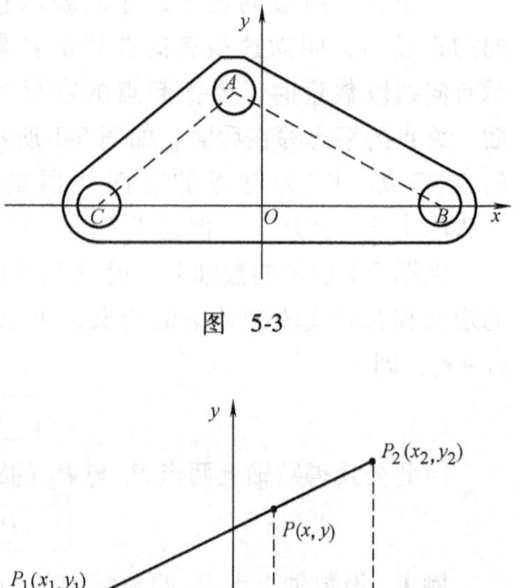

解　由两点间的距离公式得

$$|BA| = \sqrt{(-2 - 4)^2 + (4 - 0)^2} = 2\sqrt{13};$$

$$|CA| = \sqrt{(-2 + 5)^2 + (4 - 0)^2} = \sqrt{25} = 5$$

显然，$|CB| = |4 - (-5)| = 9$。

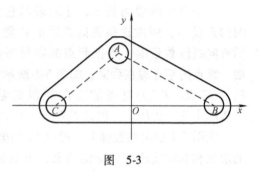

图 5-3

三、线段的定比分点

如图 5-4 所示，设点 P 在有向线段 P_1P_2 上，并把 P_1P_2 分成两条有向线段 P_1P 和 PP_2。如果 P_1P 和 PP_2 的数量比恰好等于已知的比值 λ，即 $\dfrac{P_1P}{PP_2} = \lambda$，则点 P 叫做按已知比 λ 分割有向线段 P_1P_2 的定比分点。

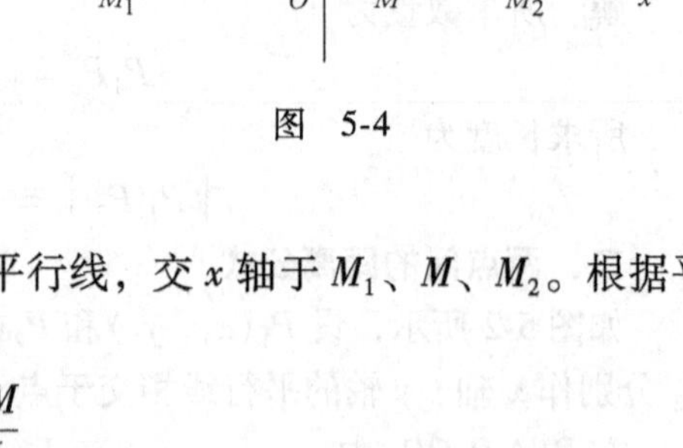

设点 P_1 的坐标为 (x_1, y_1)，点 P_2 的坐标为 (x_2, y_2)，点 P 分有向线段 P_1P_2 所成的定比 $\lambda > 0$，下面求分点 P 的坐标 (x, y)。

如图 5-4 所示，过点 P_1、P、P_2 分别作 y 轴的平行线，交 x 轴于 M_1、M、M_2。根据平行线分线段成比例定理，得

$$\lambda = \frac{P_1P}{PP_2} = \frac{M_1M}{MM_2}$$

图 5-4

因为　$M_1M = x - x_1$，$MM_2 = x_2 - x$，

所以　$\lambda = \dfrac{x - x_1}{x_2 - x}$，

解这个关于 x 的方程，得 $x = \dfrac{x_1 + \lambda x_2}{1 + \lambda}$。

同理，过点 P_1、P、P_2 分别作 x 轴的平行线，可得 $y = \dfrac{y_1 + \lambda y_2}{1 + \lambda}$。

由此可得，按已知比 λ 分有向线段 P_1P_2 的定比分点 P 的坐标公式

$$\boxed{\; x = \frac{x_1 + \lambda x_2}{1 + \lambda}, \; y = \frac{y_1 + \lambda y_2}{1 + \lambda} \;}$$

当 $\lambda = 1$ 时，P 是有向线段 P_1P_2 的中点，由上述公式可得有向线段 P_1P_2 的中点坐标公式

$$\boxed{\; x = \frac{x_1 + x_2}{2}, \; y = \frac{y_1 + y_2}{2} \;}$$

例4　已知两点 $P_1(3, 2)$、$P_2(-1, 5)$，求：

（1）将有向线段 P_1P_2 分成 $2:3$ 两段的分点 P 的坐标；

（2）有向线段 P_1P_2 的中点 Q 的坐标。

解　（1）因为　$x_1 = 3$，$y_1 = 2$，$x_2 = -1$，$y_2 = 5$，$\lambda = \dfrac{2}{3}$，

故　　　　　$x = \dfrac{3 + \dfrac{2}{3} \times (-1)}{1 + \dfrac{2}{3}} = \dfrac{7}{5}$，$y = \dfrac{2 + \dfrac{2}{3} \times 5}{1 + \dfrac{2}{3}} = \dfrac{16}{5}$，

所以，$P\left(\dfrac{7}{5}, \dfrac{16}{5}\right)$ 为所求分点。

（2）由中点坐标公式得

$$x = \frac{3 + (-1)}{2} = 1, \; y = \frac{2 + 5}{2} = \frac{7}{2},$$

所以 $Q\left(1, \dfrac{7}{2}\right)$ 为所求中点。

例5　已知匀质细棒 AB 的中点坐标为 $(5, 1)$，端点 A 的坐标为 $(-1, -3)$，求端点 B 的坐标。

解　设端点 B 的坐标为 (x, y)，则由中点坐标公式得

$$5 = \frac{-1 + x}{2}, \; 1 = \frac{-3 + y}{2},$$

解得　　　　　　　　　　　$x = 11$，$y = 5$。

所以 $B(11, 5)$ 为所求端点。

习题　5.1

1. 已知 A、B、C、D 为数轴上的点，它们的坐标分别为 -5、$+8$、-2、$+4$。求有向线段 AB、BC、

CD、*DA* 的数量和长度。

2. 求下列各题中两点间的距离：

(1) $P_1(1, 0)$ 和 $P_2(-2, 0)$；

(2) $P_1(0, -2)$ 和 $P_2(0, 4)$；

(3) $A(-2,0)$ 和 $B(-6, 3)$；

(4) $A(2, -5)$ 和 $B(2,3)$；

(5) $O(0, 0)$ 和 $P(3, -3)$；

(6) $M(-7, 6)$ 和 $N(-1,-2)$。

3. 已知某零件的一个面上有三个孔，孔的中心坐标分别为：$A(-10, 30)$、$B(-2, 3)$、$C(0, -1)$。求三个孔的中心距。

4. 如图5-5所示，选择适当的坐标系，计算每两个孔中心的距离。

5. 求联结下列两点的有向线段的中点坐标：

(1) $P_1(-4, 1)$、$P_2(2, 6)$；

(2) $P_1\left(-\dfrac{3}{8}, \dfrac{1}{4}\right)$、$P_2\left(-\dfrac{1}{2}, \dfrac{1}{4}\right)$。

6. 设有向线段 P_1P_2 的端点坐标及点 P 分有向线段 P_1P_2 所成的定比 λ 取值如下，求分点 P 的坐标：

(1) $P_1(4, -3)$、$P_2(-2, 6)$，$\lambda = 2$；

(2) $P_1(-4, 1)$、$P_2(5, 4)$，$\lambda = \dfrac{3}{2}$。

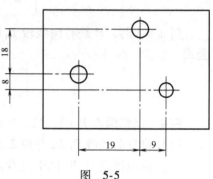

图　5-5

第二节　直线与方程

一、直线方程的概念

1. 直线的方程

在初中时我们知道，一次函数 $y = kx + b\,(k \neq 0)$ 在直角坐标系中的图像是一条直线。例如，$y = 2x + 1$ 的图像是经过两个点 $P_1(0, 1)$、$P_2(1, 3)$ 的一条直线，如图5-6所示。

我们还注意到，一次函数 $y = 2x + 1$（即二元一次方程 $2x - y + 1 = 0$）与图5-6所示的直线 l 具有下述对应关系：

1）直线 l 上每个点的坐标(x, y)，都是方程 $2x - y + 1 = 0$ 的解。

2）以方程 $2x - y + 1 = 0$ 的解为坐标的点，都在直线 l 上。

这样，我们就把方程 $2x - y + 1 = 0$ 叫做直线 l 的方程，而把直线 l 叫做方程 $2x - y + 1 = 0$ 的直线。

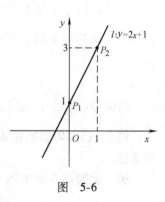

图　5-6

一般地，如果一条直线上每个点的坐标都是某个方程的解；反之，以这个方程的解为坐标的点都在这条直线上，那么这个方程就叫做这条直线的方程，这条直线也就叫做这个方程的直线。

在平面直角坐标系中研究直线时，就是利用直线与方程的这种关系（方程的解与直线上的点是一一对应的），建立直线的方程，并利用方程来研究直线及其有关问题。

2. 直线的倾斜角和斜率

设直线与 x 轴相交。如果把 x 轴绕着交点按逆时针方向旋转到与直线重合时所转过的最小正角记作 α，则称 α 是直线的倾斜角。如图 5-7 所示，α 是直线 l 的倾斜角。当直线 l 与 x 轴平行或重合时，我们规定 l 的倾斜角 $\alpha = 0°$。因此，直线的倾斜角的取值范围是 $0° \leqslant \alpha < 180°$。

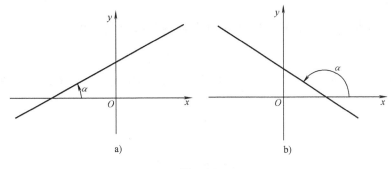

图　5-7

倾斜角不是 90° 的直线，它的倾斜角的正切值叫做这条直线的斜率，记作 k，即

$$k = \tan\alpha$$

倾斜角是 90° 的直线没有斜率；倾斜角不是 90° 的直线都有确定的斜率。如图 5-7a 所示，当 α 是锐角时，斜率 $k = \tan\alpha > 0$；如图 5-7b 所示，当 α 是钝角时，斜率 $k = \tan\alpha < 0$。这样，利用斜率就可以刻画出直线对于 x 轴的倾斜程度。

设直线 l 经过两个已知点 $P_1(x_1, y_1)$、$P_2(x_2, y_2)$，并设直线 l 的倾斜角 $\alpha \neq 90°$（即 $x_2 \neq x_1$），下面求直线的斜率 k。

如图 5-8 所示，当直线 l 的倾斜角 α 为锐角时，过 P_1、P_2 作 x 轴的垂线 P_1M_1、P_2M_2，并作 $P_1Q \perp P_2M_2$；再过 P_1、P_2 作 y 轴的垂线 P_1N_1、P_2N_2。

因为　$\angle QP_1P_2 = \alpha$，

所以　$k = \tan\alpha = \dfrac{|QP_2|}{|P_1Q|} = \dfrac{N_1N_2}{M_1M_2} = \dfrac{y_2 - y_1}{x_2 - x_1}$。

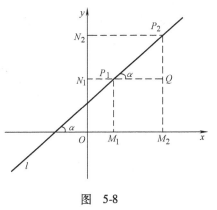

当直线 l 的倾斜角 α 为钝角时，可以求得同样的结果。

由此得到，经过两个已知点 $P_1(x_1, y_1)$、$P_2(x_2, y_2)$ 的直线的斜率公式

图　5-8

$$k = \frac{y_2 - y_1}{x_2 - x_1}$$

例1　已知两个点 $A(-2, 0)$、$B(-5, 3)$ 在直线 l 上，求直线 l 的斜率 k 和倾斜角 α。

解　因为　$x_1 = -2$，$y_1 = 0$，$x_2 = -5$，$y_2 = 3$，

所以，由斜率公式得　$k = \dfrac{y_2 - y_1}{x_2 - x_1} = \dfrac{3 - 0}{-5 - (-2)} = -1$，

即 $\tan\alpha = -1$。

又因为 $0° \leqslant \alpha < 180°$,

所以 $\alpha = 135°$。

二、直线方程的几种形式

根据已知条件求直线方程,经常利用下列几种形式。

1. 点斜式

若直线 l 经过点 $P_0(x_0, y_0)$,且 l 的斜率为 k,则直线 l 的方程为

$$\boxed{y - y_0 = k(x - x_0)}$$

证明 如图 5-9 所示,设 $P(x, y)$ 是直线 l 上异于 $P_0(x_0, y_0)$ 的任意一点,由斜率公式知

$$k = \frac{y - y_0}{x - x_0},$$

即 $y - y_0 = k(x - x_0)$。

上式是由直线上一个已知点和直线的斜率确定的,所以称之为直线的点斜式方程（简称点斜式）。

例2 求经过点 $(-\sqrt{3}, 3)$ 且倾斜角为 $\frac{\pi}{6}$ 的直线的方程。

解 因为直线过点 $(-\sqrt{3}, 3)$,斜率 $k = \tan\frac{\pi}{6} = \frac{\sqrt{3}}{3}$,

所以,代入点斜式,得 $y - 3 = \frac{\sqrt{3}}{3}(x + \sqrt{3})$,

即 $\sqrt{3}x - 3y + 12 = 0$。

例3 如图 5-10 所示,求经过点 $B(0, b)$ 且与 x 轴平行的直线 l 的方程。

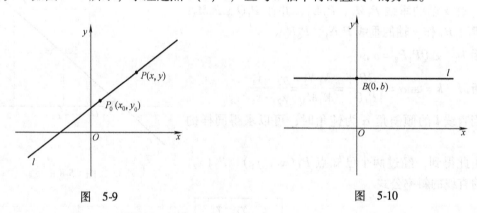

图 5-9 　　　　　　　　图 5-10

解 由于 l 平行于 x 轴,所以倾斜角 $\alpha = 0$,于是斜率 $k = \tan\alpha = 0$;又因为点 $B(0, b)$ 在直线 l 上,所以由点斜式得

$$y - b = 0 \times (x - 0),$$

即 $y = b$。

特别地,$b = 0$ 时,得 x 轴的方程为 $y = 0$。

注意：如图 5-11 所示，当直线 l 与 y 轴平行时，它的倾斜角 $\alpha = 90°$，因为斜率 k 不存在，所以直线 l 的方程不能用点斜式表示。但因为直线 l 上每个点的横坐标都等于 a，所以它的方程为 $x = a$。

特别地，$a = 0$ 时，得 y 轴的方程为 $x = 0$。

如果某一条直线 l 与 x 轴交于点 $A(a, 0)$、与 y 轴交于点 $B(0, b)$，则 a 和 b 分别叫做直线 l 的横截距和纵截距。

2. 斜截式

若直线 l 的斜率为 k，纵截距为 b，则直线 l 的方程为

$$\boxed{y = kx + b}$$

证明　由于直线 l 的斜率为 k，点 $B(0, b)$ 在直线 l 上，所以由点斜式得

$$y - b = k(x - 0),$$

即

$$y = kx + b。$$

上式是由直线的斜率和纵截距确定的，所以称之为直线的斜截式方程（简称斜截式）。

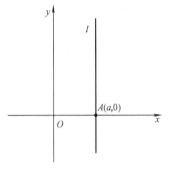

图　5-11

3. 两点式

若直线 l 经过两点 $P_1(x_1, y_1)$、$P_2(x_2, y_2)$ $(x_2 \neq x_1, y_2 \neq y_1)$，则直线 l 的方程为

$$\boxed{\frac{y - y_1}{y_2 - y_1} = \frac{x - x_1}{x_2 - x_1}}$$

证明　由于直线 l 经过点 $P_1(x_1, y_1)$ 和 $P_2(x_2, y_2)$，且 $x_2 \neq x_1$，所以由斜率公式得

$$k = \frac{y_2 - y_1}{x_2 - x_1}。$$

又因为点 $P_1(x_1, y_1)$ 在直线 l 上，所以由点斜式得

$$y - y_1 = \frac{y_2 - y_1}{x_2 - x_1}(x - x_1)。$$

由于 $y_2 \neq y_1$，所以此式可以写成

$$\frac{y - y_1}{y_2 - y_1} = \frac{x - x_1}{x_2 - x_1}。$$

上式是由直线上两个点确定的，所以称之为直线的两点式方程（简称两点式）。

4. 截距式

若直线 l 的横截距 $a \neq 0$，纵截距 $b \neq 0$，则直线 l 的方程为

$$\boxed{\frac{x}{a} + \frac{y}{b} = 1}$$

证明　由已知条件知，直线 l 经过点 $A(a, 0)$ 和 $B(0, b)$，所以由两点式得

$$\frac{y - 0}{b - 0} = \frac{x - a}{0 - a},$$

即

$$\frac{x}{a} + \frac{y}{b} = 1。$$

上式是由直线的两个截距确定的，所以称之为直线的截距式方程（简称截距式）。显

然，根据截距式画直线最为方便。

5. 一般式

直角坐标平面上的所有直线可以分成这样的两类：与 y 轴平行的和与 y 轴不平行的。

对于与 y 轴不平行的直线，由于它有确定的斜率，所以其方程总可以写成斜截式 $y = kx + b$ 的形式，即 $kx - y + b = 0$，这是一个二元一次方程；对于与 y 轴平行的直线，虽然其斜率不存在，但我们已知它的方程为 $x - a = 0$，即 $x + 0 \cdot y - a = 0$，这也可以看作是一个二元一次方程。

因此，我们可以得到这样的结论：直角坐标平面上任何直线的方程都是二元一次方程。

反之，任何二元一次方程在直角坐标平面上的图像是不是直线呢？下面我们来讨论这个问题。

关于 x、y 的二元一次方程的一般形式是

$$Ax + By + C = 0,$$

其中 A、B 不同时为零。下面分 $B \neq 0$ 和 $B = 0$ 两种情况进行研究。

（1）若 $B \neq 0$，则 $Ax + By + C = 0$ 可以化为

$$y = -\frac{A}{B}x - \frac{C}{B},$$

这是直线的斜截式方程，它表示斜率 $k = -\dfrac{A}{B}$、纵截距 $b = -\dfrac{C}{B}$ 的一条直线。

（2）若 $B = 0$，则必有 $A \neq 0$，此时 $Ax + By + C = 0$ 可以化为

$$x = -\frac{C}{A},$$

它表示横截距 $a = -\dfrac{C}{A}$ 且与 y 轴平行或重合的一条直线。

综合（1）和（2）的研究，我们又可以得到这样的结论：任何二元一次方程在直角坐标平面上的图像都是直线。

正由于直线与二元一次方程之间具有上述对应关系，所以我们把二元一次方程

$$\boxed{Ax + By + C = 0}$$

（其中 A、B 不同时为零）称为直线的一般式方程（简称一般式）。

今后我们把"方程 $Ax + By + C = 0$"与"直线 $Ax + By + C = 0$"这两种说法不加区别。有时也把一次方程称为线性方程。

由于线性方程中的未知数的最高次数为一次，因此线性方程又称为线性函数。由上边的讨论可以看到，几种形式的直线方程都是线性函数。

例4 已知市场上某种商品的需求量 D 千件和它的单价 P 千元之间的关系可以近似地看成是线性函数关系。又知这种商品每千件 8 千元时的需求量为 5 千件，每千件 7 千元时需求量为 6.5 千件。试确定这种商品的需求量与单价之间的关系。

解 因为已知需求量与单价之间的关系是线性函数关系，

所以，由两点式得

$$\frac{D-5}{6.5-5} = \frac{P-8}{7-8}$$

化简整理，得所求的关系为

$$2D + 3P - 34 = 0。$$

例5　把直线 l 的方程 $4x + 3y - 12 = 0$ 化成斜截式，求出直线 l 的斜率和两个截距，并画出直线 l。

解　将原方程移项，得　　　　　　　　$3y = -4x + 12，$

等式两边各项同除以 3，得斜截式为

$$y = -\frac{4}{3}x + 4。$$

由此即知，直线 l 的斜率 $k = -\frac{4}{3}$，纵截距 $b = 4$。在上面的方程中令 $y = 0$，得 $x = 3$，即直线 l 的横截距 $a = 3$。

由上面已求得的两个截距知，点 $A(3, 0)$、$B(0, 4)$ 在直线 l 上，于是过 A、B 两点画直线即为所求，如图 5-12 所示。

三、两条直线的位置关系

1. 两条直线平行

设直线 l_1 和 l_2 的倾斜角分别为 α_1 和 α_2，斜率分别为 k_1 和 k_2，纵截距分别为 b_1 和 b_2，则它们的方程分别为

$$l_1: y = k_1 x + b_1，$$
$$l_2: y = k_2 x + b_2。$$

如图 5-13 所示，如果 $l_1 /\!/ l_2$，则 $\alpha_1 = \alpha_2$，于是 $\tan\alpha_1 = \tan\alpha_2$，即 $k_1 = k_2$；反之，如果 $k_1 = k_2$，即 $\tan\alpha_1 = \tan\alpha_2$，因为 $0 \leqslant \alpha_1 < \pi$，$0 \leqslant \alpha_2 < \pi$，所以 $\alpha_1 = \alpha_2$，于是 $l_1 /\!/ l_2$。

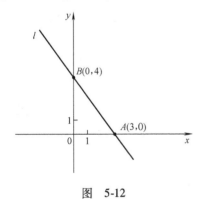

图　5-12

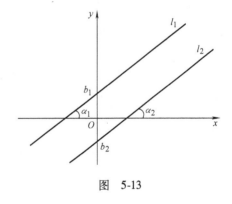

图　5-13

这也就是说，**对于两条有斜率且不重合的直线，如果它们平行，则斜率相等；反之，如果它们的斜率相等，则它们平行。** 即

$$\boxed{l_1 /\!/ l_2 \Leftrightarrow k_1 = k_2}$$

例6　求经过点 $(-2, 3)$ 且与直线 $3x - 5y + 6 = 0$ 平行的直线方程。

解　已知直线的斜率　$k_1 = -\dfrac{A}{B} = \dfrac{3}{5}$。

因为，所求直线与已知直线平行，

所以，所求直线的斜率 $k_2 = \dfrac{3}{5}$。

又因为所求直线经过点(-2，3)，

所以，由点斜式得所求直线的方程为

$$y - 3 = \frac{3}{5}(x + 2),$$

即 $\qquad 3x - 5y + 21 = 0$。

2. 两条直线垂直

设两条直线 l_1 和 l_2 分别有下列的斜截式方程

$$l_1 : y = k_1 x + b_1,$$
$$l_2 : y = k_2 x + b_2。$$

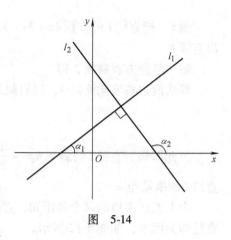

图 5-14

如图 5-14 所示，对于两条都有斜率的直线：如果它们互相垂直，则它们的斜率互为负倒数；反之，如果它们的斜率互为负倒数，则它们互相垂直（证明从略）。

即

$$\boxed{l_1 \perp l_2 \Leftrightarrow k_1 k_2 = -1}$$

例7 图 5-15 是一个零件图样的一部分，$\overset{\frown}{DB}$ 是圆心在点 O 的圆弧，直线段 AB 与 $\overset{\frown}{DB}$ 相切于点 $B(3，4)$，$OC \perp OD$，OC 与 AB 交于点 C。求圆弧的圆心 O 到点 C 的距离。

分析 在图 5-15 所示的坐标系中，求线段 OC 的长就是求直线 AB 的纵截距，所以只要写出直线 AB 的方程即可。

解 因为点 B 的坐标是$(3，4)$，

所以，直线 OB 的斜率 $k_{OB} = \frac{4}{3}$。

因为直线段 AB 与 $\overset{\frown}{DB}$ 相切于点 B，即 $AB \perp OB$，

所以，直线 AB 的斜率 $k_{AB} = -\frac{3}{4}$。

因为点 $B(3，4)$ 在直线 AB 上，

所以，由点斜式得直线 AB 的方程为

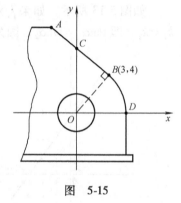

图 5-15

$$y - 4 = -\frac{3}{4}(x - 3),$$

化为斜截式，得 $\qquad y = -\frac{3}{4}x + \frac{25}{4}$。

所以，所求距离 $|OC| = \frac{25}{4}$。

3. 两条直线相交

（1）两条直线的夹角 如图 5-16 所示，两条直线 l_1 与 l_2 相交成四个角，它们是两对对顶角。为了区别，我们把两条直线相交（但不垂直）成的锐角，叫做这两条直线的夹角。

两条直线夹角的计算公式（证明从略）是

$$\boxed{\tan\varphi = \left| \frac{k_2 - k_1}{1 + k_2 k_1} \right|}$$

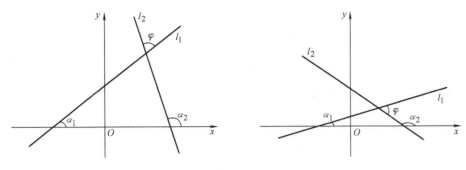

图 5-16

当直线 $l_1 \perp l_2$ 时，则说 l_1 与 l_2 的夹角是 $90°$。

例 8 已知两条直线 $l_1: x - 2y - 10 = 0$，$l_2: 3x - y + 2 = 0$，求 l_1 与 l_2 的夹角 φ。

解 由两条已知直线的方程得 $k_1 = -\dfrac{A_1}{B_1} = -\dfrac{1}{-2} = \dfrac{1}{2}$，$k_2 = -\dfrac{A_2}{B_2} = -\dfrac{3}{-1} = 3$。

因为 $\tan\varphi = \left| \dfrac{k_2 - k_1}{1 + k_2 \cdot k_1} \right| = \left| \dfrac{3 - \dfrac{1}{2}}{1 + 3 \times \dfrac{1}{2}} \right| = 1$，

所以，l_1 与 l_2 的夹角 $\varphi = 45°$。

（2）两条直线的交点　设两条直线的方程分别为

$$l_1: A_1 x + B_1 y + C_1 = 0,$$
$$l_2: A_2 x + B_2 y + C_2 = 0。$$

如果 l_1 与 l_2 相交，因为交点同时在 l_1 和 l_2 上，所以交点的坐标必定是这两个方程的唯一公共解；反之，如果这两个二元一次方程有唯一的公共解，则以这个解为坐标的点必定是 l_1 和 l_2 的交点。因此，两条直线是否有交点，只要看由这两条直线的方程构成的方程组是否有唯一解即可。

例 9 已知两条直线 $l_1: x - y - 3 = 0$，$l_2: 2x + y + 5 = 0$，求 l_1 与 l_2 的交点。

解 解方程组

$$\begin{cases} x - y - 3 = 0 \\ 2x + y + 5 = 0 \end{cases}$$

得

$$\begin{cases} x = -\dfrac{2}{3} \\ y = -\dfrac{11}{3} \end{cases}$$

所以，l_1 和 l_2 的交点为 $\left(-\dfrac{2}{3}, \ -\dfrac{11}{3} \right)$。

4. 点到直线的距离

如果点 $P_0(x_0, y_0)$ 在直线 $l: Ax + By + C = 0$ 外，则可以证明（具体从略）点 P_0 到直线 l 的距离为

$$d = \frac{|Ax_0 + By_0 + C|}{\sqrt{A^2 + B^2}}$$

例 10 一个需要磨削加工的零件尺寸如图 5-17 所示，磨削加工的过程中需要知道点 O 到直线 MN 的距离，试求出这个距离。

解 在图 5-17 所示的坐标系中，设点 M 的坐标为 (x_1, y_1)，则 $x_1 = -19.58$，$y_1 = 16.82 - 5.82 = 11$。

因为直线 MN 的倾斜角

$$\alpha = 180° - 57°27',$$

所以 $k_{MN} = \tan(180° - 57°27')$

$$= -\tan 57°27'$$

$$\approx -1.5667。$$

由点斜式得直线 MN 的方程

$$y - 11 = -1.5667(x + 19.58),$$

即 $1.5667x + y + 19.676 = 0$。

由点到直线的距离公式得所求距离

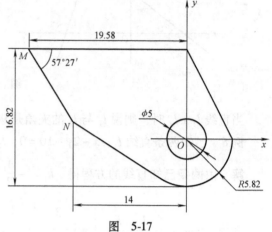

图 5-17

$$d = \frac{|1.5667 \times 0 + 1 \times 0 + 19.676|}{\sqrt{1.5667^2 + 1^2}} \approx 10.59。$$

例 11 有一个零件的部分轮廓如图 5-18a 所示，建立适当的平面直角坐标系，根据图示尺寸计算 B 点的坐标（精确到 0.01mm）。

解 建立如图 5-18b 所示的平面直角坐标系，以点 C 作为坐标原点 O。由直线方程的点斜式分别可以得到直线 OB 即 l_1、直线 AB 即 l_2 的方程。

因为直线 l_1 的斜率 $k_1 = \tan(180° - 20°) = -0.364$，

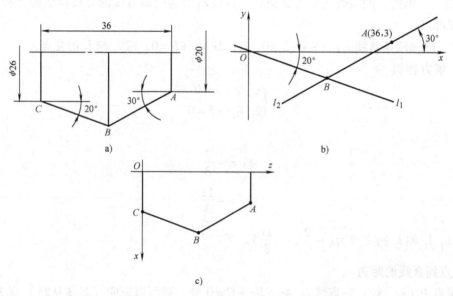

图 5-18

所以，直线 l_1 的方程为　　　　$y - 0 = -0.364(x - 0)$，

即　　　　　　　　　　　　$0.364x + y = 0$；

又因为直线 l_2 的斜率　$k_2 = \tan 30° = 0.577$，

所以，直线 l_2 的方程为　$y - 3 = 0.577(x - 36)$，

即　　　　　　　　　　　$0.577x - y - 17.785 = 0$；

因为 B 点是直线 l_1 和 l_2 的交点，

所以，解方程组

$$\begin{cases} 0.364x + y = 0 \\ 0.577x - y - 17.785 = 0 \end{cases}$$

得　　　　　$\begin{cases} x = 18.90 \\ y = -6.88 \end{cases}$

所以点 B 的坐标为 $(18.90, -6.88)$。

由第一章的内容可知，在数控加工时，若建立以左端面旋转中心点为坐标原点的工件坐标系，则数控基点坐标图如图 5-18c 所示，基点 A、B、C 的坐标见下表：

	A	B	C
x（半径值）	10	19.88	13
（直径值）	20	39.76	26
z	36	18.90	0

习题　5.2

1. 已知直线 l 的方程为 $2x - y + 1 = 0$（图 5-6），求：

(1) l 上纵坐标 $y = \dfrac{3}{2}$ 的点的坐标；

(2) l 与 x 轴的交点的坐标；

(3) 点 $P(-1, 1)$ 和点 $M(1, 2)$ 是否在 l 上？

2. 已知直线的倾斜角 α，讨论其斜率：

(1) $\alpha = 0$；　　　　　(2) $0 < \alpha < \dfrac{\pi}{2}$；　　　　(3) $\alpha = \dfrac{\pi}{2}$；　　　　(4) $\dfrac{\pi}{2} < \alpha < \pi$。

3. 求经过下列两点的直线的斜率和倾斜角：

(1) $A(0, 0)$、$B(1, \sqrt{3})$；　　　　　　　　(2) $C(-2, 3)$、$D(3, -4)$；

(3) $E(-\sqrt{3}, \sqrt{2})$、$F(-\sqrt{2}, \sqrt{3})$。

4. 求下列直线的点斜式方程：

(1) 经过点 $A(-2, -3)$，斜率是 $\dfrac{4}{3}$；　　　　(2) 经过点 $B(-3, 5)$，倾斜角是 $120°$。

5. 求下列直线的斜截式方程：

(1) 斜率是 $\dfrac{\sqrt{3}}{2}$，纵截距是 -2；　　　　(2) 倾斜角是 $135°$，纵截距是 3。

6. 求经过下列两点的直线的两点式方程，并化成斜截式：

(1) $A(3, -2)$、$B(1, -4)$；　　　　　　　(2) $C(0, 5)$、$D(5, 0)$；

(3) $P(-4, -5)$、$Q(0, 0)$。

7. 求下列直线的截距式方程，并根据截距式画出直线：

(1) 横截距是 -2，纵截距是 3；　　　　　　(2) 横截距是 4，纵截距是 -3；

(3) 横截距和纵截距都是 $-\dfrac{1}{2}$。

8. 求下列直线的斜率和纵截距，并画出直线：

(1) $3x + y - 5 = 0$；　　(2) $\dfrac{x}{2} - \dfrac{y}{3} = 1$　　(3) $x + 3y = 0$；　　　　(4) $5x - 4y + 6 = 0$。

9. 当 m 为何值时，下列两条直线平行：

(1) $mx - 5y = 9$，$2x - 3y = 15$；　　　　　(2) $x + 2my - 1 = 0$，$(3m - 1)\,x - my - 2 = 0$；

(3) $2x + 3y - m = 0$，$4x + 6y = 3$。

10. 当 n 为何值时，下列两条直线垂直：

(1) $4nx + y - 1 = 0$，$(1 - n)\,x + y + 1 = 0$；　　(2) $2x + (n + 1)\,y = 2$，$nx + 2y - 1 = 0$。

11. 求过点 $(-1, 2)$ 且与 $x - 2y - 8 = 0$ 平行的直线方程。

12. 求过点 $(2, 1)$ 且与 $x - 2y - 8 = 0$ 垂直的直线方程。

13. 求下列两条直线的夹角：

(1) $x + y - 5 = 0$ 与 $2x + 3y + 1 = 0$；　　(2) $4x + 3y - 1 = 0$ 与 $y = x$；

(3) $x - y - 5 = 0$ 与 $x = 4$。

14. 求下列两条直线的交点，并画图：

(1) $3x + 4y - 2 = 0$ 与 $2x + y + 2 = 0$；　　(2) $2x + 3y = 12$ 与 $x - 2y = 4$。

15. 求下列点到直线的距离：

(1) $(0, 0)$，$3x + 2y - 26 = 0$；　　　　(2) $(-2, 3)$，$3x + 4y + 3 = 0$；

(3) $(-3, 2)$，$y = x$。

第三节　曲线方程

一、曲线方程的有关概念

1. 曲线方程的定义

通过上一节的学习，我们知道，在直角坐标平面上，一条直线可以用二元一次方程 $Ax + By + C = 0$ 来表示，与此相同，曲线也可以用含有变量 x 和 y 的方程来表示。下面我们给出曲线方程的定义。

在直角坐标平面上，设有一条曲线 C 和一个关于 x 和 y 的方程 $F(x, y) = 0$，如果曲线 C（看作适合某种条件的点集或点的轨迹）上的点与方程 $F(x, y) = 0$ 的实数解具有下述关系：

1) 曲线 C 上点的坐标都是这个方程 $F(x, y) = 0$ 的解。

2) 以方程 $F(x, y) = 0$ 的解为坐标的点都是曲线 C 上的点。

那么，方程 $F(x, y) = 0$ 叫做曲线 C 的方程，曲线 C 叫做方程 $F(x, y) = 0$ 的曲线（或图形）。

在建立了曲线的方程、方程的曲线这两个重要概念之后，就可以利用坐标法，通过研究方程的性质间接地来研究曲线的性质，即用代数的方法来研究几何问题。

2. 求曲线方程的一般步骤

求曲线的方程，就是已知曲线上的点所满足的条件，在一定的坐标系中，推导出这条曲线的方程。其一般步骤为：

1）建立适当的坐标系，设点 $P(x, y)$ 是曲线上的任意一点（也称为动点）。

2）根据动点 P 的轨迹条件，写等式。

3）将动点 P 的坐标 x、y 代入上述等式，得方程。

4）将所得方程化简。

5）证明已化简后的方程的解为坐标的点都在曲线上。

除了个别情况外，化简过程一般都是同解变形的过程，所以步骤（5）可以省略不写。

例1 已知两点 $A(2, 4)$、$B(6, -2)$，求线段 AB 的垂直平分线的方程。

解 1）如图 5-19 所示，设线段 AB 的垂直平分线上任意一点 P 的坐标为 (x, y)。

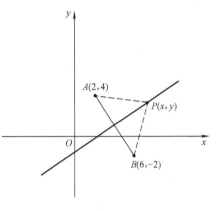

2）根据线段的垂直平分线的性质，得

$$|AP| = |BP|;$$

3）由两点间的距离公式得

$$\sqrt{(x-2)^2 + (y-4)^2} = \sqrt{(x-6)^2 + (y+2)^2};$$

4）化简，得 $2x - 3y - 5 = 0$。

这就是线段 AB 的垂直平分线的方程。

3. 曲线的交点

根据曲线方程的定义知，两条曲线交点的坐标应该是两个曲线方程的公共实数解，即两个曲线方程组成的方程组的实数解；反之，方程组有几个实数解，两条曲线就有几个交点，方程组没有实数解，两条曲线就没有交点。因此，求曲线的交点，就是求方程组的实数解。

图 5-19

例2 求直线 l：$y = x + 2$ 和曲线 C：$x^2 - 2y + 1 = 0$ 的交点。

解 解方程组

$$\begin{cases} y = x + 2 \\ x^2 - 2y + 1 = 0, \end{cases}$$

得

$$\begin{cases} x_1 = -1, \\ y_1 = 1; \end{cases} \qquad \begin{cases} x_2 = 3 \\ y_2 = 5。 \end{cases}$$

所以直线 l 和曲线 C 的交点有两个，它们是 $A(-1, 1)$ 和 $B(3, 5)$（图 5-20）。

二、圆

1. 圆的概念

由第三章内容可知，在平面内，到一个定点的距离等于定长的点的集合叫做圆。定点叫做圆心，定长叫做半径。

2. 圆的标准方程

如图 5-21 所示，求以点 $C(a, b)$ 为圆心，以 r 为半径的圆的方程。

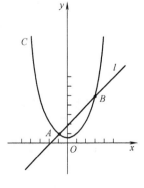

设 $P(x, y)$ 是圆上任意一点，则由圆的定义得

$$|PC| = r;$$

又由两点间的距离公式得

图 5-20

$$|PC| = \sqrt{(x-a)^2 + (y-b)^2}。$$

所以　　　　　$\sqrt{(x-a)^2 + (y-b)^2} = r,$

两边平方，得

$$\boxed{(x-a)^2 + (y-b)^2 = r^2}$$

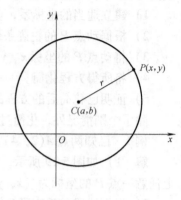

这个方程就叫做圆的标准方程，它的圆心在点 $C(a, b)$，半径为 r。

如果圆心在坐标原点，这时 $a = 0$，$b = 0$，于是圆的方程为

$$x^2 + y^2 = r^2。$$

图 5-21

3. 圆的一般方程

将圆的标准方程展开，得

$$x^2 - 2ax + a^2 + y^2 - 2by + b^2 = r^2,$$

整理，得

$$x^2 + y^2 - 2ax - 2by + a^2 + b^2 - r^2 = 0。$$

设 $-2a = D$，$-2b = E$，$a^2 + b^2 - r^2 = F$，则上式可写成：

$$\boxed{x^2 + y^2 + Dx + Ey + F = 0}$$

这个方程叫做圆的一般方程。

圆的一般方程是关于 x 和 y 的二次方程，它与一般的二元二次方程

$$Ax^2 + By^2 + Cxy + Dx + Ey + F = 0$$

比较，具有如下特点：

1）x^2 与 y^2 项的系数相等，并且不等于零。

2）不含 xy 项（即 xy 项的系数为零）。

因此，任何一个圆的方程，都可以写成具有上述两个特点的方程 $x^2 + y^2 + Dx + Ey + F = 0$ 的形式。

反之，形式如方程 $x^2 + y^2 + Dx + Ey + F = 0$ 的方程，它的图形一般是圆。这个结论的正确性，在这里不作详细说明。

例3　求以点 $C(3, -5)$ 为圆心，以 6 为半径的圆的方程，并确定点 $P_1(4, -3)$、$P_2(3, 1)$、$P_3(-3, -4)$ 与这个圆的位置关系。

解　把已知条件代入圆的标准方程，得

$$(x-3)^2 + (y+5)^2 = 6^2。$$

因为　　$|P_1C| = \sqrt{(4-3)^2 + (-3+5)^2} = \sqrt{5} < 6,$

所以　点 $P_1(4, -3)$ 在圆内；

又因为　$|P_2C| = \sqrt{(3-3)^2 + (1+5)^2} = 6,$

所以　点 $P_2(3, 1)$ 在圆上；

又因为　$|P_3C| = \sqrt{(-3-3)^2 + (-4+5)^2} = \sqrt{37} > 6,$

所以　点 $P_3(-3, -4)$ 在圆外。

其几何意义如图 5-22 所示。

例4　求经过三个点 $A(-1, 3)$、$B(0, 2)$、$C(1, -1)$ 的圆的方程。

解　设所求圆的方程为

$$x^2 + y^2 + Dx + Ey + F = 0。$$

由于已知的三个点都在圆上，所以它们的坐标都满足这个方程。分别把三个点的坐标代入方程，得

$$\begin{cases} -D + 3E + F + 10 = 0 \\ 2E + F + 4 = 0 \\ D - E + F + 2 = 0。 \end{cases}$$

解这个方程组，得

$$\begin{cases} D = 8 \\ E = 2 \\ F = -8。 \end{cases}$$

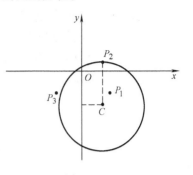

图　5-22

于是，所求圆的方程为　　　$x^2 + y^2 + 8x + 2y - 8 = 0。$

例5　图 5-23 是圆拱桥桥孔的示意图。建立如图坐标系，已知桥的跨度 $AB = 20\text{m}$，拱高 $OP = 4\text{m}$，建桥时每隔 4m 需用一个支柱支撑，求支柱 A_2P_2 的高度（精确到 0.01m）。

解　根据题意，得出圆心在 y 轴上，所以设圆心坐标为 $(0, b)$，又设圆的半径为 r，则圆的方程为

$$x^2 + (y - b)^2 = r^2。$$

因为点 $P(0, 4)$、$B(10, 0)$ 在圆上，所以把它们的坐标分别代入方程，得关于 b、r 的二元二次方程组

$$\begin{cases} 0^2 + (4 - b)^2 = r^2, \\ 10^2 + (0 - b)^2 = r^2。 \end{cases}$$

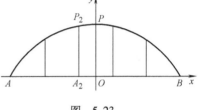

图　5-23

解这个方程组，得

$$\begin{cases} b = -10.5 \\ r = 14.5。 \end{cases}$$

所以，所求圆的方程为　　　$x^2 + (y + 10.5)^2 = 14.5^2。$

由图 5-23 知，A_2P_2 的高度就是 P_2 点的纵坐标值，所以将 P_2 点的横坐标 $x = -2$ 代入圆的方程，得

$$(-2)^2 + (y + 10.5)^2 = 14.5^2,$$

即　　　　　$y = \pm \sqrt{14.5^2 - 4} - 10.5,$

取其正值，得 $y \approx 3.86$。

所以，支柱 A_2P_2 的高度约为 3.86m。

例6　如图 5-24 所示，有一零件的轮廓形状是由 4 条直线与 3 段圆弧所组成的，$\odot O_1$ $(0, 40)$，$R = 25\text{mm}$；$\odot O_2 (50, 100)$，$R = 55\text{mm}$；$\odot O_3 (60, 20)$，$R = 15\text{mm}$，F 点坐标为 $(65, 0)$，试求点 A、B、C、D、E 的坐标值（精确到 0.01m）。

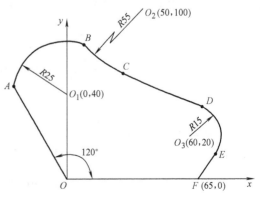

图　5-24

解 1）点 A 是直线 OA 与 $\odot O_1$ 的交点，所以求点 A 的坐标，就是解由直线 OA 与 $\odot O_1$ 的方程所组成的方程组的解。

因为直线 OA 的方程为　$y = \tan 120° x$ 即 $y = -1.732x$，

$\odot O_1$ 的方程为 $(x-0)^2 + (y-40)^2 = 25^2$，

所以　解方程组

$$\begin{cases} y = -1.732x \\ x^2 + (y-40)^2 = 25^2。 \end{cases}$$

得　　　　　　　　$\begin{cases} x_1 = -24.82 \\ y_1 = 42.99； \end{cases}$ 　　　　$\begin{cases} x_2 = -9.82 \\ y_2 = 17.01。 \end{cases}$

由图 5-24 可以看出，$\begin{cases} x_2 = -9.82 \\ y_2 = 17.01 \end{cases}$ 不符合要求，应舍去。

所以点 A 的坐标为（ -24.82，42.99）。

2）点 B 是 $\odot O_1$ 与 $\odot O_2$ 的交点，所以求点 B 的坐标，就是解由 $\odot O_1$ 与 $\odot O_2$ 的方程所组成的方程组的解。

$\odot O_1$ 的方程为　　　　　　$(x-0)^2 + (y-40)^2 = 25^2$，

$\odot O_2$ 的方程为　　　　　　$(x-50)^2 + (y-100)^2 = 55^2$，

解方程组　　　　$\begin{cases} x^2 + (y-40)^2 = 25^2 \\ (x-50)^2 + (y-100)^2 = 55^2。 \end{cases}$

得　　　　　　　　$\begin{cases} x_1 = 9.02 \\ y_1 = 63.32； \end{cases}$ 　　　　$\begin{cases} x_2 = 21.30 \\ y_2 = 53.08。 \end{cases}$

由图 5-24 可以看出，$\begin{cases} x_2 = 21.30 \\ y_2 = 53.08 \end{cases}$ 不符合要求，应舍去。

所以点 B 的坐标为（9.02，63.32）。

3）直线 CD 是 $\odot O_2$ 和 $\odot O_3$ 的公切线，点 C 是直线 CD 与 $\odot O_2$ 的切点，点 D 是直线 CD 与 $\odot O_3$ 的切点，所以要求点 C、D 的坐标，就要先求出直线 CD 的斜率。

图 5-25 是图 5-24 的部分放大示意图，其中直线 CD 是 $\odot O_2$ 和 $\odot O_3$ 的公切线，线段 O_2O_3 是两圆圆心的连线。由题意知，$O_2M \perp O_3M$，$O_2N \perp O_3N$，$O_2M = 100 - 20 = 80$，$O_3M = 60 - 50 = 10$，$O_3N = 15 + 55 = 70$，$\beta = \alpha_1 + \alpha_2 + 90°$ 为直线 CD 的倾斜角。

在 $\mathrm{Rt}\triangle O_2O_3M$ 中，

因为　　　　　　　　$O_2M = 80$，$O_3M = 10$，

所以　　　　　$O_2O_3 = \sqrt{80^2 + 10^2} = \sqrt{6500} \approx 80.623$，

$$\alpha_1 = \arctan \frac{10}{80} \approx 7°8'；$$

在 $\mathrm{Rt}\triangle O_2O_3N$ 中，

因为　　　　　　　　$O_3N = 70$，$O_2O_3 \approx 80.623$，

所以　　　　　　　　$\alpha_2 = \arcsin \frac{70}{80.623} \approx 60°15'；$

所以　　　　　　　　$\beta = 90° + 7°8' + 60°15' = 157°23'$，

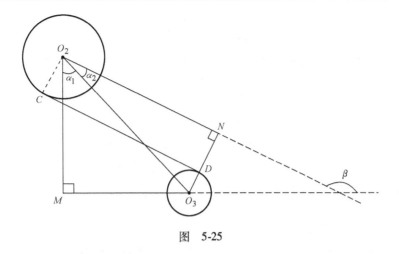

图　5-25

所以，直线 CD 的斜率 $k = \tan157°23' \approx -0.4167$。

因为点 C 是 $\odot O_2$ 的切点，所以 $O_2C \perp CD$，则直线 O_2C 的斜率与直线的 CD 斜率互为负倒数，若设点 C 的坐标为 (x, y)，就有

$$\frac{y-100}{x-50} \times (-0.4167) = -1,$$

又因为点 C 是 $\odot O_2$ 的一点，所以 $(x-50)^2 + (y-100)^2 = 55^2$，

解方程组
$$\begin{cases} \dfrac{y-100}{x-50} \times (-0.4167) = -1 \\ (x-50)^2 + (y-100)^2 = 55^2 \end{cases}$$

得
$$\begin{cases} x_1 = 28.84, \\ y_1 = 49.22; \end{cases} \quad \begin{cases} x_2 = 71.16, \\ y_2 = 150.78。 \end{cases}$$

由图 5-24 可以看出，$\begin{cases} x_2 = 71.16 \\ y_2 = 150.78 \end{cases}$ 不符合要求，应舍去。

所以点 C 的坐标为 $(28.84, 49.22)$。

同理，解方程组
$$\begin{cases} \dfrac{y-20}{x-60} \times (-0.4167) = -1, \\ (x-60)^2 + (y-20)^2 = 15^2。 \end{cases}$$

就可以得到点 D 的坐标，解方程组得
$$\begin{cases} x_1 = 65.78, \\ y_1 = 33.85; \end{cases} \quad \begin{cases} x_2 = 54.23, \\ y_2 = 6.15。 \end{cases}$$

由图 5-23 可以看出，$\begin{cases} x_2 = 54.23 \\ y_2 = 6.15 \end{cases}$ 不符合要求，应舍去。

所以点 D 的坐标为 $(65.78, 33.85)$。

4）直线 EF 是 $\odot O_3$ 的切线，点 E 是切点，所以 $O_3E \perp EF$，因此直线 O_3E 的斜率与直线 EF 的斜率互为负倒数。若设点 E 的坐标为 (x, y)，就有方程

$$\frac{y-20}{x-60} \times \frac{y-0}{x-65} = -1,$$

又因为点 E 是 $\odot O_3$ 的一点，所以　　$(x-60)^2 + (y-20)^2 = 15^2,$

解方程组
$$\begin{cases} \dfrac{y-20}{x-60} \times \dfrac{y-0}{x-65} = -1 \\ (x-60)^2 + (y-20)^2 = 15^2 \end{cases}$$

得
$$\begin{cases} x_1 = 72.64 \\ y_1 = 11.91; \end{cases} \qquad \begin{cases} x_2 = 52.68 \\ y_2 = 6.92. \end{cases}$$

由图 5-23 可以看出，$\begin{cases} x_2 = 52.68 \\ y_2 = 6.92 \end{cases}$ 不符合要求，应舍去。

所以点 E 的坐标为 $(72.64,~11.91)$。

由第一章可知，本例题 O、A、B、C、D、E、F 为数控的基点。基点坐标见下表：

	O	A	B	C	D	E	F
x	0	-24.82	9.02	28.84	65.78	72.64	65.00
y	0	42.99	63.32	49.22	33.85	11.91	0

三、椭圆

1. 椭圆的定义

取两个小钉相距 $2c(c>0)$ 钉在平板上，再取一段定长为 $2a(a>c)$ 的绳子，绳的两端分别系在两个钉上，如图 5-26 所示，用笔轻轻拉紧绳子，当笔尖顺势在平板上移动一周时，所画的曲线就是一个椭圆。

从上面的画图过程可以看出，笔尖在移动过程中，与两钉的距离之和始终等于这条绳子的长度。

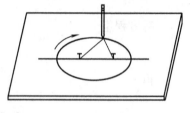

图 5-26

平面内，到两个定点的距离之和等于定长的点集，叫做椭圆。两个定点叫做椭圆的焦点，两个焦点之间的距离叫做焦距。

2. 椭圆的标准方程

如图 5-27 所示，取经过两个焦点 F_1 和 F_2 的直线作 x 轴，线段 F_1F_2 的垂直平分线作 y 轴，建立直角坐标系。设焦距为 $2c(c>0)$，即 $|F_1F_2| = 2c$，则两个焦点的坐标分别为 $F_1(-c, 0)$、$F_2(c, 0)$；又设 $P(x, y)$ 是椭圆上的任意一点，点 P 到 F_1 及 F_2 的距离之和为 $2a$ $(a>c)$；再令 $a^2 - c^2 = b^2(b>0)$。于是根据求曲线方程的一般步骤（具体步骤略），就可以得到椭圆的标准方程。

$$\boxed{\frac{x^2}{a^2} + \frac{y^2}{b^2} = 1 ~~(a>b>0)}$$

这个方程是焦点在 x 轴上的椭圆的标准方程，其中 a、b、c 之间的关系是 $c^2 = a^2 - b^2$。

同样的方法，如果取经过两个焦点 F_1 和 F_2 的直线作 y 轴，线段 F_1F_2 的垂直平分线作 x 轴，建立

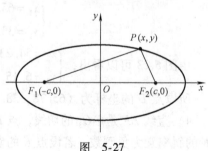

图 5-27

直角坐标系，如图 5-28 所示，可得椭圆的方程为

$$\frac{y^2}{a^2} + \frac{x^2}{b^2} = 1 \, (a > b > 0)$$

这个方程也叫椭圆的标准方程。它表示的是焦点在 y 轴上的椭圆，其中 a、b、c 之间的关系仍然是 $c^2 = a^2 - b^2$。

四、双曲线

1. 双曲线的定义

两个小钉相距 $2c \, (c > 0)$ 钉在平板上，再取两段长度之差为定长 $2a \, (0 < a < c)$ 的绳子，两绳的一端分别系在两个钉上，另一端放在一起打成绳结，如图 5-29 所示。用两端绳子套住笔尖，左手握住绳结并轻轻拉紧绳子，右手握笔顺势移动，笔尖在平板上所画的曲线就是双曲线的一支。交换系在小钉上的两绳端点，即可画出双曲线的另外一支。

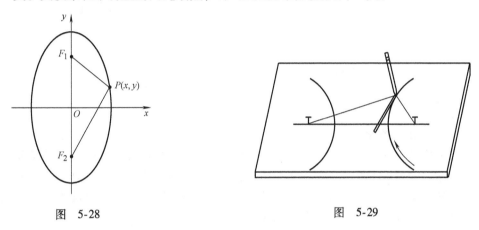

图　5-28　　　　　　　　　　　　　　　　　图　5-29

从上面的画图过程可以看出，无论笔尖在双曲线上什么位置，它与两钉的距离之差的绝对值都不变。下面给出双曲线的定义。

平面内，到两个定点的距离之差的绝对值等于定长的点集，叫做双曲线。两个定点叫做双曲线的焦点，两个焦点之间的距离叫做焦距。

2. 双曲线的标准方程

如图 5-30 所示，取经过两个焦点 F_1 和 F_2 的直线作 x 轴，线段 F_1F_2 的垂直平分线作 y 轴，建立直角坐标系。设焦距为 $2c \, (c > 0)$，即 $|F_1F_2| = 2c$，则两个焦点的坐标分别为 $F_1(-c, 0)$、$F_2(c, 0)$；又设 $P(x, y)$ 是双曲线上的任意一点，点 P 到 F_1 及 F_2 的距离之差的绝对值为 $2a \, (0 < a < c)$；再令 $c^2 - a^2 = b^2 \, (b > 0)$。于是根据求曲线方程的一般步骤（具体步骤略），就可以得到双曲线的标准方程。

$$\frac{x^2}{a^2} - \frac{y^2}{b^2} = 1 \quad (a > 0, \, b > 0)$$

这个方程是焦点在 x 轴上的双曲线的标准方程，其中 a、b、c 之间的关系是 $c^2 = a^2 + b^2$。

同样的方法，如果取经过两个焦点 F_1 和 F_2 的直线作 y 轴，线段 F_1F_2 的垂直平分线作 x 轴，建立直角坐标系，如图 5-31 所示，可得双曲线的方程为

$$\frac{y^2}{a^2} - \frac{x^2}{b^2} = 1 \quad (a > 0, \ b > 0)$$

这个方程也叫双曲线的标准方程。它表示的是焦点在 y 轴上的双曲线，其中 a、b、c 之间的关系仍然是 $c^2 = a^2 + b^2$。

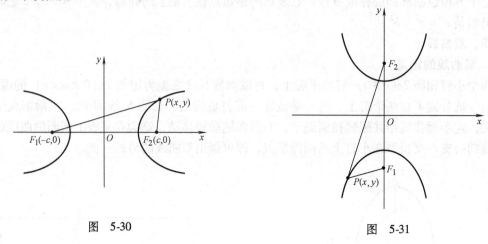

图 5-30   图 5-31

五、抛物线

1. 抛物线的概念

取一把直尺固定在平板上，并作为直线 l，再取一块直角三角板，使其较短的边紧靠 l，另一直角边的顶点上系一条与该直角边等长的细绳，此绳的另一端用小钉固定在 l 右侧的平板上，如图 5-32 所示，用笔尖紧靠三角板，把绳拉紧的同时，将三角板紧靠 l 移动，这时笔尖在平板上所画的图形就是一条抛物线。

从上面的画图过程可以看出，无论笔尖在抛物线上什么位置，它到小钉的距离和它到直线 l 的距离相等。下面给出抛物线的定义。

平面内与一个定点 F 和一条直线 l 的距离相等的点的轨迹叫做抛物线，点 F 叫做抛物线的焦点，直线 l 叫做抛物线的准线。

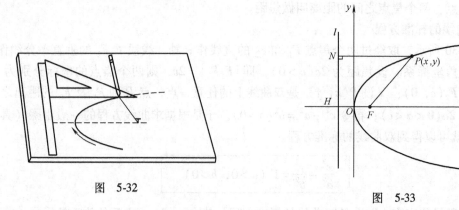

图 5-32   图 5-33

2. 抛物线的标准方程

如图 5-33 所示，取经过焦点 F 且垂直于准线 l 的直线作 x 轴，x 轴与准线 l 相交于 H，

以线段 HF 的垂直平分线作 y 轴，建立直角坐标系。设 $|HF| = p(p>0)$，则焦点的坐标为 $F\left(\dfrac{p}{2}, 0\right)$，准线 l 的方程为 $x = -\dfrac{p}{2}$；又设 $P(x, y)$ 是抛物线上的任意一点，作 $PN \perp l$，垂足为 $N\left(-\dfrac{p}{2}, y\right)$，则 $|PF| = |PN|$。于是根据求曲线方程的一般步骤（具体步骤略），就可以得到抛物线的标准方程为

$$y^2 = 2px \quad (p>0)$$

这个方程表示的是焦点在 x 轴正半轴上的抛物线（开口向右），它的焦点为 $F\left(\dfrac{p}{2}, 0\right)$，准线方程为 $x = -\dfrac{p}{2}$，如图 5-33 所示。

在建立抛物线的标准方程时，如果选取的坐标系不同，则得到的标准方程也不同，所以抛物线的标准方程还有另外三种形式，其推导过程从略。抛物线的四种标准方程及其焦点坐标、准线方程以及对应的图形见下表：

方　程	图　形	焦点坐标	准线方程
$y^2 = 2px$ $(p>0)$	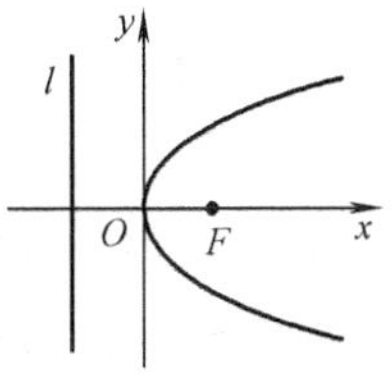	$\left(\dfrac{p}{2}, 0\right)$	$x = -\dfrac{p}{2}$
$y^2 = -2px$ $(p>0)$	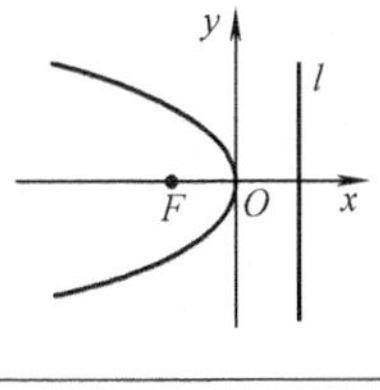	$\left(-\dfrac{p}{2}, 0\right)$	$x = \dfrac{p}{2}$
$x^2 = 2py$ $(p>0)$	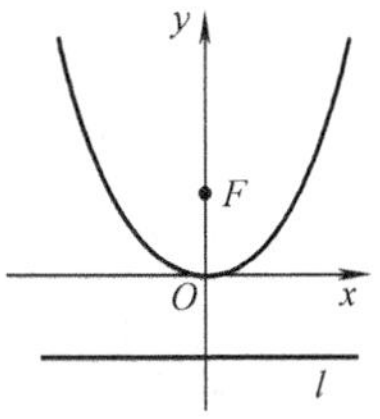	$\left(0, \dfrac{p}{2}\right)$	$y = -\dfrac{p}{2}$
$x^2 = -2py$ $(p>0)$	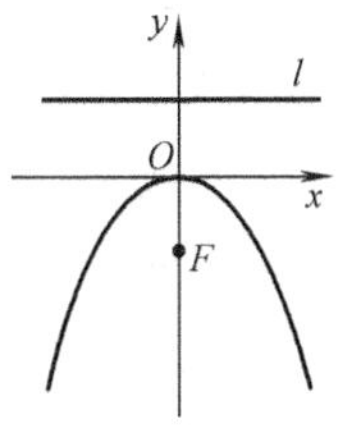	$\left(0, -\dfrac{p}{2}\right)$	$y = \dfrac{p}{2}$

本节所讨论的圆、椭圆、双曲线和抛物线，它们的方程都是关于 x、y 的二次方程，所以统称为二次曲线，也统称为圆锥曲线，这是因为这些曲线可以看成一个圆锥面被一个不经过圆锥顶点的不同方向的平面所截得：

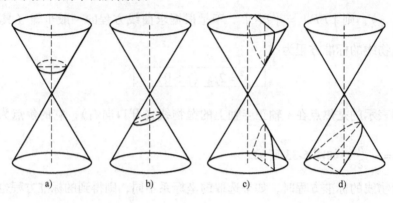

a)   b)   c)   d)

图 5-34

1）如图 5-34a 所示，当平面 P 垂直于圆锥的轴线时，截痕是圆。

2）如图 5-34b 所示，当平面 P 与圆锥素线不平行，且只与上（或下）圆锥相截时，截痕是椭圆。

3）如图 5-34c 所示，当平面 P 与圆锥素线不平行，且与上、下圆锥都相截时，截痕是双曲线。

4）如图 5-34d 所示，当平面 P 与圆锥素线平行时，截痕是抛物线。

圆是圆锥曲线中最简单而应用最广泛的一种，它的方程有标准方程和一般方程两种。椭圆和双曲线各有两种形式的标准方程，抛物线有四种形式的标准方程。下面仅以椭圆、双曲线、抛物线的一种标准方程，将它们的几何性质列表总结如下：

	椭　圆	双　曲　线	抛　物　线
动点的几何条件	与两个定点距离之和等于定长	与两个定点距离之差的绝对值等于定长	到一个定点和一条定直线的距离相等
标准方程	$\dfrac{x^2}{a^2}+\dfrac{y^2}{b^2}=1$ $(a>b>0)$	$\dfrac{x^2}{a^2}-\dfrac{y^2}{b^2}=1$ $(a>0,\ b>0)$	$y^2=2px\ (p>0)$
顶　　点	$(\pm a,\ 0)$、$(0,\ \pm b)$	$(\pm a,\ 0)$	$(0,\ 0)$
对　称　轴	x 轴，长轴长 $2a$ y 轴，短轴长 $2b$	x 轴，实轴长 $2a$ y 轴，虚轴长 $2b$	x 轴
焦点坐标	$(\pm c,\ 0)$ $c=\sqrt{a^2-b^2}$	$(\pm c,\ 0)$ $c=\sqrt{a^2+b^2}$	$\left(\dfrac{p}{2},\ 0\right)$
离心率 $e=\dfrac{c}{a}$	$0<e<1$	$e>1$	
准　线			$x=-\dfrac{p}{2}$
渐近线		$y=\pm\dfrac{b}{a}x$	

例7 设椭圆的焦点为 $F_1(-3,0)$、$F_2(3,0)$，$2a=10$，求椭圆的标准方程。

解 由题意知，椭圆的焦点在 x 轴上，因此设它的标准方程为

$$\frac{x^2}{a^2}+\frac{y^2}{b^2}=1 \quad (a>b>0)。$$

由于 $c=3$，$a=5$，根据 $c^2=a^2-b^2$，得 $b^2=a^2-c^2=5^2-3^2=4^2$。

于是，所求椭圆的标准方程为 $\dfrac{x^2}{5^2}+\dfrac{y^2}{4^2}=1$。

例8 求椭圆 $\dfrac{x^2}{9}+\dfrac{y^2}{5}=1$ 的长轴、短轴的长度和焦距。

解 将已知椭圆的方程改写成标准形式：

$$\frac{x^2}{3^2}+\frac{y^2}{(\sqrt{5})^2}=1。$$

由于 $a>b>0$，所以 $a=3$，$b=\sqrt{5}$。于是，长轴的长度 $2a=6$，短轴的长度 $2b=2\sqrt{5}$。

由 $c^2=a^2-b^2$，得 $c^2=9-5=4$，所以 $c=2$。于是，焦距 $2c=4$。

例9 已知椭圆的一个焦点坐标为 $(0,2\sqrt{2})$，长轴与短轴的长度之和为8，求这个椭圆的标准方程和离心率。

解 由已知的焦点坐标知，这个椭圆的焦点在 y 轴上，所以设椭圆的标准方程为

$$\frac{y^2}{a^2}+\frac{x^2}{b^2}=1 \quad (a>b>0)。$$

根据已知条件，得

$$\begin{cases} c=2\sqrt{2} \\ 2a+2b=8 \\ a^2=b^2+c^2 \end{cases}$$

解这个方程组，可以得到 $a=3$，$b=1$。故所求椭圆的标准方程为

$$\frac{y^2}{3^2}+x^2=1。$$

所求的离心率 $e=\dfrac{c}{a}=\dfrac{2\sqrt{2}}{3}$。

例10 设双曲线的两个焦点是 $F_1(-8,0)$、$F_2(8,0)$，双曲线上的点到两个焦点的距离之差的平方为160，求双曲线的标准方程。

解 由题意知，双曲线的焦点在 x 轴上，因此设它的标准方程为

$$\frac{x^2}{a^2}-\frac{y^2}{b^2}=1 \quad (a>0, b>0)。$$

由于 $c=8$，$(2a)^2=160$，所以 $c^2=64$，$a^2=40$。

根据 $c^2=a^2+b^2$，得 $b^2=c^2-a^2=64-40=24$。

于是，所求双曲线的标准方程为 $\dfrac{x^2}{40}-\dfrac{y^2}{24}=1$。

例11 求等轴双曲线 $x^2-y^2=12$ 的实半轴、虚半轴的长度和半焦距。

解 由已知方程得 $a=b=\sqrt{12}=2\sqrt{3}$。

又因为 $\qquad c^2 = a^2 + b^2 = 12 + 12 = 24$，

所以 $\qquad c = 2\sqrt{6}$。

所以，这个双曲线的实半轴长 $a = 2\sqrt{3}$，虚半轴长 $b = 2\sqrt{3}$，半焦距 $c = 2\sqrt{6}$。

例 12 求双曲线 $16y^2 - 9x^2 = 144$ 的实轴和虚轴的长、焦点和顶点坐标、离心率、渐近线方程，并画出双曲线的图形。

解 把已知方程化成标准形式，得

$$\frac{y^2}{3^2} - \frac{x^2}{4^2} = 1。$$

所以，$a = 3$，$b = 4$，$c = \sqrt{a^2 + b^2} = \sqrt{3^2 + 4^2} = 5$。

所以，双曲线的实轴长 $2a = 6$，虚轴长 $2b = 8$，焦点为 $F_1(0, -5)$、$F_2(0, 5)$，顶点为 $A_1(0, -3)$、$A_2(0, 3)$，离心率 $e = \dfrac{c}{a} = \dfrac{5}{3}$，渐近线方程为 $y = \pm \dfrac{a}{b} x = \pm \dfrac{3}{4} x$。

为了画出双曲线，先作出双曲线的顶点和渐近线（双曲线的焦点在 y 轴上），再根据双曲线的对称性画出双曲线，如图 5-35 所示。

例 13 设抛物线的标准方程为 $y^2 = 8x$，求它的焦点坐标和准线方程。

解 由于抛物线 $y^2 = 8x$ 的开口向右，并且 $2p = 8$，即 $p = 4$，所以它的焦点坐标为 $F(2, 0)$，准线方程为 $x = -2$。

例 14 设抛物线的顶点在坐标原点，对称轴为 x 轴，且过点 $(-2, -2\sqrt{5})$，求它的标准方程，并画出图形。

解 由题意知，抛物线的开口向左，所以设它的标准方程为 $y^2 = -2px$（$p > 0$）。

因为点 $(-2, -2\sqrt{5})$ 在抛物线上，

所以 $(-2\sqrt{5})^2 = -2p \times (-2)$，解得 $p = 5$，

所以 所求标准方程为 $y^2 = -10x$。

为了画出抛物线，先由方程求出第二象限内几组 x、y 的对应值，列表如下：

x	0	-2.5	-5	-10	...
y	0	± 5	± 7.1	± 10	...

根据上表，描点连线，得抛物线在第二象限内的一部分图像，如图 5-36 所示。然后，利用对称性画出完整的抛物线。

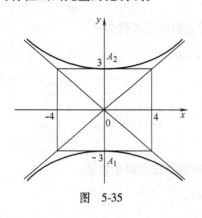

图 5-35

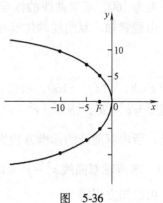

图 5-36

习题　5.3

1. 设曲线的方程为 $x^2 - xy + 2y + 1 = 0$，判断点 A $(2, -3)$、B $(1, -2)$ 是否在这条曲线上。

2. 求下列两条曲线的交点：

(1) $x^2 + y^2 = 25$ 与 $y = \frac{1}{2}x^2 - \frac{1}{2}$；

(2) $y = x^2 - 4$ 与 $y = 2x - 1$。

3. 根据下列条件求圆的方程，并画出图形：

(1) 圆心为 C $(3, -1)$，半径为 3；

(2) 圆心为 C $(-1, 2)$，圆经过点 $(3, 4)$；

(3) 圆经过点 A $(0, 2)$、B $(3, -1)$、C $(4, 0)$；

(4) 圆心在 C $(3, -5)$，圆与直线 $x - 7y + 2 = 0$ 相切。

4. 求下列各圆的圆心坐标和半径：

(1) $x^2 + y^2 - 6x = 0$；

(2) $x^2 + y^2 - 6y = 0$；

(3) $x^2 + y^2 + 2x - 8y - 3 = 0$。

5. 求适合下列条件的椭圆的标准方程：

(1) 长轴的长为 16，短轴的长为 10，焦点在 y 轴上；

(2) 短轴的长为 10，焦距为 $2\sqrt{39}$，焦点在 x 轴上；

(3) 长轴是短轴的 2 倍，椭圆经过点 $(0, 4)$，焦点在 x 轴上；

(4) 椭圆经过点 A $(0, -3)$、B $(2\sqrt{2}, 0)$；

(5) 长半轴的长为 8，离心率为 $\frac{3}{4}$；

(6) 短轴的长为 $8\sqrt{3}$，离心率为 $\frac{1}{2}$。

6. 求下列椭圆的长轴和短轴的长、焦点坐标、顶点坐标、离心率，并画出草图：

(1) $\frac{x^2}{9} + \frac{y^2}{16} = 1$；　　　　　　　　　　(2) $\frac{x^2}{64} + \frac{y^2}{36} = 1$。

7. 求适合下列条件的双曲线的标准方程：

(1) $a = 5$，$b = 3$，焦点在 y 轴上；

(2) $b = 3$，$c = 8$，焦点在 x 轴上；

(3) 实轴的长为 8，离心率为 1.25；

(4) 双曲线经过两个点 $(3, 2)$ 和 $(5, -4)$；

(5) 虚轴长是实轴长的 2 倍，双曲线经过点 $(3, 0)$；

(6) 焦距为 16，其中一条渐近线的方程为 $x + \sqrt{3}y = 0$。

8. 求下列双曲线的实轴长、虚轴长、焦点坐标、顶点坐标、离心率、渐近线方程，并画其草图：

(1) $\frac{x^2}{9} - \frac{y^2}{25} = 1$；　　　　　　　　　　(2) $\frac{x^2}{9} - \frac{y^2}{25} = -1$。

9. 设抛物线的顶点在坐标原点，求适合下列条件的抛物线的标准方程：

(1) 焦点为 F $(2, 0)$；　　　　　　　　(2) 焦点为 F $(-2, 0)$；

(3) 焦点为 F $(0, 2)$；　　　　　　　　(4) 焦点为 F $(0, -2)$；

(5) 准线为 $x = 2$；　　　　　　　　　　(6) 准线为 $x = -2$；

(7) 准线为 $y = 2$；　　　　　　　　　　(8) 准线为 $y = -2$；

（9）抛物线关于 x 轴对称，并经过点（－2，－3）；

（10）抛物线的对称轴重合于坐标轴，并经过（5，－4）。

10. 求下列抛物线的焦点坐标和准线方程，并画其草图：

（1） $x^2+3y=0$；　　　　　　　　　　（2） $2y^2+5x=0$。

第四节　坐标的变换

一、坐标的平移

平面上的点、线、面要用数量关系来描述，必须首先建立坐标系，建立了坐标系也就确定了所研究的对象之间相对位置的数量关系。在实际加工中，由于零件的复杂程度不同，加工机床的精度和检验等方面因素的影响，图样中的设计基准有时不会相同，因此要进行两个基准之间的换算，即坐标变换的计算，才能得到加工中实际所需的尺寸，这就是坐标变换的计算。

坐标变换有两种方法，一种是坐标平移，另一种是坐标旋转。先来介绍坐标平移的有关知识。

所谓坐标的平移，就是坐标轴的方向和长度单位都不改变，只改变坐标的原点。如图 5-37 所示，坐标变换前后，新坐标系与旧坐标系中点的坐标关系是：

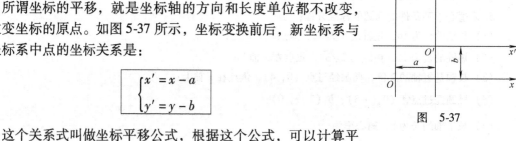

$$\begin{cases} x'=x-a \\ y'=y-b \end{cases}$$

图　5-37

这个关系式叫做坐标平移公式，根据这个公式，可以计算平面上的某点在两个有平移关系的坐标系中的坐标。

例1　（1）把点 A（－2，1）按 $a=3$，$b=2$ 平移，求对应点 A' 的坐标（x'，y'）；

（2）点 M（8，－10）平移后的对应点 M' 的坐标为（－7，4），求 a 和 b 的值。

解　（1）由平移公式得

$$\begin{cases} x'=-2-3=-5, \\ y'=1-2=-1, \end{cases}$$

即对应点 A' 的坐标为（－5，－1）。

（2）由平移公式得

$$\begin{cases} -7=8-a, \\ 4=-10-b, \end{cases}$$

解得
$$\begin{cases} a=15, \\ b=-14, \end{cases}$$

即 a 和 b 的值分别为 15 和 －14。

例2　如图 5-38 所示，将坐标系 xOy 按 $a=0$，$b=3$ 进行平移，求函数 $y=2x$ 在新坐标系 $x'O'y'$ 中的函数解析式。

解　设 $P(x，y)$ 为函数 $y=2x$ 上的任意一点，它在新坐标系 $x'O'y'$ 中的坐标为 $(x'，y')$，由平移公式得

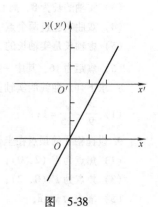

图　5-38

$$\begin{cases} x' = x - 0, \\ y' = y - 3, \end{cases}$$

所以

$$\begin{cases} x = x', \\ y = y' + 3。 \end{cases}$$

将它们代入到 $y = 2x$ 中，得到

$$y' + 3 = 2x',$$

即

$$y' = 2x' - 3。$$

所以，函数 $y = 2x$ 在新坐标系 $x'O'y'$ 中的函数解析式为 $y' = 2x' - 3$。

例3　求二次曲线 $x^2 - y^2 + 28x + 14x + 47 = 0$ 的离心率。

解　将二次曲线 $x^2 - y^2 + 28x + 14y + 47 = 0$ 配方，化简得

$$(x + 14)^2 - (y - 7)^2 = 100,$$

即

$$\frac{(x + 14)^2}{100} - \frac{(y - 7)^2}{100} = 1。$$

设 $x' = x + 14$，$y' = y - 7$ 得

$$\frac{x'^2}{100} - \frac{y'^2}{100} = 1。$$

所以

$$a^2 = b^2 = 100, \quad a = b = 10。$$

因为 $c^2 = a^2 + b^2 = 200$，所以 $c = 10\sqrt{2}$。

所以

$$e = \frac{c}{a} = \sqrt{2}。$$

所以该二次曲线的离心率为 $\sqrt{2}$。

例4　求二次曲线 $4x^2 + 9y^2 + 8x - 36y + 4 = 0$ 的焦点坐标。

解　将二次曲线 $4x^2 + 9y^2 + 8x - 36y + 4 = 0$ 配方，化简得

$$\frac{(x + 1)^2}{3^2} + \frac{(y - 2)^2}{2^2} = 1。$$

设 $x' = x + 1$，$y' = y - 2$ 得

$$\frac{x'^2}{3^2} + \frac{y'^2}{2^2} = 1。$$

椭圆在新坐标系中的焦点坐标是 $(-\sqrt{5}, 0)$、$(\sqrt{5}, 0)$。

利用坐标变换公式可求得曲线在原坐标系中的焦点坐标为 $(-\sqrt{5} - 1, 2)$、$(\sqrt{5} - 1, 2)$。

二、坐标的旋转

所谓坐标旋转就是坐标系的原点和单位长度都不改变，只是两坐标轴按同一方向绕原点旋转同一个角度，如图 5-39 所示，坐标旋转变换前后，新坐标系与旧坐标系中点的坐标关系为

$$x = OB - CB = OB - DA = x'\cos\theta - y'\sin\theta,$$
$$y = CD + DM = BA + DM = x'\sin\theta + y'\cos\theta,$$

即

$$\begin{cases} x = x'\cos\theta - y'\sin\theta, \\ y = x'\sin\theta + y'\cos\theta。 \end{cases}$$

在坐标旋转变换中，我们可以看到新旧坐标的相对关系：可以把坐标系 $x'Oy'$ 看作是坐标系 xOy 绕着原点旋转 θ 角得到的。即首先将两个坐标系重合，点 M 对两个坐标系的坐标均为 (x, y)，如图 5-40 所示。

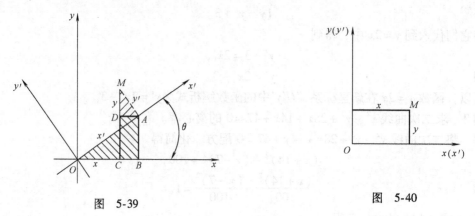

图 5-39　　　　　　　　　　　　　图 5-40

当 $x'Oy'$ 坐标系绕着点 O 逆时针方向旋转（简称逆转）θ 角时，点 M 保持不动，点 M 对 $x'Oy'$ 坐标系的坐标变为 (x', y')，而 xOy 坐标系静止不动，所以点 M 对 xOy 坐标系的坐标值仍为 (x, y)，如图 5-41 所示。

当 $x'Oy'$ 坐标系绕着点 O 顺时针方向旋转（简称顺转）θ 角时，点 M 保持不动，点 M 对 $x'Oy'$ 坐标系的坐标变为新坐标 (x', y')，对 xOy 坐标系的坐标值仍为 (x, y)，如图 5-42 所示。将 $-\theta$ 代入基本关系式中，则得顺转时的一组公式

$$x = x'\cos(-\theta) - y'\sin(-\theta)$$
$$= x'\cos\theta + y'\sin\theta,$$
$$y = x'\sin(-\theta) + y'\cos(-\theta)$$
$$= -x'\sin\theta + y'\cos\theta。$$

在顺转和逆转公式中，θ 角可以是 $0° \sim 180°$ 之间的任意角。

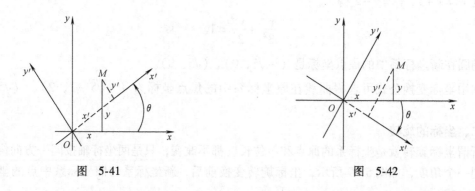

图 5-41　　　　　　　　　　　　　图 5-42

例5 如图 5-43a 所示是一钻具，图中给出了 $\phi16$ 孔中心轴线与 B 面的交点的尺寸 a 和 b，由于这两个尺寸不能直接测量，而通常采用间接测量方法，即在测量 $\phi16$ 孔中心轴线的位置时，先在平台上用正弦规将工件垫起 θ 角，使 $\phi16$ 孔中心轴线处于水平位置，然后在 $\phi16$ 和 $\phi10$ 工艺孔中各插一根心棒，用千分尺和量块测量尺寸 d，如图 5-43b 所示。

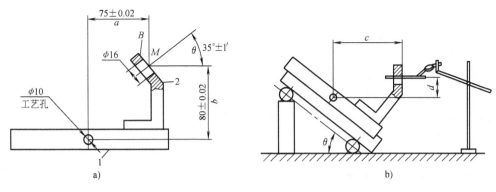

图　5-43

用同样的方法也可以测量出 B 面至 $\phi10$ 孔中心轴线的垂直距离 c，下面根据坐标旋转的关系来计算尺寸 d 和 c。

根据以上分析，我们以 $\phi10$ 工艺孔为坐标原点建立坐标系如图 5-44 所示，通过计算 M 点的坐标来确定 d 和 c 的尺寸：

$$x_m = c,$$
$$y_m = d_{\circ}$$

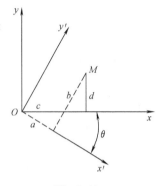

图　5-44

从所建的坐标系可知，$x'Oy'$ 是 xOy 绕原点 O 顺时针方向旋转 $35° \pm 1'$ 而成，所以 $\theta = 35° \pm 1'$，$x'_m = 75 \pm 0.02$，$y'_m = 80 \pm 0.02$。

将以上数据代入公式：
$$x = x'\cos\theta + y'\sin\theta,$$
$$y = -x'\sin\theta + y'\cos\theta_{\circ}$$

可得
$$x_m = x'_m\cos\theta + y'_m\sin\theta$$
$$= 75 \times \cos35° + 80 \times \sin35°$$
$$= 107.32,$$
$$y_m = -x'_m\sin\theta + y'_m\cos\theta$$
$$= -75 \times \sin35° + 80 \times \cos35°$$
$$= 22.51_{\circ}$$

即
$$c = x_m = 107.32,$$
$$d = y_m = 22.51_{\circ}$$

通过上例的分析，我们看到要运用坐标旋转的方法来计算点的坐标，主要是要正确选择坐标系。一般来说，确定坐标系原点是确定坐标系位置的关键，它应选在便于计算、已知与未知尺寸有关联和便于测量的点上。而新旧坐标系的名称可以任意设定，一般情况下，根据实际工作的需要，通常取工件旋转后的状态来进行分析和计算。

习题　5.4

1. 选择题：

(1) 平移坐标轴，使圆 $x^2 + y^2 + 6x - 2y + 6 = 0$ 的圆心在坐标原点，则平移公式是（　　）。

A. $x' = x + 3$，$y' = y + 1$；   B. $x' = x + 3$，$y' = y - 1$；

C. $x' = x - 3$，$y' = y + 1$；   D. $x' = x - 3$，$y' = y - 1$。

（2）椭圆 $4x^2 + 9y^2 - 8x - 32 = 0$ 的焦点坐标是（   ）。

A. $(-\sqrt{5}, 0)$、$(\sqrt{5}, 0)$；   B. $(0, -\sqrt{5})$、$(0, \sqrt{5})$；

C. $(0, -\sqrt{5} + 1)$、$(0, \sqrt{5} + 1)$；   D. $(-\sqrt{5} + 1, 0)$、$(\sqrt{5} + 1, 0)$。

（3）双曲线 $x^2 - 4y^2 + 4x + 8y - 4 = 0$ 的渐近线的方程是（   ）。

A. $x - 2y + 4 = 0$，$x + 2y = 0$；

B. $x - 2y + 4 = 0$，$x + 2y + 4 = 0$；

C. $x - 2y + 4 = 0$，$x + 2y - 4 = 0$；

D. $x + 2y + 4 = 0$，$x - 2y - 4 = 0$。

（4）抛物线 $2y^2 - x - \dfrac{1}{2} = 0$ 的焦点坐标是（   ）。

A. $\left(-\dfrac{3}{8}, 0\right)$；   B. $\left(\dfrac{5}{8}, 0\right)$；

C. $\left(\dfrac{3}{8}, 0\right)$；   D. $\left(-\dfrac{1}{8}, 0\right)$。

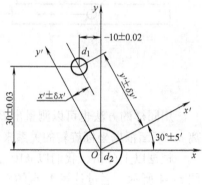

图 5-45

2. 如图 5-45 所示，已知定位销孔 d_1 对孔 d_2 的原坐标为 $x = -10 \pm 0.02$，$y = 30 \pm 0.03$。当坐标轴逆转 $30° \pm 5'$ 后，试计算孔 d_1 对孔 d_2 的新坐标 (x', y') 和 $(\delta x', \delta y')$。

第五节   参 数 方 程

一、参数方程的概念

前面研究的直线和圆锥曲线，它们的方程都可以归结为 $F(x, y) = 0$，都是直接建立了 x 和 y 之间的关系。但在有些问题中，这种 x 和 y 之间的直接关系不易确定，因而方程 $F(x, y) = 0$ 很难（甚至无法）求得。本节来研究通过第三个变量 t，来建立 x 和 y 之间的关系。下面先看一个我们熟悉的问题。

引例　如图 5-46 所示，以原点为圆心，分别以 a、$b(a > b)$ 为半径画两个圆。设大圆的半径 OA 交小圆于点 B，过点 A 作 $AM \perp x$ 轴，垂足为 M；过点 B 作 $BP \perp AM$，垂足为 P。求半径 OA 绕原点旋转时，动点 P 的轨迹方程。

解　设动点 P 的坐标为 (x, y)，$\angle MOA = t$，过点 B 作 $BN \perp x$ 轴，垂足为 N，则

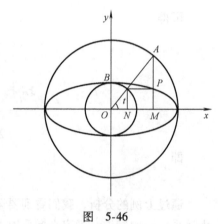

图 5-46

$$x = OM = |OA|\cos t = a \cos t,$$

$$y = MP = NB = |OB|\sin t = b \sin t,$$

所以
$$\begin{cases} x = a \cos t \\ y = b \sin t \end{cases} \qquad ①$$

当 $0 \leqslant t < 2\pi$ 时，根据方程组①可以求得动点 P 的坐标 x 和 y。因此，方程组①就是动点 P 的轨迹方程，其图形是一个椭圆。

　　一般地，在直角坐标平面上，如果曲线 c 上任意一点 P 的坐标 x 和 y，都可以表示为第三个变量 t 的函数

$$\begin{cases} x = f(t) \\ y = g(t) \end{cases} \qquad ②$$

并且对于 t 的每一个允许值，由方程组②确定的点 $P(x，y)$ 都在曲线 c 上，则称方程组②是曲线 c 的参数方程，第三个变量 t 称为参数。

　　由参数方程的定义知，上述引例中的方程组①就是椭圆的参数方程，其中参数 t 表示转角的度数。由于 $a = b$ 时的椭圆就是圆，所以圆的参数方程为

$$\begin{cases} x = a\ \cos t， \\ y = a\ \sin t。 \end{cases}$$

　　例1　把直线方程 $y - y_0 = (x - x_0)\tan\alpha$ 化为参数方程。

　　解　由直线的点斜式方程可知，所给直线是过点 $P_0(x_0，y_0)$、倾斜角为 α 的一条直线。由于所给直线方程可化为

$$\tan\alpha = \frac{y - y_0}{x - x_0}，$$

所以

$$\tan\alpha = \frac{\sin\alpha}{\cos\alpha} = \frac{y - y_0}{x - x_0}，$$

所以

$$\frac{x - x_0}{\cos\alpha} = \frac{y - y_0}{\sin\alpha}。$$

设

$$\frac{x - x_0}{\cos\alpha} = \frac{y - y_0}{\sin\alpha} = t$$

则得

$$\begin{cases} x = x_0 + t\ \cos\alpha \\ y = y_0 + t\ \sin\alpha。 \end{cases}$$

这就是过点 $P_0(x_0，y_0)$、倾斜角为 α 的直线的参数方程。

二、化参数方程为普通方程

　　相对于参数方程而言，本节之前研究的方程 $F(x，y) = 0$ 叫做曲线的普通方程。显然，如果能从曲线的参数方程中消去参数，则可得到曲线的普通方程。

　　对于一些简单的参数方程，可用代入法消去参数；对于含有三角函数的参数方程，可利用三角公式消去参数。这是化参数方程为普通方程的两种常用方法。

　　例2　将下列参数方程化为普通方程，并指明方程表示的曲线：

$$\begin{cases} x = \dfrac{1}{2}t^2 & ① \\ y = \dfrac{1}{4}t & ② \end{cases}$$

　　解　由②得 $t = 4y$。代入①式，得

$$x = \frac{1}{2}(4y)^2，$$

即

$$y^2 = \frac{1}{8}x。$$

它表示顶点在原点，对称轴为 x 轴，焦点在 $\left(\dfrac{1}{32},\ 0\right)$，开口向右的抛物线。

例3 将下列参数方程化为普通方程，并指明方程表示的曲线：

$$\begin{cases} x = a\,\dfrac{1}{\cos t} & ① \\ y = b\,\tan t & ② \end{cases}$$

解 由①得

$$\frac{x}{a} = \frac{1}{\cos t},$$

两边平方，得

$$\frac{x^2}{a^2} = \frac{1}{\cos^2 t} \qquad ③$$

由②得

$$\frac{y}{b} = \tan t,$$

两边平方，得

$$\frac{y^2}{b^2} = \tan^2 t \qquad ④$$

③ - ④，得

$$\frac{x^2}{a^2} - \frac{y^2}{b^2} = \frac{1}{\cos^2 t} - \tan^2 t = \frac{1}{\cos^2 t} - \frac{\sin^2 t}{\cos^2 t}$$

$$= \frac{1 - \sin^2 t}{\cos^2 t} = \frac{\cos^2 t}{\cos^2 t} = 1,$$

即

$$\frac{x^2}{a^2} - \frac{y^2}{b^2} = 1。$$

它表示的曲线是双曲线。

注意，并非每一个参数方程都能化成普通方程。

三、参数方程的作图

由参数方程作它的图形的基本方法是描点法。有时，也可以先把参数方程化为普通方程，然后作出图形。

例4 作出下列参数方程表示的图形：

$$\begin{cases} x = t^2, \\ y = t^3。 \end{cases}$$

解 由于这里的参数 t 可以取一切实数，所以在数 0 邻近可以取 t 的若干个值，代入参数方程，计算对应的 x 和 y 的值，列表如下：

t	$\cdots$	-2	$-\dfrac{3}{2}$	-1	0	1	$\dfrac{3}{2}$	2	$\cdots$
x	$\cdots$	4	$\dfrac{9}{4}$	1	0	1	$\dfrac{9}{4}$	4	$\cdots$
y	$\cdots$	-8	$-\dfrac{27}{8}$	-1	0	1	$\dfrac{27}{8}$	8	$\cdots$

以表中 x 和 y 的各组对应值为点的坐标,在平面直角坐标系中描点,然后用平滑曲线顺次联结各点,即得所求参数方程表示的图形,如图 5-47 所示。

例 5 作出下列参数方程表示的图形:

$$\begin{cases} x = 2 + 3\cos t & \text{①} \\ y = 1 + 3\sin t & \text{②} \end{cases}$$

解　由①得　　　　　　　　　 $x - 2 = 3\cos t,$

两边平方,得　 $(x - 2)^2 = 3^2 \cdot \cos^2 t;$　　　　③

由②得　 $y - 1 = 3\sin t,$

两边平方,得　 $(y - 1)^2 = 3^2 \cdot \sin^2 t;$　　　　④

③+④,得

$$(x - 2)^2 + (y - 1)^2 = 3^2 \cdot \cos^2 t + 3^2 \cdot \sin^2 t$$
$$= 3^2 (\cos^2 t + \sin^2 t) = 3^2,$$

即　　　　　　　　　　 $(x - 2)^2 + (y - 1)^2 = 3^2。$

它表示的曲线是圆心在 $C(2,1)$、半径为 3 的圆,如图 5-48 所示。

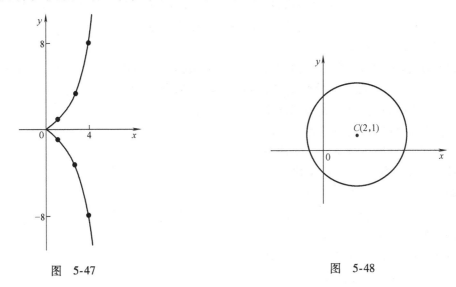

图　5-47　　　　　　　　　　　　图　5-48

四、圆的渐开线和摆线

在机械工业中,经常会用到一些曲线的参数方程,这里简单介绍机械设计和加工过程中,常用的两种曲线及其参数方程。

1. 圆的渐开线及其参数方程

取一条没有伸缩性的绳子,绕在半径为 r 的圆周上,在绳子的外端拴一支笔,如图 5-49 所示,用笔轻轻拉紧绳子并逐渐展开,使绳子的拉出部分在每一时刻都与圆相切,这样笔尖在圆所在的平面上画出的曲线就是圆的渐开线。

一般地,设直线与圆相切,当直线沿着圆周作无滑动的滚动时,动直线上一个定点的轨迹,叫做圆的渐开线。动直线叫做渐开线的发生线,定圆叫做渐开线的基圆。

如图 5-49 所示,设 A 为基圆上渐开线的起始点,以基圆的圆心为原点,联结 OA 的直线为 x 轴,建立直角坐标系。设基圆的半径 $OB = r, P(x,y)$ 为渐开线上的任意一点,PB 是基圆的切线。取以 OA 为始边、OB 为终边的正角 $\angle AOB = t$ rad 为参数，由渐开线的定义知，

$$PB = \overset{\frown}{AB} = rt。$$

过点 B 作 $BC \perp x$ 轴，垂足为 C；过点 P 分别作 $PM \perp x$ 轴、$PN \perp BC$，垂足分别为 M、N。则 $\angle NBP = t$，于是

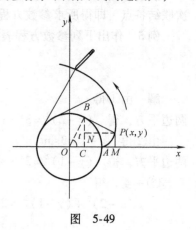

$$
\begin{aligned}
x &= OM = OC + CM = OC + NP \\
&= OB\cos t + PB\sin t \\
&= r\cos t + rt\sin t, \\
y &= MP = CN = CB - NB \\
&= OB\sin t - PB\cos t \\
&= r\sin t - rt\cos t。
\end{aligned}
$$

所以，圆的渐开线的参数方程为

$$
\begin{cases}
x = r(\cos t + t\sin t), \\
y = r(\sin t - t\cos t)。
\end{cases}
$$

图 5-49

在机械传动中，传递动力的齿轮，大多采用圆的渐开线作为齿廓线。这种齿轮具有啮合传动平稳、强度好、磨损少、制造和装配都较方便等优点。

2. 摆线及其参数方程

设直线与圆相切，当圆沿着直线作无滑动的滚动时，动圆圆周上一个定点的轨迹，叫做摆线（或旋轮线）。动圆叫做摆线的生成圆，定直线叫做摆线的基准线。

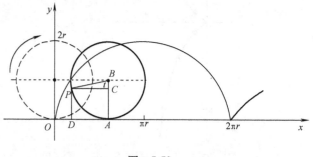

如图 5-50 所示，设摆线的基准线与生成圆相切的初始切点为点 O，以点 O 为原点、基准线为 x 轴、生成圆的滚动方向为 x 轴的正方向，建立直角坐标系。设生成圆的半径为 r，P (x, y) 为摆线上的任意一点，这时生成圆的圆心移至点 B，且与 x 轴相切于点 A。取 $\angle PBA = t$ rad 为参数，则由摆线的定义知，$OA = \overset{\frown}{PA} = rt$。

图 5-50

过点 P 分别作 $PD \perp x$ 轴、$PC \perp AB$，垂足分别为 D、C，则

$$
\begin{aligned}
x &= OD = OA - DA = OA - PC = rt - PB\sin t = rt - r\sin t, \\
y &= DP = AC = AB - CB = r - PB\cos t = r - r\cos t。
\end{aligned}
$$

所以，摆线的参数方程为

$$
\begin{cases}
x = r(t - \sin t), \\
y = r(1 - \cos t)。
\end{cases}
$$

生成圆沿着基准线每滚动一周所得到的摆线，称为摆线的一拱，显然，每一拱摆线的拱宽为 $2\pi r$，拱高为 $2r$。

由于采用摆线作为齿廓线的齿轮，具有传动精度好、耐磨损等优点，所以在精密度要求较高的钟表工业和仪表工业中，广泛采用摆线作为齿轮的齿廓线。

习题　5.5

1. 将下列参数方程化为普通方程，并指明方程表示的曲线。

(1) $\begin{cases} x = 3 - 2t \\ y = \dfrac{1}{2}t; \end{cases}$　　　　　　　(2) $\begin{cases} x = 3 + \cos t \\ y = -2 + \sin t。 \end{cases}$

2. 作出下列参数方程表示的图形，并将参数方程化为普通方程，检查所作图形的正确性。

(1) $\begin{cases} x = \sin t \\ y = \cos^2 t; \end{cases}$　　　　　　　(2) $\begin{cases} x = \dfrac{1}{2}t \\ y = t^2。 \end{cases}$

3. 已知一齿轮的齿廓线为圆的渐开线，它的基圆直径为 300mm，写出此齿廓线所在的渐开线的参数方程。

4. 已知摆线的生成圆的直径为 80mm，写出此摆线的参数方程，并求其一拱的拱宽和拱高。

第六节　极　坐　标

一、极坐标的概念

在直角坐标系中，是用两个距离来确定点的位置，这种方法很重要，但它不是确定点位置的唯一方法。例如，炮兵射击时，是用方位角和距离来确定目标的位置。这说明，在有些情况下，可以用一个角度和一个距离来确定点的位置。

如图 5-51 所示，在平面上任取一点 O，由 O 引射线 Ox，再选定长度单位和角的正方向（一般取逆时针方向），这样就在平面内建立了一个极坐标系。点 O 称为极点，射线 Ox 称为极轴。

如图 5-51 所示，在极坐标平面上，任意一点 P 的位置，可以用线段 OP 的长度和以 Ox 为始边、OP 为终边的角度来确定。

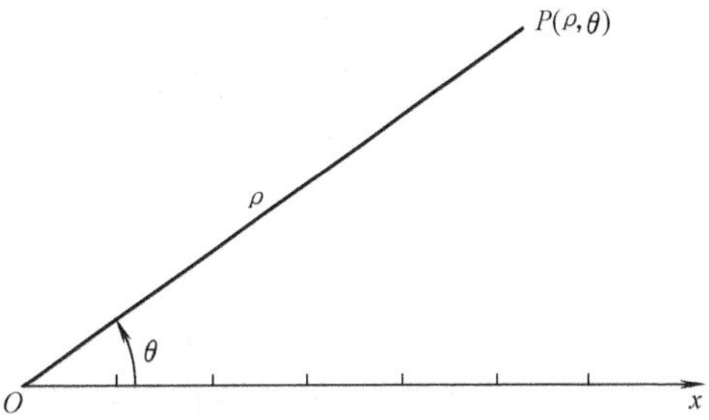

图　5-51

设点 P 到极点 O 的距离为 ρ，以 Ox 为始边、OP 为终边的角度为 θ，则称有序数对 (ρ, θ) 为点 P 的极坐标，记作 $P(\rho, \theta)$。ρ 称为点 P 的极径，θ 称为点 P 的极角。

在此，我们规定：$\rho \geq 0$，$-\pi < \theta \leq \pi$。在此规定之下，极坐标平面上的任意一点 P（极点除外）就与它的极坐标 (ρ, θ) 是一一对应的关系。特别地，极点的极坐标为 $(0, \theta)$，其中 θ 可以取任意实数。

例 1　在极坐标平面上，作出极坐标为 $A\left(2, \dfrac{\pi}{4}\right)$、$B\left(3, \dfrac{2\pi}{3}\right)$、$C\left(5, -\dfrac{5\pi}{6}\right)$、$D\left(6, -\dfrac{\pi}{12}\right)$、$E\left(6, -\dfrac{\pi}{2}\right)$、$F(4, \pi)$ 的点。

解　如图 5-52 所示。过基点 O 作射线 OA，使 OA 与 Ox 成 $\dfrac{\pi}{4}$ 角；再在射线 OA 上取点 A，使 $|OA| = 2$，则

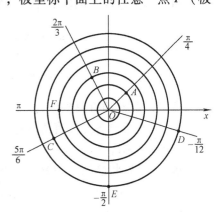

图　5-52

点 A 即为极坐标为 $\left(2, \dfrac{\pi}{4}\right)$ 的点。

类似地，可以作出点 B、C、D、E、F。

例 2　写出图 5-53 所示极坐标平面上的点 M、N、P、Q 的极坐标。

解　因为 $|OM| = 1$，点 M 的极角 $\theta = 0$，所以点

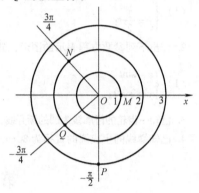

M 的极坐标为 $(1, 0)$。同理可得 $N\left(2, \dfrac{3\pi}{4}\right)$、$P$

$\left(3, -\dfrac{\pi}{2}\right)$、$Q\left(2, -\dfrac{3\pi}{4}\right)$。

二、极坐标与直角坐标的互化

极坐标系和直角坐标系是两种不同的坐标系，同一个点可以用极坐标表示，也可以用直角坐标表示，下面研究这两种坐标在一定条件下的转化方法。

如图 5-54 所示，设在平面上取定了一个直角坐标系。如果以原点为极点、x 轴为极轴，则得到一个极坐标系。于是，平面上任意一点 P 的极坐标 (ρ, θ) 和直角坐标 (x, y) 之间，具有下列关系：

图　5-53

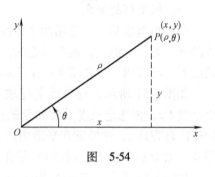

$$\begin{cases} x = \rho\cos\theta \\ y = \rho\sin\theta \end{cases} \qquad ①$$

根据①，又可推导出下列关系式：

$$\begin{cases} \rho = \sqrt{x^2 + y^2} \\ \tan\theta = \dfrac{y}{x} \quad (x \neq 0) \end{cases} \qquad ②$$

图　5-54

利用①，可将点的极坐标化为直角坐标；利用②，可将点的直角坐标化为极坐标。其中注意：利用 $\tan\theta$ 求 θ 时，要根据点 $P(x, y)$ 所在的象限来确定 θ 所在的象限。特别地，当 $x = 0$ 时，$\tan\theta$ 不存在，这时若 $y > 0$，则 $\theta = \dfrac{\pi}{2}$；若 $y < 0$，则 $\theta = -\dfrac{\pi}{2}$。

例 3　将点 P 的极坐标 $\left(2, \dfrac{5\pi}{6}\right)$ 化为直角坐标。

解　将已知点 P 的极坐标代入①，得

$$x = \rho\cos\theta = 2 \times \cos\dfrac{5\pi}{6} = 2 \times \left(-\dfrac{\sqrt{3}}{2}\right) = -\sqrt{3},$$

$$y = \rho\sin\theta = 2 \times \sin\dfrac{5\pi}{6} = 2 \times \dfrac{1}{2} = 1。$$

所以，点 P 的直角坐标为 $(-\sqrt{3}, 1)$。

例 4　把下列各点的直角坐标化为极坐标：

(1) $M(-1, 1)$；　　　　　　　　(2) $N(0, -4)$。

解　(1) 将已知点 M 的直角坐标代入②，得

$$\rho = \sqrt{x^2 + y^2} = \sqrt{(-1)^2 + 1^2} = \sqrt{2};$$

因为　$x = -1 < 0$，$y = 1 > 0$，

所以，极角 $\theta \in \mathrm{II}$。

因为　 $-\pi < \theta \leqslant \pi$，$\tan\theta = \dfrac{y}{x} = \dfrac{1}{-1} = -1$，

所以，极角 $\theta = \dfrac{3\pi}{4}$。

所以，点 M 的极坐标为 $\left(\sqrt{2}, \dfrac{3\pi}{4}\right)$。

(2) $\rho = \sqrt{x^2 + y^2} = \sqrt{0^2 + (-4)^2} = 4$；

因为　 $x = 0$，$y = -4 < 0$，

所以，极角 $\theta = -\dfrac{\pi}{2}$。

所以，点 N 的极坐标为 $\left(4, -\dfrac{\pi}{2}\right)$。

三、曲线的极坐标方程

在直角坐标平面上，曲线可以用关于 x、y 的二元方程 $F(x, y) = 0$ 来表示，这种方程也叫做曲线的直角坐标方程。同理，在极坐标平面上，曲线也可以用关于 ρ、θ 的二元方程 $G(\rho, \theta) = 0$ 来表示，这种方程叫做曲线的极坐标方程。

类似于曲线直角坐标方程的求法，可以求出曲线的极坐标方程。设 $P(\rho, \theta)$ 是曲线上的任意一点，把曲线看作适合某种条件的点的轨迹，根据已知条件，求出关于 ρ、θ 的关系式，并化简整理得 $G(\rho, \theta) = 0$，即为曲线的极坐标方程。

例 5　求过点 $A(2, 0)$ 且垂直于极轴的直线的极坐标方程。

解　如图 5-55 所示，在所求直线 l 上任取一点 $P(\rho, \theta)$，联结 OP。

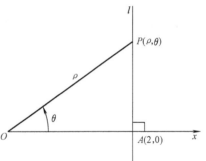

图　5-55

则　 $OP = \rho$，$\angle POA = \theta$。

在 $\mathrm{Rt}\triangle POA$ 中，因为　 $\dfrac{OA}{OP} = \cos\theta$，

所以，$\dfrac{2}{\rho} = \cos\theta$，

所以，$\rho\cos\theta = 2$ 为所求直线的极坐标方程。

例 6　求圆心在 $C\left(r, \dfrac{\pi}{2}\right)$、半径为 r 的圆的极坐标方程。

解　如图 5-56 所示，由题意知，所求圆的圆心在垂直于极轴且位于极轴上方的射线上，而圆周经过极点。设圆与垂直于极轴的射线的另一交点为 $A\left(2r, \dfrac{\pi}{2}\right)$。

设圆上任意一点为 $P(\rho, \theta)$，联结 PA，则
$$|OP| = \rho, \quad \angle POx = \theta.$$

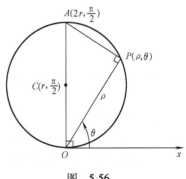

图　5-56

在 Rt△POA 中，因为　$\cos\angle POA = \dfrac{|OP|}{|OA|}$，

所以　$\cos\left(\dfrac{\pi}{2}-\theta\right)=\dfrac{\rho}{2r}$，即 $\sin\theta=\dfrac{\rho}{2r}$，

所以，$\rho=2r\sin\theta$ 为所求圆的极坐标方程。

我们知道，在直角坐标系中，$x=k(k$ 为常数) 表示一条平行于 y 轴的直线；$y=k(k$ 为常数) 表示一条平行于 x 轴的直线。我们可以证明（具体从略），在极坐标系中，$\rho=k(k$ 为常数) 表示圆心在极点、半径为 k 的圆；$\theta=k(k$ 为常数) 表示极角为 k 的一条直线（过极点）。

四、极坐标方程的作图

根据已知的极坐标方程作图形的基本方法是描点法，即在 θ 的允许取值范围内，适当取 θ 的一系列数值，并求出对应的 ρ 的数值，以每一对 (ρ，θ) 为点的坐标，在极坐标平面上描出一系列点，用平滑曲线联结各点，即得极坐标方程表示的曲线。

例 7　作 $\rho=a(1+\cos\theta)(a>0,-\pi<\theta\leqslant\pi)$ 的图形。

解　首先，由于 $\theta=0$ 时，$\rho=2a$；$\theta=\pi$ 时，$\rho=0$。所以曲线过极点，且于极轴相交于点 ($2a$，0)。其次，在方程 $\rho=a(1+\cos\theta)$ 中，由于 $\cos(-\theta)=\cos\theta$，所以 $\theta\in(-\pi,0)$ 与 $\theta\in(0,\pi)$ 对应的曲线关于极轴对称。

取 $\theta\in(0,\pi)$，把 θ 与 ρ 的部分对应数值列表如下：

θ	0	$\dfrac{\pi}{6}$	$\dfrac{\pi}{4}$	$\dfrac{\pi}{3}$	$\dfrac{\pi}{2}$	$\dfrac{2\pi}{3}$	$\dfrac{3\pi}{4}$	$\dfrac{5\pi}{6}$	π
ρ	$2a$	$1.87a$	$1.71a$	$1.5a$	a	$0.5a$	$0.29a$	$0.13a$	0

描点连线，得 $\theta\in(0,\pi)$ 时的曲线；利用对称性，得 $\theta\in(-\pi,0)$ 时的曲线。如图 5-57 所示，这条曲线叫做心形线（或心脏线）。

作极坐标方程的图形，有时也可先把极坐标方程化为直角坐标方程，然后作图。

例 8　作 $\rho=2\cos\theta-4\sin\theta$ 的图形。

解　方程两边同乘以 ρ，得

$$\rho^2=2\rho\cos\theta-4\rho\sin\theta。$$

将 $\rho^2=x^2+y^2$、$\rho\cos\theta=x$、$\rho\sin\theta=y$ 同时代入上式，得

$$x^2+y^2-2x+4y=0，$$

配方，得

$$(x-1)^2+(y+2)^2=5。$$

由于这是圆心在点 (1，-2)、半径为 $\sqrt{5}$ 的圆，所以所作的极坐标方程的图形如图 5-58 所示。

五、等速螺线

设一个动点沿着一条射线作等速运动，同时这条射线又绕着它的端点作等角速旋转运动，这个动点的轨迹叫做等速螺线（或阿基米德螺线）。

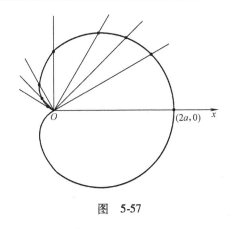

图　5-57

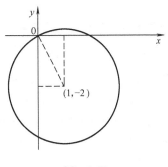

图　5-58

下面我们来建立等速螺线的极坐标方程。如图 5-59 所示，设点 O 为射线 l 的端点，以点 O 为极点，l 的初始位置为极轴，建立极坐标系。设动点 $P(\rho, \theta)$ 在射线 l 上的初始位置为 $P_0(\rho_0, 0)$，并设动点 P 沿射线 l 作直线运动的速度为 v，射线 l 绕着点 O 作旋转运动的角速度为 ω，则由等速螺线的定义知，经过时间 t 的动点 P 的极坐标 (ρ, θ) 满足下列关系式

$$OP - OP_0 = \rho - \rho_0 = vt,$$

$$\theta = \omega t,$$

即

$$\rho = \rho_0 + vt,$$

$$\theta = \omega t。$$

这样，等速螺线关于时间 t 的参数方程为

$$\begin{cases} \rho = \rho_0 + vt \\ \theta = \omega t \end{cases}$$

消去时间参数 t，得

$$\rho = \rho_0 + \frac{v}{\omega}\theta$$

由于式中 v 和 ω 均为已知常数，所以可以令 $\frac{v}{\omega} = a\,(a \neq 0)$，则得等速螺线的极坐标方程为 $\rho = \rho_0 + a\theta$。

特别地，$\rho_0 = 0$ 时，即动点 P 从极点 O 开始运动时，等速螺线的极坐标方程为

$$\rho = a\theta。$$

在机械传动过程中，经常需要把旋转运动变成直线运动，凸轮是实现这种运动变化的重要部件，而常用凸轮的轮廓线就是等速螺线的一部分。

车床夹具自定心卡盘的三个卡爪具有等进性。这是因为，在自定心卡盘的正面，有一条等速螺线的凹槽，当凹槽旋转 θ 角时，三个卡爪就在凹槽内沿着经过中心的射线方向同时伸缩相等的距离，从而保证被加工工件的中心始终位于卡盘的中心线上。

习题　5.6

1. 把下列各点的极坐标化为直角坐标：

$A\left(4,\ \dfrac{\pi}{4}\right)$;　　　　　$B\left(2,\ -\dfrac{\pi}{2}\right)$;　　　　　$C\left(3,\ -\dfrac{5\pi}{6}\right)$。

2. 把下列各点的直角坐标化为极坐标：

$A\ (-2,\ -2\sqrt{3})$;　　　$B\ (0,\ 4)$;　　　　　$C\ (3,\ 0)$;　　　　　　　$D\ (1,\ -1)$。

3. 把下列极坐标方程化为直角坐标方程：

（1）$\rho\cos\theta=4$;　　　　（2）$\rho=5$;　　　　　（3）$\rho=2r\sin\theta$。

4. 求圆心在 $C(r,\ 0)$，半径为 r 的圆的极坐标方程。

5. 用描点法，在极坐标平面上作出等速螺线 $\rho=4+2\theta(0\leqslant\theta<2\pi)$ 的图形。

第六章　其他数学方法简介

第一节　作图计算法

一、作图计算法的实质

这种计算方法是以准确绘图为主，并辅以简单加、减运算的一种处理方法，因其实质为作图，故在习惯上也称为作图法。其绘图、计算后所得结果的准确程度，完全由绘图的精度确定。由于绘图的精度往往难于达到数控系统所要求的精度，故此法慎用。

二、作图计算法的要求

1）绘图工具的质量应较高。要保证通过所绘图形而得到准确的结果，必须使用质量较高的绘图工具。如绘图板的板面应平整且不能太软、圆规和分规的铰链及螺纹联接不应过松、铅笔的软硬要适度等。

2）绘图要做到认真、仔细并保证度量准确。

3）图线应尽量细而清晰，绘制多个同心圆时，要避免圆心移位。

4）图形严格按比例进行，当采用坐标纸进行绘图时，可尽量选用较大的放大比例，并尽可能使基点落在坐标格的交点上。

三、作图计算法的适用范围

1）适用于精度要求比较高、加工轮廓比较复杂，但加工部位的总体轮廓尺寸却很小的零件。

2）适用于精度要求比较低、加工轮廓比较简单的零件。

3）适用于零件粗加工的加工余量分配和切削路线选择的编程，以省掉许多烦琐的数值计算过程，减少出错的几率。

4）适用于对复杂轮廓几何关系进行分析，还可以与其他计算方法所得结果进行对比校核。

例如，当其计算结果与严格按放大比例并准确绘制图形上的结果有较大出入时，一般应以绘图结果作为校核计算结果的依据，并以此进行对比校核，从而节省大量的校核时间，减少返工的几率。

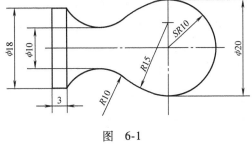

图　6-1

例1　已知有一球形手柄，其已知条件如图 6-1 所示，试用作图计算法确定该图外形轮廓上各基点的坐标值。

解　选取 5∶1 的比例在标准坐标纸上放大作图，如图 6-2 所示（图中一格代表坐标纸上的 5 小格）。

① 以已知点 G 为圆心、$R10\text{mm}$ 为半径画弧并与 z 坐标为 15mm（即 $\frac{10}{2}+10$）的 x 轴平行直线相交，得交点 O_1（即 $R10\text{mm}$ 圆弧的圆心）。

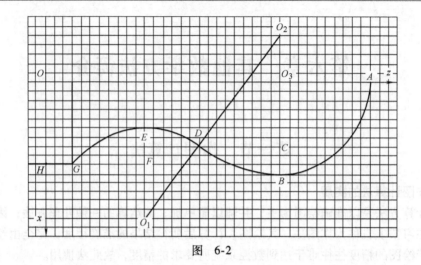

图 6-2

② 以 O_1 为圆心、25mm（即 10＋15）为半径画弧，并与 x 坐标为 −5mm（即 10 −15）的 z 轴平行直线相交，得交点 O_2（即 R15mm 圆弧的圆心）。

③ 过点 O_2 作 z 轴的垂线至 R15mm 圆弧的顶点 B，并与 z 轴相交，得交点 O_3（即 R10mm圆弧的圆心）。

④ 联结 O_1 和 O_2，得直线 O_1O_2。

⑤ 以 O_1 为圆心、GO_1 为半径，由点 G 画 R10mm 圆弧，与直线 O_1O_2 相交，得交点 D（即与 R15mm 圆弧外切时的切点）。

⑥ 以 O_2 为圆心、DO_2 为半径，由点 D 画 R15mm 圆弧，与直线 O_2B 相交，得顶点 B（即与 R10mm 圆弧内切时的切点）。

⑦ 以 O_3 为圆心、O_3B 为半径，由点 B 画 R10mm 圆弧，与 z 轴相交，得其圆弧起点 A。

⑧ 分别过 G、D 点作 z 轴的平行线，当与过 O_1 点所作 z 轴的垂线相交时，得交点 E、F，与 O_2B 直线相交时，得交点 C。

图解结果：除 O_3A 等于 O_3B 并已知为 10mm 外，设分别以 B 及 D 点为其增量坐标系的原点，并按图 6-2 中所示一格表示 1mm 的比例，即量得（含简单计算）：基点 D 相对于点 B 的增量坐标值（除另有说明外，以下均按前置刀架式数控车床规定的坐标系列出各坐标值，其中 U 为实长值）（W, U）为（−9, −3）；基点 G 相对于点 D 的增量坐标值（W, U）为（−14, 2）；圆心 O_1 相对于点 D 的（W, U）为（−6, 8）。图 6-2 中设定 xOz 坐标系表示，基点和圆心的坐标如下：

	A	B	D	G	H	O	O_1	O_2	O_3
x	0	10	7	9	9	0	15	−5	0
z	36	26	17	3	0	0	11	26	26

第二节　拟合计算法

一、概述

在数控加工中，除直线、圆之外，其他可以用数学方程式表达的平面轮廓形曲线，称为非圆曲线。其数学表达式可以是以 $y=f(x)$ 的直角坐标的形式给出，也可以是以 $\rho=\rho(\theta)$ 的极坐标形式给出，还可以是以参数方程的形式给出。通过坐标变换，后面两种形式的数学表达式，都可以转换为直角坐标表达式。这类具有非圆曲线的零件，主要以平面凸轮类零件为主，其他还有样板曲线、圆柱凸轮以及数控车床上加工的各种以非圆曲线为母线的回转体零件等。这类零件的编程，常采用拟合计算法来进行，拟合计算法是指用直线或（和）圆弧近似代替非圆曲线时，解其节点的方法。其数值计算过程，一般可以按照以下步骤进行：

1）选择插补拟合方式。即应首先决定是采用直线段逼近非圆曲线，还是采用圆弧段或抛物线等二次曲线逼近非圆曲线。

采用直线段逼近非圆曲线，一般数学处理较简单，但计算的坐标数据较多，且各直线段间连接处存在尖角，由于在尖角处，刀具不能连续地对零件进行切削，零件表面会出现硬点或切痕，使加工表面质量变差。采用圆弧段逼近的方式，可以大大减少程序段的数目，其数值计算又分为两种情况，一种为相邻两圆弧段间彼此相交；另一种则采用彼此相切的圆弧段来逼近非圆曲线，后一种方法由于相邻圆弧彼此相切，一阶导数连续，工件表面整体光滑，从而有利于加工表面质量的提高。采用圆弧段逼近，其数学处理过程比直线段逼近要复杂一些。

2）确定编程公差。即应使 $\delta\leqslant\delta_{公}$。

3）选择数学模型，确定计算方法。非圆曲线节点计算过程一般比较复杂，目前生产中采用的算法也较多。在决定采取什么算法时，主要应考虑的因素有两条：其一是尽可能按等误差的条件，确定节点坐标位置，以便最大限度地减少程序段的数目；其二是尽可能寻找一种简便的计算方法，以便于计算机程序的制作，及时得到节点坐标数据。

4）根据算法，画出计算机处理流程图。

5）高级语言编写程序，上机调试程序，并获得节点坐标数据。

6）对于较为简单或精度要求不高的非圆曲线，常采用手工计算，获得编程用的节点坐标数据。

7）宏程序是含有变量的手工编写程序，是程序编制的高级形式，特别是在处理中等难度的零件以及拟合处理中灵活应用数学知识和工艺知识的零件，可以获得比计算机自动编程处理快得多的高水平程序。

二、拟合计算的基础知识

（1）计算的对象　在手工编程中，拟合计算的对象多为由曲线方程所给定的二维非圆曲线，也可为列表曲线等。

（2）常用拟合方法　手工编程中的拟合方法有弦线拟合法、切线拟合法、割线拟合法和圆弧拟合法等多种，其中前三种均属直线拟合的方法（图 6-3）。圆弧拟合方法如图 6-4 所示，点 G 为圆弧拟合非圆曲线时的节点。因弦线拟合法及圆弧拟合法应用较为普遍，故本节重点介绍这两种常用拟合方法及其拟合计算过程。

（3）常用拟合计算的方法　手工编程中常用的拟合计算方法有等间距法、等插补段法及三点定圆法等几种。

1）等间距法。在一个坐标轴方向，将拟合轮廓的总增量（如果在极坐标系中，则指转角或径向坐标的总增量）进行等分后，对其设定的节点所进行的坐标值的计算方法，称为

| a) 切线拟合法 | b) 割线拟合法 | c) 弦线拟合法 |

图　6-3

等间距法，如图 6-5 所示。

2）等插补段法。当设定其相邻两节点间的弦长相等时，对该轮廓曲线所进行的节点坐标值计算方法，称为等插补段法，如图 6-6 所示。

不论采用等间距法或等插补段法，因零件轮廓曲线上各点的曲率不等，故其各插补段的拟合误差也不相同。

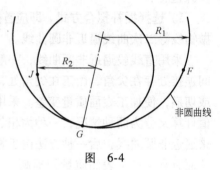

图　6-4

3）三点定圆法。这是一种用圆弧拟合非圆曲线时常用的计算方法，其实质是过已知曲线上的三点作一圆，包括求其圆心的坐标和该圆半径。

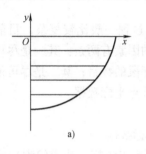 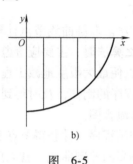 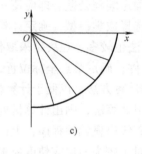

| a) | b) | c) |

图　6-5

（4）节点位置的选定　当采用任何一种拟合计算方法进行节点坐标值计算之前，都必须经过节点位置选定这一不可忽视的中间环节。如果节点位置选定不当，可能会增大其拟合误差，或者会增加其拟合程序段的段数。

1）对轮廓曲线的分段。拟合节点是通过对轮廓曲线采用某种方法进行分段后得到的。在分段过程中，首先要分析该曲线在编程坐标系中的位置（走向），然后按其曲率的变化进行选定。

2）曲线位置。当采用等间距法进行拟合计算时，通过分析其曲线在编程坐标系中的走向位置，可以合理选定在哪个坐标轴方向进行增量等分，以尽量减小其直线拟合的误差。

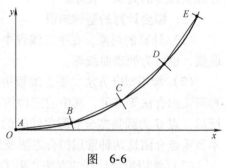

图　6-6

3）曲率变化。对曲线上各点曲率变化的分析，不仅有助于选定最少的节点数（即最少的拟合段数），还有助于选用合适的拟合计算方法。

对任何一条非圆曲线，在有效控制其拟合误差的前提下，可以采用一种或多种拟合方法及一种或多种拟合计算方法；在采用同一种拟合计算方法时，又可以按照其曲率的不同变化进行不同的分段。

例如，对轮廓曲线上曲率变化不大（或曲率半径较大）的部分，可选择较大间隔的等分增量；对轮廓曲线上曲率变化较大的部分，则应选择较小间隔的等分增量。

4）曲线上的拐点与凸点。在手工编程计算中，准确认定轮廓曲线上的拐点与凸点（图6-7），对合理选定其节点位置是十分重要的。

① 拐点：拐点为顺圆弧走向与逆圆弧走向之间的过渡点（即切点），拐点处的曲率为零。

② 凸点：这里所指的凸点为正常凸点，其曲率不为零，并且为最大。

手工拟合计算时，常常使凸点位于该拟合段的中部位置，以便于进行拟合误差的分析与计算。

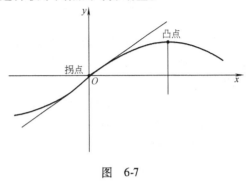

图　6-7

三、直线拟合计算的示例

例2　已知条件如图6-8所示，试用等间距法对图6-9所示的曲率变化不大的 A—S 曲线段进行直线拟合计算。

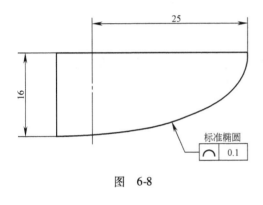

图　6-8

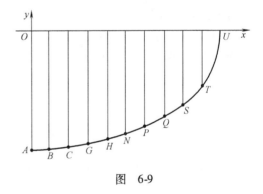

图　6-9

解题分析

1）据已知条件和所设定的编程坐标系，可建立该轮廓曲线的椭圆方程式为

$$\frac{x^2}{25^2} + \frac{y^2}{16^2} = 1$$

2）根据其曲线的走向位置，将轮廓曲线的总增量在横坐标轴上进行 10 等分后，得到 B、C、G、H、N、P、Q、S 和 T 等各节点。

3）将各等分点的纵坐标值按该曲线的椭圆方程

$$y = \pm 16 \sqrt{1 - \frac{x^2}{25^2}}$$

（符号取负）进行计算后，列于下表：

坐标 \ 点	A	B	C	G	H	N	P	Q	S	T	U
x	0	2.5	5	7.5	10	12.5	15	17.5	20	22.5	25.0
y	-16.0	-15.92	-15.68	-15.26	-14.66	-13.86	-12.8	-11.43	-9.6	-6.97	0

4）通过以上节点坐标值的计算表，可以看出：其中 S、T、U 这三个节点间的曲率变化较大，不宜直接采用直线拟合法进行计算，故初步考虑在节点 A 至 S 间采用直线拟合并进行其拟合计算。

5）因为靠近 y 坐标轴附近的曲线部分，其曲率变化较小，故可取间隔 5mm 为一段（如 $A \rightarrow C$ 及 $C \rightarrow H$ 等）进行直线拟合。

6）该直线拟合过程采用边拟合、边分析（计算）其误差的方式进行：

① 如果经分析后的拟合误差太小时，可将其分段长度增大，再进行拟合误差分析，并以此类推。

② 如果拟合误差大于允许的最大编程误差时，则需要相应减小其分段长度，再进行拟合误差分析，并以此类推。

③ 如果其分段长度已经很小，仍不能满足其误差要求时，则应考虑改直线拟合为圆弧拟合。

解题步骤和结果

1）对 A、C 两点间的直线拟合。

根据 A、C 两点的已知坐标，由直线方程的两点式，可得直线 AC 的一般形式方程：

$$0.32x - 5y - 80 = 0$$

利用点 B 到直线 AC 的距离公式，可近似分析其拟合误差。其距离 d 的计算公式为：

$$d = \left| \frac{Ax_1 + By_1 + C}{\sqrt{A^2 + B^2}} \right|$$

经计算后的结果（保留两位小数）为：

$$d = 0.08 \text{mm}$$

因其拟合误差 0.08mm 已小于允许的最大编程误差（即图 6-7 中给定的线轮廓度公差 0.1mm），故该拟合结果正确。

2）对 C、H 两点间的直线拟合。

建立直线 CH 的一般形式方程：

$$1.02x - 5y - 83.5 = 0$$

按前述距离公式并经计算后得到 G 点到 CH 的距离为：

$$d = 0.09 \text{mm}$$

因其拟合误差 0.09mm 也小于允许的最大编程误差（即图 6-7 中给定的线轮廓度公差 0.1mm），故该拟合结果正确。

3）对 H、P 两点间的直线拟合

建立直线 HP 的一般形式方程：

$$2.08x - 5y - 94.1 = 0$$

按前述距离公式并经计算后的结果为：

$$d = 0.22\text{mm}$$

因其误差超过了允许值，故必须减小其拟合的分段间隔。

4）减小分段间隔后，对 H、N 两点间的直线拟合。

先在 H、N 两点间，按其椭圆方程式计算出相应的中点（或近似中点）M_1（假定取 $x = 11.3$ 时）的坐标值；

建立直线 HN 的一般形式方程：

$$0.8x - 2.5y - 44.65 = 0$$

按前述距离公式并经计算后的结果为：

$$d = 0.03\text{mm}$$

因其误差 0.03mm 小于允许的最大编程误差，故 H、N 间的直线拟合正确。

5）按以上方法和步骤，即可完成其余节点的直线拟合。

四、直线拟合误差的计算

在例 2 中，其计算出的 d 值仅仅是近似误差值，而较准确的拟合误差通常为位于其拟合直线的中垂线与被拟合曲线的交点至拟合直线间的距离（如图 6-10 中的 VM）。

较准确计算直线拟合误差的方法为：

1）求插补直线（如图 6-10 中的 DE）中 V 点的坐标。

$$x_V = \frac{x_D + x_E}{2};$$

$$y_V = \frac{y_D + y_E}{2}。$$

2）建立过 V 点并垂直于直线 DE 的直线 l 方程式。

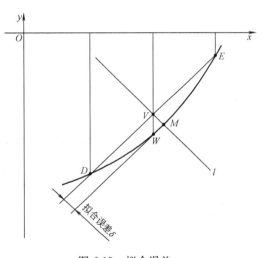

图 6-10　拟合误差

3）解其由直线 l 和被拟合曲线方程所组成的方程组，即可解得 M 点的坐标。

4）再用前述距离公式即可解得其拟合误差（即 VM）值。

五、圆弧拟合计算的示例

例 3　已知条件如图 6-8 所示，试用三点定圆法对图 6-9 中的 S、T、U 曲线段进行圆弧拟合计算。

解题分析

1）圆弧拟合计算的坐标系原点可选择在图 6-9 中的点 O 或点 U 上（本例选择在点 O 上）。

2）已知三点 S、T、U 的坐标值，见例 2 表中所列数值。

解题步骤和结果

1）将已知 S、T、U 三点的坐标值分别代入圆的一般方程中，得到由三方程组成的方程组：

$$\begin{cases} 20^2 + 9.6^2 + 20D - 9.6E + F = 0 \\ 22.5^2 + 6.97^2 + 22.5D - 6.97E + F = 0 \\ 25^2 + 25D + F = 0 \end{cases}$$

2）根据 $a = -\dfrac{D}{2}$，$b = -\dfrac{E}{2}$，$R = \dfrac{1}{2}\sqrt{D^2 + E^2 - 4F}$ 即可解得拟合圆的圆心坐标及半径：

$$a = 11.625,\ b = 0.865,\ R = 13.4$$

六、圆弧拟合误差的计算

1）作圆弧拟合误差分析图（图6-11）。

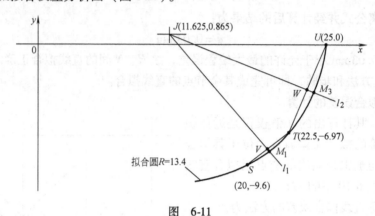

图　6-11

2）计算直线 ST 上中点 V 的坐标，解得 V（21.25，-8.285）。

3）建立过点 V 并垂直于直线 ST 的中垂线 l_1 方程式：

$$y = -0.951x + 11.916。$$

4）建立拟合圆的方程式：

$$(x - 11.625)^2 + (y - 0.865)^2 = 13.4^2$$

5）由方程组

$$\begin{cases} y = -0.951x + 11.916 \\ (x - 11.625)^2 + (y - 0.865)^2 = 13.4^2 \end{cases}$$

解得拟合初验点 M_1（即直线 l_1 与拟合圆的交点）的坐标为 M_1（21.337，-8.368）。

6）由方程组

$$\begin{cases} y = -0.951x + 11.916 \\ \dfrac{x^2}{25^2} + \dfrac{y^2}{16^2} = 1 \end{cases}$$

解得理想初验点 M_2（即直线 l_1 与椭圆曲线的交点）的坐标为 M_2（21.317，-8.358）。

7）由 M_1、M_2 两点间的距离公式：

$$d = \sqrt{(x_1 - x_2)^2 + (y_1 - y_2)^2}$$

可解得 T、S 两点间的拟合误差为 0.021mm。

8）计算直线 TU 上中点 W 的坐标为（23.75，-3.485）。

9）建立过 W 点并垂直于直线 TU 的中垂线（l_2）的方程式：

$$y = -0.359x + 5.036$$

10）由方程组

$$\begin{cases} y = -0.359x + 5.036 \\ (x - 11.625)^2 + (y - 0.865)^2 = 13.4^2 \end{cases}$$

解得拟合初验点 M_3 的坐标为(24.238, -3.66)。

11）由方程组

$$\begin{cases} y = -0.359x + 5.036 \\ \dfrac{x^2}{25^2} + \dfrac{y^2}{16^2} = 1 \end{cases}$$

解得理想初验点 M_4 的坐标为(24.324, -3.696)。

12）由两点间的距离公式可解得 T、U 两点间的拟合误差为 0.093mm。

13）因两段拟合误差均小于允许的最大编程误差（即图 6-7 中给定的线轮廓度公差），故其拟合结果正确。

七、特殊曲线的拟合

在拟合计算工作中，有时从零件图样上直接得不到计算节点坐标的已知条件，而需要经过图形变换等处理后，才能进行拟合。这里以一抛物线零件的数学处理为例，简要地对这种特殊曲线的拟合过程作一说明，其具体的计算及误差分析从略。

例 4　抛物线轮廓的已知条件如图 6-12 所示，分析手工编程时的拟合过程。

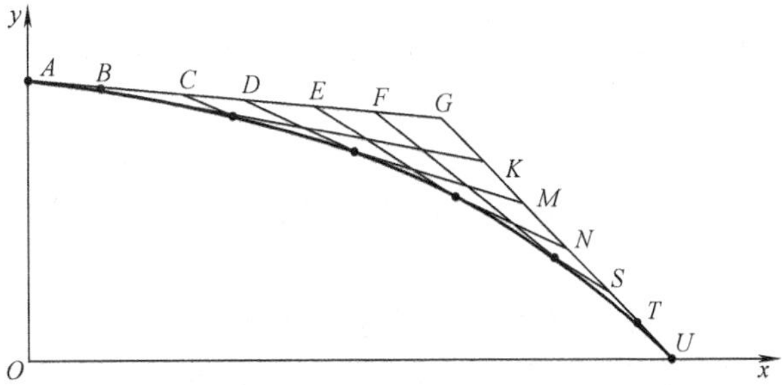

解题分析　该例曲线为一般位置（顶点不在坐标原点上）的抛物线，建立该抛物线的方程（如二次函数方程 $y = ax^2 + bx + c$ 或参数方程 $y^2 = 2px$）是十分困难的。所以，曲线上任意点的横、纵坐标也不可能如同例 2 一样由方程式算出。这里将根据抛物线的形成原理作图，对曲线进行特定的分段，并得到已知条件较为直观的各节点（见图 6-13），然后逐一解出所需数值。

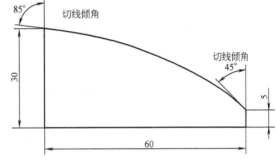

图　6-12

图　6-13

解题步骤

1）将抛物线起、终两点的已知切线 UG 和 AG 分别按相同的份数（本例按 6 等分）进行等分，得各等分点。

2）除已知 *AG* 和 *UG* 两条切线外，分别按特定次序联结各等分点，得直线 *BK*、*CM*、*DN*、*ES*、*FT*。

3）除 *U*、*A* 两个起、终点外，分别作六组相交直线 *AG* 与 *BK*、*BK* 与 *CM*、*CM* 与 *DN*、*DN* 与 *ES*、*ES* 与 *FT*、*FT* 与 *GU*，可得各组相交直线的交点（即节点，图中有 6 个交点，用黑点表示）。

4）如果光滑联结其 8 个黑点（包括 *A*、*U*），就可以得到一条逼近理想抛物线的曲线。

5）按其作图方法，分别建立各组相交直线的直线方程。

6）解其各组相交直线的方程组，即可分别解得各节点的坐标。

7）按解得的各节点坐标，结合图样上的有关要求（本例未给形状公差），可以直接采用直线拟合方法编制其加工程序，也可以采用圆弧拟合方法编制其更精确的加工程序。

解题说明

1）解此题时，应注意不要试图去建立该抛物线的方程式，因其难度远远大于作图加解析计算的综合应用方法。

2）粗看以上解题步骤似乎比较简单，实际上解题过程却十分烦琐。如要建立所需七条直线的直线方程，必须首先计算出 *AG* 和 *UG* 两条已知直线上各等分点的坐标值（当曲线精度要求较高时，其等分点的数目将相当多），然后由直线方程的两点式，分别建立起各条直线的直线方程。

3）当解出其各节点的坐标值后，如还需要进行圆弧拟合，则需要另外进行大量的计算。

第三节　计算机辅助计算法

一、计算机辅助计算法简介

计算机辅助计算法是指利用 CAD/CAM 工具，利用数学软件分析计算数控加工中的基点、节点和参数点的方法。这个方法是一种十分先进、有效的方法，它可以取代手工计算来完成较为复杂的、烦琐的运算。例如加工计算机鼠标器的外形，用三维分层曲面铣削，每一层面轮廓曲线的基点、节点就有数千个，若从零件的顶面到底面分数十层，那么总共有几十万个点需要计算，这是手工计算所无法完成的，而用计算机辅助计算法就很简单，只要输入数学模型，计算过程和计算结果就会很快自动精确地完成。计算机辅助计算法分为三个层面。

1. 利用计算软件工具进行分析计算

计算机中所有的方法：Excel、BASIC、FORTRAN、数据库、MatLab、Mathmatica 等，给我们提供了从初等数学到高等数学不同专业所用的各种数学工具。例如当我们列出了由两个二元二次方程组成的方程组时，只要将方程组输入 Mathmatica，那么两个函数的图像及方程组的 4 组解就会立刻得到。因此，只要我们掌握了数学概念，列出了函数表达式（或建立了数学模型），那么大量的计算工作就可以由计算机来完成。

2. CAD 绘图分析法

采用 CAD 绘图来分析基点与节点坐标时，首先应学会一种 CAD 软件的使用方法，然后用该软件绘制出二维零件图并标出相应尺寸（通常是基点与工件坐标系原点间的尺寸），最后根据坐标系的方向及所标注的尺寸确定基点的坐标。

采用这种方法分析基点坐标时，要注意以下几方面的问题：

1）绘图要细致认真，不能出错。

2）图形绘制时应严格按 1:1 的比例进行。

3）尺寸标注的精度要设置正确，通常为小数点后三位。

4）标注尺寸时找点要精确，不能捕捉到无关的点上去。

CAD 绘图分析法的特点是可以避免大量复杂的人工计算，操作方便，基点分析精度高，出错几率少。因此，建议尽可能采用这种方法来分析基点与节点坐标。

3. CAD/CAM 综合计算法

CAD/CAM 软件发展到今天，已经变得相当成熟。各种 CAD/CAM 软件的功能十分繁杂多样，以至于其用户手册的内容往往庞大到无法作为用户的学习用书，而只能作为功能使用的参考资料。

在数控加工中，由于 CAM 技术的发展，使得计算机设计阶段与加工制造阶段的界限变得模糊不清，甚至融为一体，往往在设计工作完成的同时，加工程序也随之生成，通过介质、网络接口或机床键盘输入到数控机床，完成加工。只要按照设计要求建立数学模型，基点、节点、参数点及刀具的轨迹等通过 CAD/CAM，仿真图形，三维动态显示，一目了然。这种将 CAD/CAM 融为一体的分析计算法叫 CAD/CAM 综合计算法。

以上三个层面各有特长，要根据实际情况灵活应用，但基本的数学基础是必不可少的。

二、常用软件介绍

1. 常用 CAD 绘图软件

当前在国内常用的 CAD 绘图软件有 AutoCAD 和 CAXA 电子图板等。

AutoCAD 是 Autodesk 公司的主导产品，是当今最为流行的绘图软件之一，具有强大的二维功能，如绘图、编辑、填充和图案绘制、尺寸标注以及二次开发等功能，同时还具有部分三维绘图功能。该软件界面亲和力强，简便易学。因此，受到工程技术人员的广泛欢迎。在国内，当前使用的版本为 AutoCAD2002、AutoCAD2004、AutoCAD2006 等简体中文版。

由北航海尔公司研制开发的 CAXA 电子图板软件，由华中科技大学开发的开目 CAD，清华大学的天河 CAD 等，是我国自行开发的全国产化非常优秀的软件。这些软件不仅具有强大的二维、三维绘图功能，专门针对机械设计而制作的零件库，还有 CAM 功能。因此，这些软件受到了大量机械类工程技术人员的青睐。全中文界面，ISO 和 GB 标准等也特别适用于技校、职校学生和技术工人的学习与使用。

2. 常用 CAD/CAM 软件简介

目前 CAD/CAM 软件种类繁多，基本上都能够很好地承担交互式图形编程的任务。这里仅对最常见的 4 种软件进行简单的介绍。

（1）Unigraphics（UG）　属于 EDS 公司，是世界上处于领导地位的、最著名的几种大型 CAD/CAM 软件之一，具有强大的造型能力和数控编程能力，功能繁多。最新版本为 UGNX2。

（2）Cimatron　属于 1982 年成立的以色列 Cimatron 公司，该软件具有功能齐全、操作简便、学习简单、经济实用的特点，受到小型加工企业特别是模具企业的欢迎，在我国有广泛的应用。最新版本为 Cimatron it 13 和 Cimatron E4.2。其中 Cimatron E 是基于 Windows 平台开发的。

（3）Mastercam 是美国 CNC Software 公司研制开发的 CAD/CAM 系统，它从一开始就是在 Windows 平台下开发的软件，分成 DESIGN 设计模块、MILL 铣床加工模块、LATHE 车床加工模块和 WIRE 线切割加工模块。也是一种简单易学、经济实用的小型 CAD/CAM 软件。最新版本为 Mastercam X。

（4）CAXA ME 制造工程师 是我国北京北航海尔软件有限公司开发的一款 CAD/CAM 软件，作为国产 CAD/CAM 软件的代表，充分考虑中国特色，符合国内工程师的操作习惯。高效易学（宣称"1 天学会编程"），为数控加工行业提供了从造型、设计到加工代码生成、加工仿真、代码校验等一体化的解决方案。

其他常用的 CAD/CAM 软件还包括 DASAL 公司的 CATIA、DELCAM 公司的 POWER-MILL、PTC 公司的 PRO/E 和 HZS 公司的 SPACE-E 等，本书不再一一介绍。

大多数软件所提供的核心功能是基本相同的，只要掌握了这些基本功能，加上良好的数学功底，就完全能够完成数控数学计算问题，并可能成为优秀的数控专业工作者。

计算机辅助计算法具体应用示例见第七章。

习　题

1. 利用坐标纸（方格纸）用作图法求出图 6-14 所示零件的基点坐标。

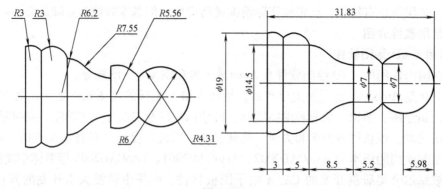

图 6-14

2. 手工编程常用的拟合方法有哪几种？计算方法有哪几种？

3. 只要学好了计算机辅助计算法，不需要学习数学知识也能编程并解决问题，这种说法对吗？为什么。

4. 常用的 CAD/CAM 软件有哪些？

第七章 数控加工数学模型综合实例

第一节 二 维 模 型

在数控加工中，零件的轮廓、刀具运动的轨迹用平面坐标系就可以表达清楚，刀具只作平面运动，就可以完成零件的加工，这一类加工我们称之为二维加工。对于二维加工零件所建立的数学模型叫二维模型。例如，平面铣削零件的轮廓、车削零件等。

实例一 铣削如图7-1所示零件，建立其数学模型。

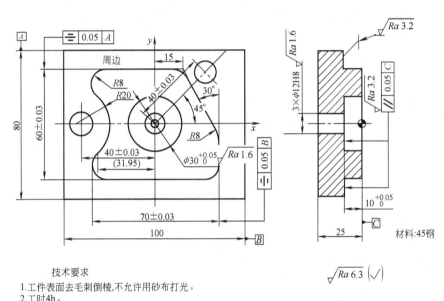

图 7-1

解 （1）图样分析 经分析，该图达到三个"完整准确"。本图仅对凸起部分外形轮廓和孔的中心位置进行数学处理。

（2）数值变换 图中带公差尺寸变换如下：$70 \pm 0.03 \rightarrow 70$，$60 \pm 0.03 \rightarrow 60$，$40 \pm 0.03 \rightarrow 40$，$\phi 30^{+0.05}_{0} \rightarrow \phi 30.025$。

（3）解题分析图 以中心孔圆心为坐标原点，建立平面坐标系。1～10为基点，N_1，N_2，N_3分别是孔的圆心，如图7-2所示。

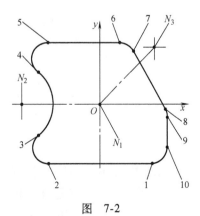

图 7-2

（4）基点、参数点坐标表（注：x，z 坐标为实际量，单位为 mm）

坐标 ＼ 序号	1	2	3	4	5	6	7	8	9	10	N_1	N_2	N_3
x	27.0	−27.0	−31.95	−31.95	−27	10.38	17.31	33.93	35.0	35.0	0	−40.0	28.28
y	−30	−30.0	−15.71	15.71	30	30.0	26.0	−2.78	−6.78	−22.0	0	0	28.28

实例二　车削曲面轴零件如图 7-3 所示，建立其数学模型。

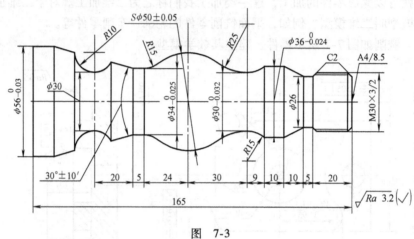

图 7-3

解　（1）图样分析　经分析，该图达到三个"完整准确"。

（2）数值变换　图中带公差尺寸变换如下：$\phi 36_{-0.024}^{0} \rightarrow \phi 35.988$，$\phi 30_{-0.032}^{0} \rightarrow \phi 29.984$，$\phi 34_{-0.025}^{0} \rightarrow \phi 33.988$，$S\phi 50 \pm 0.05 \rightarrow S\phi 50$，$\phi 56_{-0.03}^{0} \rightarrow \phi 55.985$，$30° \pm 10' \rightarrow 30°$。

（3）解题分析图　以旋转中心与右端面交点为坐标原点，建立 xOz 平面坐标系。1~16 点为基点，$O_1 \sim O_5$ 分别是圆心，解题分析图如图 7-4 所示。

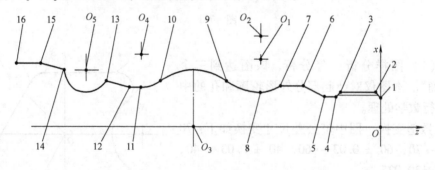

图 7-4

本题基点 9、10 为圆弧与圆弧的切点，基点 13、14 为圆弧与直线的交点，基点 15 为直线与直线的交点，建立适当的坐标系，用解析几何法求解比较快捷方便，解法如下：

第一、建立以点 O_3 为圆心的直角坐标系（见图 7-5），求基点 9、10。

① 圆 O_3 的方程：$x^2 + y^2 = 25^2$

② 建立直线 $O_2 O_3$ 的两点式方程为：

$$\frac{x-30}{30-0} = \frac{y-40}{40-0}$$

即　　　　　　　　　$y = \frac{4}{3}x$

③ 建立直线 $O_3 O_4$ 的两点式方程为：

$$\frac{x-0}{0-(-24)} = \frac{y-0}{0-32}$$

即　　　　　　　　　$y = -\frac{4}{3}x$

④ 列方程组解得基点（切点）9 坐标
（15，20）：

$$\begin{cases} x^2 + y^2 = 25^2 \\ y = \dfrac{4}{3}x \end{cases}$$

⑤ 列方程组解得基点（切点）10 坐标（−15，20）：

$$\begin{cases} x^2 + y^2 = 25^2 \\ y = -\dfrac{4}{3}x \end{cases}$$

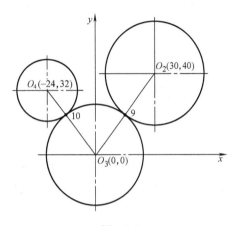

图　7-5

⑥ 将求得的基点 9，10 的坐标平移到编程坐标系 xOz 中的坐标中。

第二、通过圆心 O_5 的垂线与中心线交点为原点，建立 xOy 直角坐标系，如图 7-6 所示，由零件图可直接求得点 12、16 和圆 O_5 的坐标，求基点 13、14、15 的坐标。

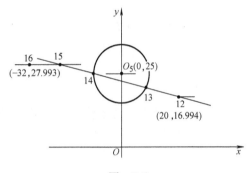

图　7-6

① 圆 O_5 的方程：　　　　　$x^2 + (y-25)^2 = 10^2$

即　　　　　　　　　$x^2 + y^2 - 50y + 525 = 0$

② 建立直线 $12-15$ 的点斜式方程为：

$$y - 16.994 = \tan 165°(x-20)$$

即　　　　　　　　　$y = -0.268x + 22.353$

③ 建立水平直线 $15-16$ 的方程为：$y = 27.993$

④ 列方程组解得基点（交点）13、14 坐标

$$\begin{cases} x^2 + y^2 - 50y + 525 = 0 \\ y = -0.268x + 22.353 \end{cases}$$

⑤ 列方程组解得基点（交点）15 坐标：

$$\begin{cases} y = -0.268x + 22.353 \\ y = 27.993 \end{cases}$$

（4）基点、参数点坐标表（注：x 坐标值为半径量，z 坐标为实际量，单位为 mm）

序号 坐标	1	2	3	4	5	6	7	8	9	10	11
x	13.0	15	15	13	13	17.994	17.994	14.994	20	20	16.994
z	0	-2	-18	-20	-25	-35	-45	-54	-69	-99	-108

序号 坐标	12	13	14	15	16	O_1	O_2	O_3	O_4	O_5
x	16.994	20.082	25.033	27.993	27.993	29.992	39.992	0	31.994	25
z	-113	-124.325	-143	-154.045	-165	-54	-54	-84	-108	-133

　　说明：在数学上我们建立的平面坐标系常常为 xOy 坐标系，而数控机床的坐标系是按照 ISO 标准规定建立的坐标系，两者的表示字母有时不同，一般在建立数学模型时，使用我们熟悉的 xOy 坐标，最后将结果换算为数控机床坐标系。

第二节　三 维 模 型

　　三维模型的建立分为两种：其一，对于可以简化为二维的工件，可以用二维处理方法来解决；其二，对于不能简化为二维的工件，其加工需要三轴或更多数轴才能完成，其数学模型要用三维图形来表示，根据实体轮廓特征采用不同的加工方法，采用相应的数学模型。例如图 7-10 所示凸模，采用等高线分层铣削比较好。每一层等高线截得一个轮廓，每个轮廓线有许多基点、节点，若要将等高线轮廓的全部基点、节点都求解出来是很困难的。由于 CAD/CAM 的发展完善，三维模型的建立及数控程序的自动生成变得很容易了。

　　实例一　为可以简化为二维的曲面槽模块（图 7-7）建立其数学模型。

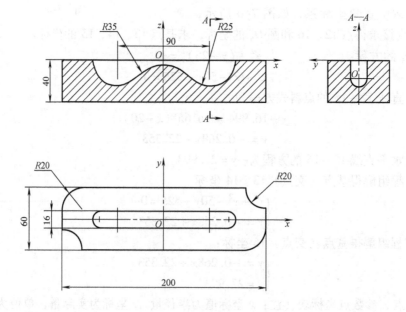

图　7-7

解 由于本题图形和尺寸关系都较为简单,省略图样分析和数值变换,从解题分析图入手。

1) 建立 xOz 坐标系,画出解题分析图,如图 7-8 所示,用数学方法求出基点、参数点,并列表。

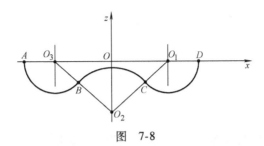

图 7-8

序 号 坐 标	A	B	C	D	O_1	O_2	O_3
x	-70.0	-26.25	26.25	70.0	45.0	0	-45.0
z	0	-16.54	-16.54	0	0	-39.69	0

2) 建立 xOy 坐标系,画出解题分析图,如图 7-9 所示,用数学方法求出基点、参数点,并列表。

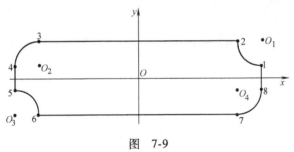

图 7-9

序 号 坐 标	1	2	3	4	5	6	7	8	O_1	O_2	O_3	O_4
x	100	80	-80	-100	-100	-80	80	100	100	-80	-100	80
z	10	30	30	10	-10	-30	-30	-10	30	-10	-30	-10

实例二 为如图 7-10 所示的凸模建立数学模型。

这是一个三维曲面,采取等高线层切工艺,由此建立等高线模型,先进行粗加工,以保证生产率,再进行精加工,以保证工件的精度。整个过程按照工艺路线、数学方法在计算机上用 CAD/CAM 软件完成。本例通过图 7-11～图 7-14 定性地说明这一过程,其中图 7-11 为凸模的粗加工等高线模型;图 7-12 为凸模的粗加工过程;图 7-13 为凸模的精加工等高线模型;图 7-14 为凸模的精加工过程。

图 7-10

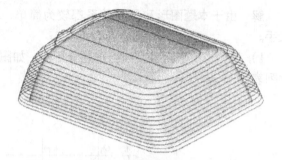

图 7-11

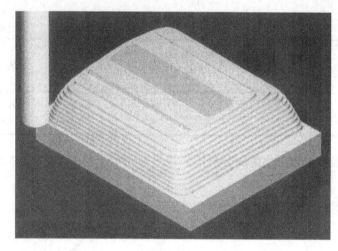

图 7-12

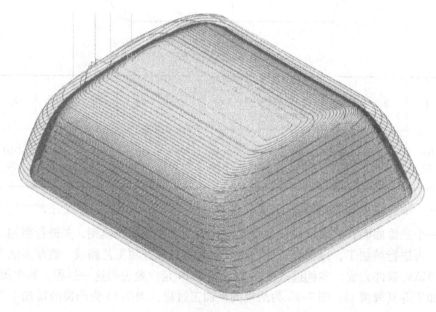

图 7-13

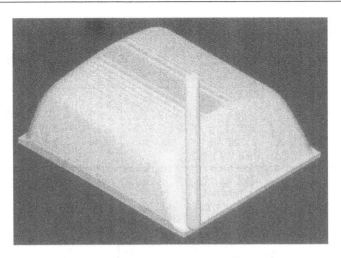

图　7-14

实例三　为昆氏曲面下模（图7-15）建立数学模型。

这个下模曲面是由 Numbs 函数按照昆氏（Coons）曲面的成形原理建立生成的。该零件建立数学模型只需要建立原始线架构图（图7-16），这就需要设定三维坐标系，找出空间不同截面轮廓上的基点，用解题分析图（图7-17）和基点坐标表所示，然后用昆氏曲面成形，如图7-15所示。本题是采用45°平行加工方式，加工过程中和最终曲面上的所有基点、节点和参数点均由 CAD/CAM 生成，粗加工的轨迹模型如图7-18所示。粗加工和精加工过程仿真如图7-19和图7-20所示。

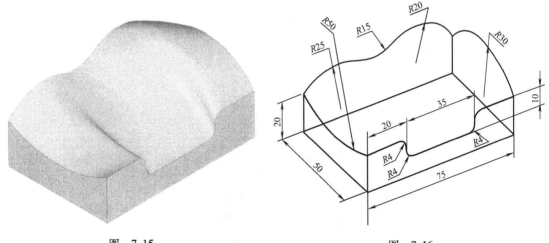

图　7-15　　　　　　　　　　　　　　　　　　图　7-16

序号 坐标	A1	A2	A3	A4	A5	A6	A7	A8	B1	B2
x	25	25	25	25	25	25	25	25	-25	-25
y	-37.5	-24.5	-17.5	-13.5	13.5	17.5	21.5	37.5	-37.5	-9.02
z	20	20	16	10	10	16	20	20	20	26.5

（续）

坐标 \ 序号	B3	B4	O1	O2	O3	O4	O5	O6	O7	O8	O9
x	−25	−25	25	25	25	25	−25	−25	−25	0	0
y	6.22	37.5	37.5	37.5	37.5	37.5	−18.75	−3.19	18.75	−37.5	37.5
z	28.62	20	20	20	20	20	3.46	40.3	13.04	63.3	3.42

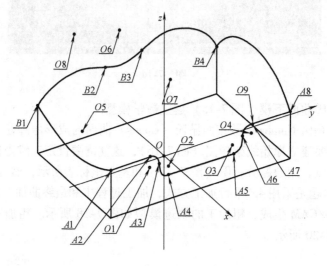

图 7-17

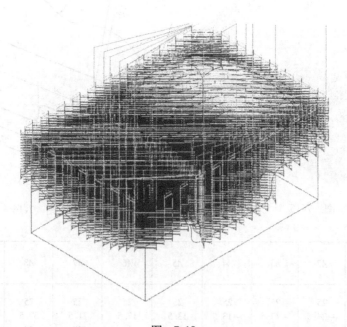

图 7-18

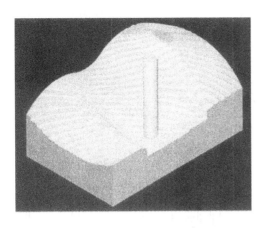

图　7-19

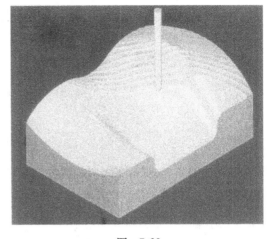

图　7-20

第三节　综合应用实例

一、检测计算

1. 圆锥计算

1）圆锥半角 $\left(\dfrac{\alpha}{2}\right)$ 与其他三个量的关系。圆锥各部分名称如图 7-21 所示。

在图样上一般都注明 D、d、L 三个量，它们之间关系式为

$$\tan\frac{\alpha}{2}=\frac{D-d}{2L}$$

式中　$\dfrac{\alpha}{2}$——圆锥半角；

　　　　D——大端直径；

　　　　d——小端直径；

　　　　L——圆锥长度。

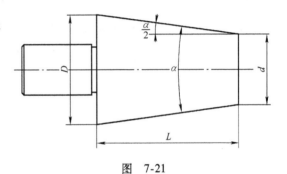

图　7-21

例 1　某外圆锥，已知 $D=60\mathrm{mm}$，$d=50\mathrm{mm}$，$L=100\mathrm{mm}$，求圆锥半角。

解　$\tan\dfrac{\alpha}{2}=\dfrac{D-d}{2L}=\dfrac{60\mathrm{mm}-50\mathrm{mm}}{2\times100\mathrm{mm}}=0.05$

所以　　　　　　　　　　　　　　　$\dfrac{\alpha}{2}=2°52'$

例 2　某外圆锥，已知圆锥半角 $\dfrac{\alpha}{2}=7°7'30''$，$D=46\mathrm{mm}$，$L=44\mathrm{mm}$，求小端直径 d。

解　$d=D-2L\tan\dfrac{\alpha}{2}=46\mathrm{mm}-2\times44\mathrm{mm}\times\tan7°7'30''=46\mathrm{mm}-2\times44\mathrm{mm}\times0.125=35\mathrm{mm}$

2）锥度 C 与其他三个量的关系。有很多零件，在圆锥面上注有锥度符号（图 7-22）。锥度是两个垂直圆锥轴线截面的圆锥直径之差与该两截面间的轴向距离之比，即

$$C = \frac{D-d}{L}$$

圆锥半角 $\frac{\alpha}{2}$ 与锥度 C 的关系式为:

$$\tan\frac{\alpha}{2} = \frac{C}{2}$$

$$C = 2\tan\frac{\alpha}{2}$$

例3 如图7-22所示磨床主轴的外圆锥,已知锥度 $C = 1:5$, $D = 65\text{mm}$, 长度 $L = 70\text{mm}$, 求小端直径 d 和圆锥半角 $\frac{\alpha}{2}$。

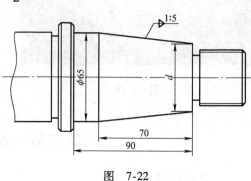

图 7-22

解 $d = D - CL = 65\text{mm} - \frac{1}{5} \times 70\text{mm} = 51\text{mm}$

$$\tan\frac{\alpha}{2} = \frac{C}{2} = \frac{1}{5}/2 = 0.1$$

所以 $\frac{\alpha}{2} = 5°42'38''$

例4 画图说明图7-23中的60°锥孔大端直径 $\phi20.1\text{mm}$ 的精确测量方法。

测量示意图如图7-24所示,小钢球直径为 d, 零件放置垂直后放入钢球,测量 h 值,通过计算得出 D。

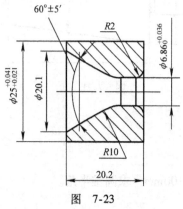

图 7-23

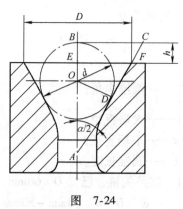

图 7-24

解 在 Rt△AOD 中

$$AO = \frac{OD}{\sin(\alpha/2)} = \frac{d/2}{\sin(\alpha/2)}$$

在 Rt△AEF 中

$$AE = AB - BE = AO + OB - BE = \frac{\dfrac{d}{2}}{\sin\left(\dfrac{\alpha}{2}\right)} + \frac{d}{2} - h = \frac{d}{2}\left(1 + 1/\sin\frac{\alpha}{2}\right) - h$$

因为
$$EF = AE \cdot \tan\frac{\alpha}{2} \qquad\qquad D = 2EF$$

所以 $D = 2\left[\dfrac{d}{2}\left(1 + 1/\sin\dfrac{\alpha}{2}\right) - h\right]\tan\dfrac{\alpha}{2} = \left[d\left(1 + 1/\sin\dfrac{\alpha}{2}\right) - 2h\right]\tan\dfrac{\alpha}{2}$

数控加工时只要编程点数据准确，锥孔的角度是可以由机床精度保证的，因此加工时控制孔口尺寸即可保证加工精度。通过此方法即可精确测量出锥孔大端直径 $\phi20.1\text{mm}$。

例 5　画图说明图 7-25 所示锥孔锥角的精确测量方法。

测量示意图如（图 7-26）所示，大钢球直径为 D、小钢球直径为 d，零件放置垂直后，测量 H、h 值，通过计算得出 α。

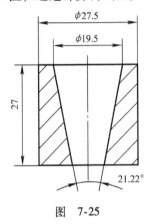

图　7-25

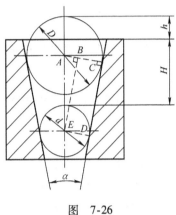

图　7-26

在 Rt$\triangle ABE$ 中：

$$AB = AC - BC = AC - ED = \frac{D}{2} - \frac{d}{2} = \frac{(D-d)}{2}$$

$$AE = \frac{d}{2} + H + h - \frac{D}{2} = H + h - \frac{(D-d)}{2}$$

$$\sin\frac{\alpha}{2} = \frac{AB}{AE} = \frac{\dfrac{(D-d)}{2}}{H + h - \dfrac{(D-d)}{2}} = \frac{D-d}{2(H+h) - (D-d)}$$

所以 $\alpha = 2\arcsin\dfrac{D-d}{2(H+h) - (D-d)}$

2. 正弦规应用计算

正弦规是用于准确检验零件及量规角度和锥度的量具。它是利用三角函数的正弦关系来度量的。由图 7-27 可见，正弦规主要由带有精密工作平面的主体和两个精密圆柱组成，四周可以装有挡板（使用时只装互相垂直的两块），测量时作为放置零件的定位板。

图 7-28 是应用正弦规测量圆锥塞规锥角的示意图。测量时，先把正弦规放在精密平台上，被测零件（如圆锥塞规）放在正弦规的工作平面上，被测零件的定位面平靠在正弦规的挡板上（如圆锥塞规的前端面靠在正弦规的前挡板上）。在正弦规的一个圆柱下面垫入量块，用指示表检查工件圆锥体的两端高度。如果读数相同，说明圆锥角正确。

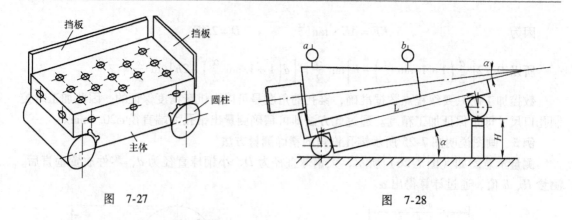

图　7-27　　　　　　　　　　　　　　　　　图　7-28

已知圆锥角，计算垫进量块组高度 H 的公式如下

$$H = L\sin\alpha$$

已知量块组高度，计算圆锥角的公式如下

$$\sin\alpha = \frac{H}{L}$$

式中　α——圆锥的锥角（°）；

　　　H——量块的高度（mm）；

　　　L——正弦规两圆柱的中心距（mm），一般为 100mm 和 200mm 两种。

例 6　使用中心距 $L = 200$mm 的正弦规，测量 4 号莫氏锥度塞规，求测量时应垫进量块组的高度。

解　查表得 4 号莫氏锥度的圆锥角为 $2°58'30.4''$，则

$$\sin\alpha = \sin2°58'30.4'' = 0.051905$$

$$H = L\sin\alpha = 200\text{mm} \times \sin2°58'30.4'' = 200\text{mm} \times 0.051905 = 10.381\text{mm}$$

所以测量时应垫进量块组的高度 $H = 10.381$mm

例 7　测量圆锥塞规的锥角时，使用中心距 $L = 200$mm 的正弦规，在一个圆柱下垫入的量块高度 $H = 10.06$mm 时，才使指示表在圆锥塞规的全长上读数相等。此时圆锥塞规的锥角计算如下：

$$\sin\alpha = \frac{H}{L} = \frac{10.06}{200} = 0.0503$$

所以 $\alpha = 2°53'$，即圆锥塞规的实际锥角为 $2°53'$。

二、数车加工计算

1. 螺纹加工

例 8　如图 7-29 所示锥螺纹切削编程时需计算 R 值（R 为锥螺纹起点与终点的半径差）及螺纹的小径。

解　切削螺纹时，应注意在两端设置足够的升速进刀段 δ_1 和降速退刀段 δ_2。这两段的螺纹导程小于实际的螺纹导程，如图 7-30 所示。

注：δ_1、δ_2 一般按下式选取：

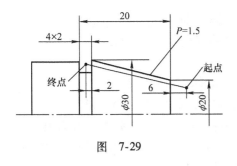

图　7-29

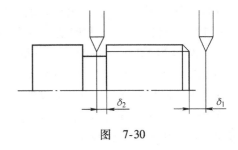

图　7-30

$\delta_1 \geqslant 2 \times$ 导程

$\delta_2 \geqslant (1 \sim 1.5) \times$ 导程

经验公式：$d = D - 1.3P$，d 为螺纹小径，D 为螺纹大径，P 为螺距。

此例 δ_1 取距螺纹小端 6mm 处，δ_2 取距螺纹大端 2mm 处。根据图纸尺寸作辅助图图 7-31。

$\triangle EFG \backsim \triangle ABC$，根据相似三角形对应线段成比例

因为 $\dfrac{EF}{AB} = \dfrac{FG}{BC}$　　　所以 $EF = \dfrac{AB \cdot FG}{BC}$

由于　　$AB = \dfrac{(20-30)}{2}$

　　　　$FG = 6 + 18$　　　$BC = 20 - 4$　　　$R = EF$

所以 $R = EF = \dfrac{AB \cdot FG}{BC} = \dfrac{(20-30)}{2 \times 16} \times (6+18) = -7.5$

同理，锥螺纹大端处小径为：$30 + 2 \times \dfrac{30-20}{16} - 1.3 \times 1.5 = 29.3$

2. 延伸点计算

例 9　图 7-32 所示零件加工 $\phi14 \sim \phi20$ 长 10 的锥度圆时，为保证 $\phi14$、$\phi20$ 尖点尺寸，加工时需将切入点、切出点向零件实体之外延伸，计算编程时切入点 A、切出点 B 的直径值 ϕA、ϕB。

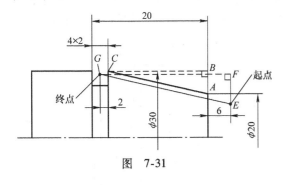

图　7-31

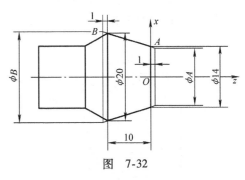

图　7-32

解　根据相似三角形对应线段成比例，得

$$\phi A = 14 - \frac{20-14}{10} \times 1 = 13.4$$

$$\phi B = 20 + \frac{20-14}{10} \times 1 = 20.6$$

所以编程时切入点 A、切出点 B 的直径值 ϕA、ϕB 分别为 $\phi 13.4$、$\phi 20.6$。

例 10　计算图 7-33 编程时切入点 A、切出点 B 的直径值 ϕA、ϕB。

解　$\phi A = 20 + 2 \times 1 \times \tan 5° = 20.175$

$\phi B = 20 - 2 \times 15 \times \tan 5° - 2 \times 1 \times \tan 5° = 20 - 2 \times 16 \times \tan 5° = 17.2$

所以编程时切入点 A、切出点 B 的直径值 ϕA、ϕB 分别为 $\phi 20.175$、$\phi 17.2$。

例 11　加工图 7-34 所示零件 $SR10$ 球面时，为保证球面的光滑连接，在刀具切入、切出轮廓时可采用圆弧（圆弧应大于车刀实际刀尖 R）切入、切出或采用轮廓点延伸的方法。根据图示尺寸计算编程时切入点 A、切出点 B 的直径值 ϕA、ϕB。

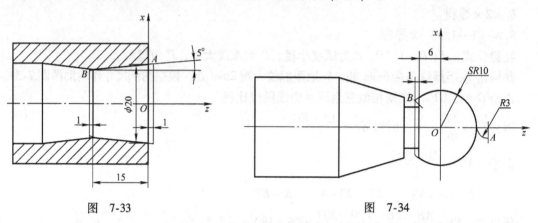

图 7-33　　　　　　　　　　　　　　　　图 7-34

解　$\phi A = 2 \times 3 = 6$

$$\phi B = 2 \times \sqrt{10^2 - (6+1)^2} = 14.282$$

所以，编程时切入点 A、切出点 B 的直径值 ϕA、ϕB 分别为 $\phi 6$、$\phi 14.282$，编程时 A 点的 X 值为 -6，B 点的 X 值为 14.282。

例 12　加工图 7-35 所示零件内腔时采用镗孔刀、内车槽刀（宽 4mm）完成加工，加工时先镗内孔再车内槽。试确定进给轨迹并计算加工内球面时的切入点、切出点的直径值及 Z 坐标值。

解　加工内腔时根据编程方便的原则，确定进给轨迹为 $A \sim E$ 点，如图 7-36 所示。

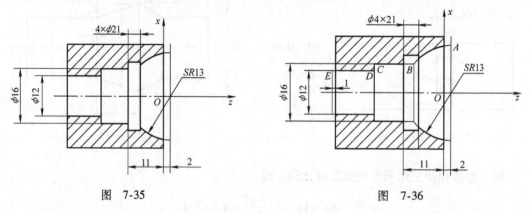

图 7-35　　　　　　　　　　　　　　　　图 7-36

注：此例假设零件外形已加工至尺寸，则 E 点向外延伸 1mm。若零件为圆棒料，则零件加工后需要切断，因此 E 点向外延伸切断刀宽度 +1mm。

A 点：$\phi A = 2 \times 13 = 26$ 　　　　　z 坐标值为 2

B 点：$\phi B = 16$ 　　　　　z 坐标值为 $- (\sqrt{13^2 - 8^2} - 2) = -8.247$

所以加工内球面时的切入点、切出点的直径值及 Z 坐标值为

A 点：$\phi 26$　　z 坐标值为 2

B 点：$\phi 16$

z 坐标值为 -8.247

3. 数据点计算

例 13　用数控车床加工图 7-37 所示零件，求编程时基点 $A \sim D$ 的坐标（线段的交点）。

解　根据图样尺寸作辅助图（图 7-38），计算基点坐标。

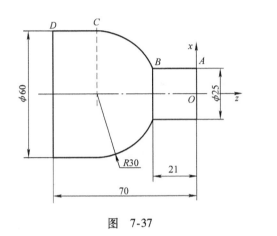

图　7-37

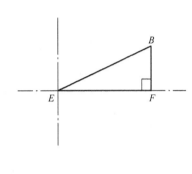

图　7-38

由图样尺寸计算可得 $O(0,0)$，$A(12.5,0)$，$B(12.5,-21)$，$D(30,-70)$。

在 $\mathrm{Rt}\triangle BEF$ 中：

$BE = 30$，　　$BF = 12.5$

所以 $EF = \sqrt{BE^2 - BF^2} = \sqrt{30^2 - 12.5^2} = 27.27$

所以 C 点 Z 坐标为 $-(27.27 + 21) = -48.27$ 即 C 点坐标为 $C(30, -48.27)$。

因为数控车床编程时 x 坐标值为直径值

所以编程时基点 $A \sim D$ 的坐标为 $O(0,0)$，$A(25,0)$，$B(25,-21)$，$C(60,-48.27)$，$D(60,-70)$。

例 14　用数控车床加工图 7-39 所示零件，求编程时基点 $A \sim C$ 的坐标（线段的交点）。

解　根据图纸尺寸作辅助图（图 7-40）计算基点坐标，图 7-40 中过点 A 作垂线，交端面于 E 点、交两锥面截交线于 F 点，过 C 点作垂线交两锥面截交线于 D 点，联结 AC。

由图样尺寸计算可得 A (10，-9)，C (13，-45)。

在 $\mathrm{Rt}\triangle ACE$ 中：

$AE = 36$　　　$EC = 13 - 10 = 3$

$AC = \sqrt{AE^2 + EC^2} = \sqrt{36^2 + 3^2} = 36.125$

$\angle CAE = \arctan \dfrac{EC}{AE} = \arctan \dfrac{3}{36} = 4.764°$

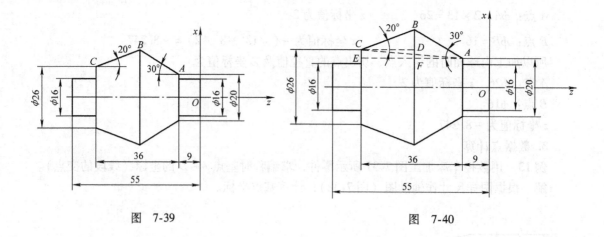

图　7-39　　　　　　　　　　　　图　7-40

在△ABC中：

$$\angle BCA = \angle BCD + \angle CAE = 20° + 4.764° = 24.764°$$

$$\angle BAC = \angle BAE - \angle CAE = 30° - 4.764° = 25.236°$$

$$\angle ABC = 180° - (\angle BCA + \angle BAC)$$

$$= 180° - (\angle BCD + \angle CAE + \angle BAE - \angle CAE)$$

$$= 180° - 50°$$

$$= 130°$$

根据正弦定理： $\dfrac{AB}{\sin\angle BCA} = \dfrac{AC}{\sin\angle ABC}$

所以 $AB = \dfrac{AC\sin\angle BCA}{\sin\angle ABC}$

$$= \dfrac{36.125 \times \sin 24.764°}{\sin 130°}$$

$$= 19.754$$

在 Rt△ACE 中：

$$AF = AB \times \cos 30° = 19.754 \times \cos 30° = 17.107$$

$$BF = AB \times \sin 30° = 19.754 \times \sin 30° = 9.877$$

所以 B 点的 x 坐标为 $BF + 10 = 9.877 + 10 = 19.877$

z 坐标为 $-(AF + 9) = -(17.107 + 9) = -26.107$

所以 $A(10, -9)$　 $B(19.877, -26.107)$　 $C(13, -45)$

因为数车编程时 x 坐标值为直径值

所以编程时基点 A ~ C 的坐标为 $A(20, -9)$， $B(39.747, -26.107)$， $C(26, -45)$。

例15　用数控车床加工图 7-41 所示零件，求编程时基点 A ~ D 的坐标（线段的交点）。

解　根据图样尺寸作辅助图（图 7-42）计算基点坐标，图中过切点 A 作垂线，交轴线

于 E 点，联结 O_1A、O_1B。

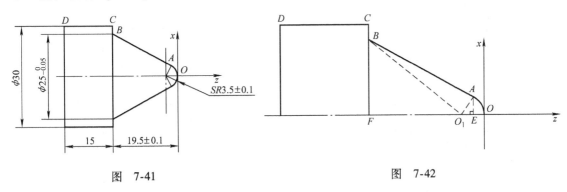

图　7-41　　　　　　　　　图　7-42

由图样尺寸计算中差可得 $O(0,0)$　$B(12.488, -19.5)$　$C(15, -19.5)$　$D(15, -34.5)$ 并已知 $O_1A = 3.5$，$O_1F = 16$，$BF = 12.488$，$\triangle O_1BA$、$\triangle O_1AE$、$\triangle O_1BF$ 为直角三角形

在 $\mathrm{Rt}\triangle O_1BF$ 中：

$$O_1B = \sqrt{O_1F^2 + BF^2} = \sqrt{16^2 + 12.488^2} = 20.296$$

$$\angle BO_1F = \arctan \frac{BF}{O_1F} = \arctan \frac{12.488}{16} = 37.972°$$

在 $\mathrm{Rt}\triangle O_1BA$ 中：

$$\angle BO_1A = \arccos \frac{O_1A}{O_1B} = \arccos \frac{3.5}{20.296} = 80.07°$$

在 $\mathrm{Rt}\triangle O_1AE$ 中：

$$\angle AO_1E = 180° - \angle BO_1F - \angle BO_1A = 180° - 37.972° - 80.07° = 61.958°$$

$$O_1E = O_1A \times \cos\angle AO_1E = 3.5 \times \cos 61.958° = 1.645$$

$$AE = O_1A \times \sin\angle AO_1E = 3.5 \times \sin 61.958° = 3.089$$

则 $OE = O_1O - O_1E = 3.5 - 1.645 = 1.855$

所以 A 点坐标为 $A(3.089, -1.855)$。其余点坐标为 $O(0,0)$，$B(12.488, -19.5)$，$C(15, -19.5)$，$D(15, -34.5)$。

因为数控车床编程时 x 坐标值为直径值

所以编程时基点 $A \sim D$ 的坐标为 $O(0,0)$，$A(6.178, -1.855)$，$B(24.976, -19.5)$，$C(30, -19.5)$，$D(30, -34.5)$。

例 16　用数控车床加工图 7-43 所示零件，求编程时基点 $A \sim E$ 的坐标（线段的交点）。

解　根据图样尺寸作辅助图（图 7-44），计算基点坐标。图中 B、C 为切点，F 为直线 AB、DC 的交点。过 A 点作垂线交截交线于 I 点，过 B 点作垂线交 AI 于 H 点，过 C 点作垂线交 DI 于 G 点。联结 O_1C、O_1F、O_1B。

由图样尺寸计算可得 $A(13.5, 0)$，$D(32.5, -35)$，$E(32.5, -45)$。

在 $\mathrm{Rt}\triangle ADI$ 中：

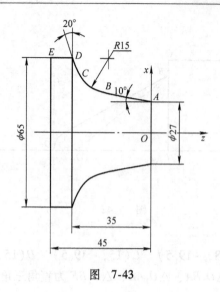

图 7-43

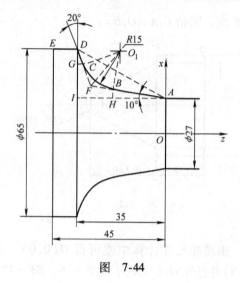

图 7-44

$AI = 35$，$DI = 32.5 - 13.5 = 19$

所以 $AD = \sqrt{AI^2 + DI^2} = \sqrt{35^2 + 19^2} = 39.825$

$\angle DAI = \arctan \dfrac{DI}{AI} = \arctan \dfrac{19}{35} = 28.496°$

所以 $\angle ADI = 90° - \angle DAI = 90° - 28.496° = 61.504°$

在 $\triangle AFD$ 中：

$\angle FAD = \angle DAI - \angle FAI = 28.496° - 10° = 18.496°$

$\angle FDA = \angle ADI - \angle FDI = 61.504° - 20° = 41.504°$

所以 $\angle DFA = 180° - (\angle FAD + \angle FDA) = 180° - (18.496° + 41.504°) = 120°$

由正弦定理得：$AF = \dfrac{AD\sin\angle FDA}{\sin\angle DFA} = \dfrac{39.825 \times \sin41.504°}{\sin120°} = 30.474$

$$DF = \frac{AD\sin\angle FAD}{\sin\angle DFA} = \frac{39.825 \times \sin18.496°}{\sin120°} = 14.589$$

在 $\mathrm{Rt}\triangle O_1FB$ 中：

$$\angle O_1FB = \frac{1}{2}\angle DFA = 60°$$

$$BF = \frac{OB}{\tan\angle OAB} = \frac{15}{\tan60°} = 8.66$$

所以 $\qquad AB = AF - BF = 30.474 - 8.66 = 21.814$

$$DC = DF - CF = DF - BF = 14.589 - 8.66 = 5.929$$

在 $\mathrm{Rt}\triangle ABH$ 中：

$$BH = AB\sin10° = 21.814 \times \sin10° = 3.788$$

$$AH = AB\cos10° = 21.814 \times \cos10° = 21.483$$

B 点的 x 坐标为 $\quad BH + 13.5 = 3.788 + 13.5 = 17.288$

z 坐标为 $\quad -AH = -21.483$

即 B 点坐标为 $B(17.288,-21.483)$

在 $\mathrm{Rt}\triangle DCG$ 中：

$$DG = DC\cos20° = 5.929 \times \cos20° = 5.571$$

$$CG = DC\sin20° = 5.929 \times \sin20° = 2.028$$

C 点的 x 坐标为　$32.5 - DG = 32.5 - 5.571 = 26.929$

z 坐标为　　$-(35 - CG) = -(35 - 2.028) = -32.972$

即 C 点坐标为 $C(26.929,-32.972)$

所以 $A(13.5,0)$，$B(17.288,-21.483)$，$C(26.929,-32.972)$，$D(32.5,-35)$，$E(32.5,-45)$。

因为数控车床编程时 x 坐标值为直径值

所以编程时基点 $A \sim E$ 的坐标为 $A(27,0)$，$B(34.576,-21.483)$，$C(53.858,-32.972)$，$D(65,-35)$，$E(65,-45)$。

例17　用数控车床加工图 7-45 所示零件，分别计算加工外形及左端内孔时基点坐标。

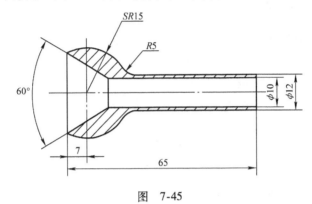

图　7-45

解　1）根据零件加工工艺分析，加工外形基点（$A \sim D$），如图 7-46 所示。

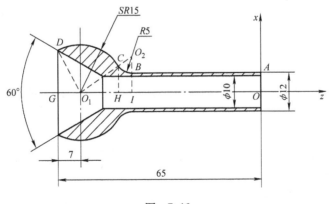

图　7-46

图中 O_1、O_2 为圆心，B、C 点为切点。联结 O_1D、O_1O_2，过 O_2、C 分别作轴线的垂线，交轴线于 I、H 点。

由图样尺寸计算可得 A 点的坐标为 $A(6,0)$

$O_1D = 15$，$O_1G = 7$，$O_1C = 15$，$O_1O_2 = 15 + 5 = 20$，$O_2I = 6 + 5 = 11$。

在 $\mathrm{Rt}\triangle O_1DG$ 中：

$$DG = \sqrt{O_1D^2 - O_1G^2} = \sqrt{15^2 - 7^2} = 13.267$$

所以 D 点的坐标为 $D(13.267, -65)$

在 $\mathrm{Rt}\triangle O_1O_2I$ 中：

$$O_1I = \sqrt{O_1O_2{}^2 - O_2I^2} = \sqrt{(15+5)^2 - (6+5)^2} = 16.703$$

B 点 z 坐标值 $OI = 65 - 7 - O_1I = 65 - 7 - 16.703 = 41.297$

所以 B 点的坐标为 $B(6, -41.297)$

$$\triangle O_1CH \backsim \triangle O_1O_2I$$

则：$\dfrac{O_1H}{O_1I} = \dfrac{O_1C}{O_1O_2}$ 即 $\dfrac{O_1H}{16.703} = \dfrac{15}{15+5}$ 所以 $O_1H = 12.527$

$\dfrac{CH}{O_2I} = \dfrac{O_1C}{O_1O_2}$ 即 $\dfrac{CH}{6+5} = \dfrac{15}{15+5}$ 所以 $CH = 8.25$

C 点 z 坐标值 $OH = 65 - 7 - O_1H = 65 - 7 - 12.527 = 45.473$

所以 C 点的坐标为 $C(8.25, -45.473)$

因为数控车床编程时 x 向坐标值为直径值，

所以编程时基点 $A \sim D$ 的坐标为 $A(12,0)$，$B(12, -41.297)$，$C(16.5, -45.473)$，D $(26.534, -65)$。

2）加工左端内孔时基点 (D, F)，如图 7-47 所示。

在 $\mathrm{Rt}\triangle O_1DO$ 中：

$$OD = \sqrt{O_1D^2 - O_1O^2} = \sqrt{15^2 - 7^2} = 13.267$$

所以 D 点的坐标为 $D(13.267, 0)$

在 $\mathrm{Rt}\triangle DEF$ 中：$EF = \dfrac{DE}{\tan 30°} = \dfrac{OD - OE}{\tan 30°} = \dfrac{13.267 - 5}{\tan 30°} = 14.319$

所以 F 点的坐标为 $F(5, -14.319)$

所以编程时基点 D、F 的坐标为 $D(26.534, 0)$，$F(10, -14.319)$。

4. 变量编程

实例一   计算图 7-48 所示零件抛物线曲面的编程点坐标，图中 ⊕ 为编程零点。

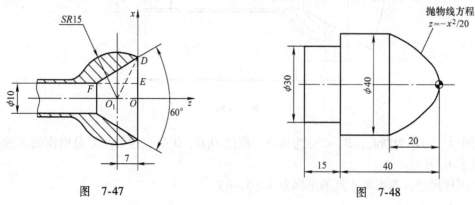

图 7-47   图 7-48

#1、#2、#3、#4、#5 表示变量

#1 = 0;	X/2 赋初始值
#2 = 0.1;	加工步距
#3 = −20.5;	Z 向切削终点值（20 + 0.5　0.5 为延伸值）
N10 #4 = #1 * 2;	求任意点 2X（直径）值
#5 = −（#1 * #1/20）;	求任意点 Z 值
G01 X#4 Z#5 F0.1;	直线移动，坐标点 X#4 Z#5。速度为主轴 0.1mm/r
#1 = #1 + #2;	变换动点
IF［#5 GT #3］GOTO 10;	终点判别　如果#5 大于#3，继续执行 N10，否则执行下一语句

实例二　计算图 7-49 所示零件抛物线曲面的编程点坐标。

#1 = 1.;	抛物线延伸点
#5 = 0.1;	加工步距
N10 #2 = #1 + 50.;	
#3 = SQRT［#2 * 40］;	求任意点 X/2 值
#4 = #3 * 2;	任意点 X（直径）值
G01X#4 Z#1 F0.1;	直线移动，坐标点 X#4 Z#5。
#1 = #1 − #5;	变换动点
IF［#1GE −48］GOTO10;	终点判别　如果#5 大于等于 −48，继续执行 N10

实例三　计算图 7-50 所示零件椭圆曲面的编程点坐标。

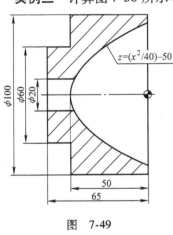

图　7-49

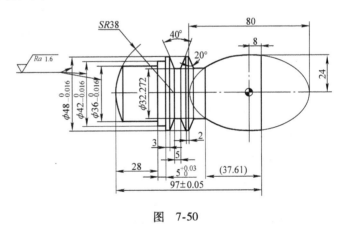

图　7-50

方程：$z^2/a^2 + x^2/b^2 = 1$

其中：a 为椭圆长半轴，b 为椭圆短半轴

#11 = 0.1;	加工步距
#1 = 40.;	椭圆长半轴
#2 = 24.;	椭圆短半轴
#3 = 8.5;	#3 为 Z 轴变量，起点#3 = 8.5
#4 = −29.61;	Z 轴中止

N20#5 = SQRT［#1 ∗ #1 − #3 ∗ #3］;

#6 = 2 ∗ #5 ∗ #2/#1;   任意点 X 值

G01 X#6 Z#3 F0.2;   直线移动

#3 = #3 − #11;   变换动点

IF［#3GE#4］GOTO 20;   终点判别

实例四 计算图 7-51 所示零件椭圆曲面的编程点坐标。

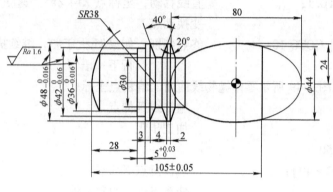

图　7-51

#11 = 0.1

#1 = 40.   椭圆长半轴

#2 = 24.   椭圆短半轴

#3 = 22.   X 轴半径值

#4 = 24.   X 轴半径值

N1 #8 = SQRT[1 − #3 ∗ #3/#2/#2]

#5 = #1 ∗ #8

#6 = 2 ∗ #3

G01 X#6 Z#5 F0.2

#3 = #3 + #11

IF［#3LE#4］GOTO 1

#3 = 24

#4 = 15

N2 #8 = SQRT[1 − #3 ∗ #3/#2/#2]

#5 = #1 ∗ #8

#6 = 2 ∗ #3

G01 X = #6 Z = − #5 F0.2

#3 = #3 − #11

IF［#3GE#4］GOTO 2

实例五 计算图 7-52 所示零件椭圆曲面的编程点坐标。

#11 = 0.1;

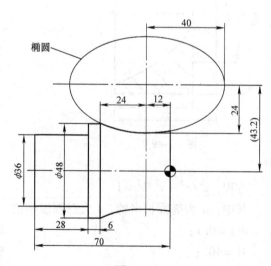

图　7-52

加工步距

#1 = 40. ;	椭圆长半轴
#2 = 24. ;	椭圆短半轴
#3 = 13. ;	#3 为 Z 轴变量
#4 = -25. ;	Z 轴中止(此点已延伸 1mm)
N20 #5 = SQRT［#1 * #1 - #3 * #3］;	
#6 = 2 *［43.2 - #5 * #2/#1］;	任意点 X 值
G01X#6 Z［#3 - 12.］F0.2;	直线移动,起点 Z = 1
# 3 = #3 - #11;	变换动点
IF［#3GE#4］GOTO 20;	终点判别

三、数铣加工计算

1. 旋转角计算

例 18 图 7-53 所示零件在加工中心上加工 10 处 20°花边槽及 10 处宽 14 直槽,零件其余表面已加工至尺寸。零件以 $\phi60$、$\phi20$ 孔中心连线为 x 轴,以 $\phi60$ 孔中心为原点建立图示 xOy 坐标系。加工时零件放置在机床上,找正 $\phi60$ 孔中心设置为原点,找正 $\phi20$ 孔中心得到机床显示坐标为 $O_1(60.274,5.886)$,如图 7-54 所示,求加工时坐标系应旋转的角度。

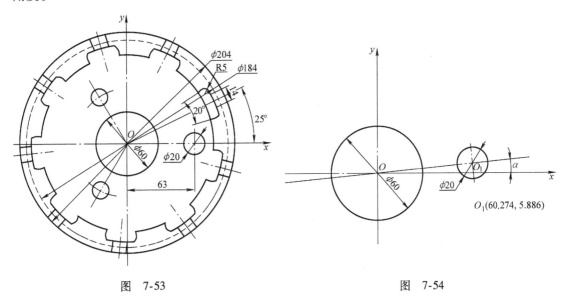

图 7-53   图 7-54

解 $\tan\alpha = \dfrac{5.886}{60.274}$

所以 $\alpha = \arctan\dfrac{5.886}{60.274} = 5.559°$,即加工时坐标系旋转 5.559°即可调用原程序完成加工。

2. 去余量计算

例 19 在加工图 7-55 所示零件上的三角形通槽时,可先加工一个孔,使其与槽三边接近相切(即留有余量),以便去除三角形通槽余量,试确定此孔的最大直径(即相切时的直径)D。

解　根据图样尺寸作辅助图（图7-56），O 为内切圆圆心，A、C 为 $R6$ 圆弧中心。
在 $Rt\triangle ABC$ 中：

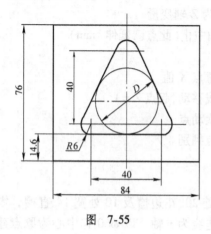

图　7-55

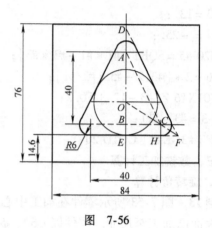

图　7-56

$$\angle BAC = \arctan\frac{BC}{AB} = \arctan\frac{20}{40} = 26.565°$$

$$\angle ACB = 90° - 26.565° = 63.435°$$

在 $Rt\triangle CHF$ 中：

$$\angle CFH = \angle DFE/2 = \angle ACB/2 = \frac{63.435°}{2} = 31.718°$$

$$HF = \frac{CH}{\tan\angle CFH} = \frac{6}{\tan 31.718°} = 9.708$$

在 $Rt\triangle OEF$ 中：

$$OE = EF \cdot \tan\angle CFH = (EH + HF) \cdot \tan\angle CFH = (20 + 9.708) \times \tan 31.718° = 18.361$$

所以 $D = 2OE = 2 \times 18.361 = 36.722$，所以此孔的最大直径为 $\phi36.722$。

3. 数据点计算

例20　加工图7-57所示各孔时，根据图样尺寸计算编程时孔中心点的坐标。

解　由图样尺寸计算可得 $O(0,0)$，$O_1(32,0)$。

O_2 点的 x 坐标为：　$32 \times \cos30° = 27.713$

O_2 点的 y 坐标为：　$32 \times \sin30° = 16$

$\alpha = 30° + 85° - 90° = 25°$

O_3 点的 x 坐标为：　$-24 \times \sin\alpha = -24 \times \sin25° = -10.143$

O_3 点的 y 坐标为：　$24 \times \cos\alpha = 24 \times \cos25° = 21.751$

所以编程时孔中心点的坐标为 $O(0,0)$，$O_1(32,0)$，$O_2(27.713,16)$，$O_3(-10.143, 21.751)$。

例21　如加工图7-58示三孔时，根据图样尺寸计算两个小孔中心距 L 及编程时孔中心点的坐标。

解　由图样尺寸计算可得 $O(0,0)$，$O_1(55,0)$。

在 $\triangle OO_1O_2$ 中：

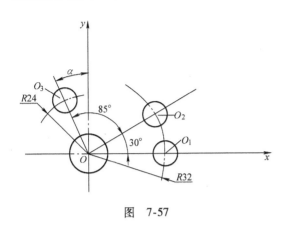

图　7-57

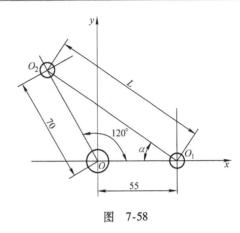

图　7-58

$$L = \sqrt{OO_1^2 + OO_2^2 - 2OO_1 \cdot OO_2 \cdot \cos \angle O_1OO_2} = \sqrt{55^2 + 70^2 - 2 \times 55 \times 70 \cdot \cos 120°} = 108.513$$

O_2 点的 x 坐标为：$-70 \times \cos(180° - 120°) = -35$

O_2 点的 y 坐标为：$70 \times \sin(180° - 120°) = 60.622$

所以两个小孔中心距 L 为 108.513，编程时孔中心点的坐标为 $O(0，0)$，$O_1(55，0)$，$O_2(-35，60.622)$。

例 22　加工图 7-59 所示各孔时，根据图样尺寸计算编程时孔中心点的坐标。

解　由图样尺寸计算可得 $O(0，0)$，$A(50，0)$。

在 $\triangle OAB$ 中：

$$\frac{OB}{\sin 70°} = \frac{OA}{\sin(180° - 60° - 70°)}$$

所以 $OB = \dfrac{50 \times \sin 70°}{\sin 50°} = 61.334$

B 点的 x 坐标为：$OB \times \cos 60° = 61.334 \times \cos 60° = 30.667$

B 点的 y 坐标为：$OB \times \sin 60° = 61.334 \times \sin 60° = 53.117$

C 点的 x 坐标为：$-OC \times \cos(180° - 75° - 60°) = -70 \times \cos 45° = -49.497$

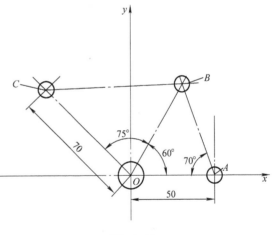

图　7-59

C 点的 y 坐标为：$OC \times \sin(180° - 75° - 60°) = 70 \times \sin 45° = 49.497$

所以编程时孔中心点的坐标为 $O(0，0)$，$A(50，0)$，$B(30.667，53.117)$，$C(-49.497，49.497)$。

例 23　加工图 7-60 所示各孔时，根据图样尺寸计算编程时孔中心点的坐标。

解　根据图样尺寸作辅助图（图 7-61），计算孔中心点的坐标。过 A 点作垂线交 OC 于 D 点，联结 AB、BC、AC。

由图样尺寸计算可得 $O(0，0)$，$A(140，72)$，$C(0，110)$。

在 $\text{Rt} \triangle ADC$ 中：

$$AC = \sqrt{AD^2 + DC^2} = \sqrt{140^2 + (110 - 72)^2} = 145.066$$

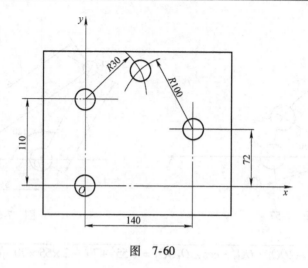

图　7-60

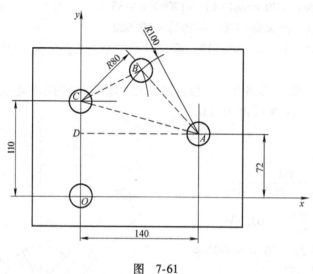

图　7-61

$$\sin\angle DAC = \frac{DC}{AC} = \frac{110-72}{145.066} \quad 所以\angle DAC = \arcsin\frac{38}{145.066} = 15.186°$$

在△ABC中，根据余弦定理：

$$BC^2 = AB^2 + AC^2 - 2AB \cdot AC \cdot \cos\angle BAC$$

得$\angle BAC = \arccos\dfrac{AB^2+AC^2-BC^2}{2AB \cdot AC} = \arccos\dfrac{100^2+145.066^2-80^2}{2\times100\times145.066} = 31.852°$

$$\angle BAD = \angle DAC + \angle BAC = 15.186° + 31.852° = 47.038°$$

所以 B 点的 x 坐标为：140 − AB × cos47.038° = 140 − 100 × cos47.038° = 71.849

B 点的 y 坐标为：72 + AB × sin47.038° = 72 + 100 × sin47.038° = 145.181

所以编程时孔中心点的坐标为 O(0, 0)，A(140, 72)，B(71.849, 145.181)，C(0, 110)。

例 24　加工图 7-62 所示轮廓时，根据图样尺寸计算编程时 A、B（切点）、C（圆心点）点的坐标。

解　根据图样尺寸作辅助图（图 7-63），计算编程点的坐标。D 点为 $R6$ 圆弧圆心点。分别过 A、B、C 点作垂线交 x 轴平行线于 G、E、F 点。联结 DC、DA，则 DC 过 B 点。

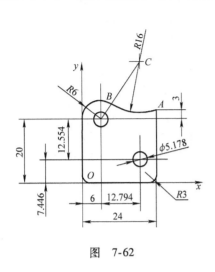

图　7-62

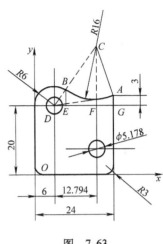

图　7-63

在 Rt△ADG 中：

$$AD = \sqrt{DG^2 + AG^2} = \sqrt{(24-6)^2 + 3^2} = 18.248$$

$$\angle ADG = \arctan \frac{AG}{DG} = \arctan \frac{3}{24-6} = 9.462°$$

在△CDA 中：

$$AC^2 = CD^2 + AD^2 - 2CD \cdot AD \cdot \cos\angle CDA$$

所以 $\angle CDA = \arccos \dfrac{CD^2 + AD^2 - AC^2}{2CD \cdot AD} = \arccos \dfrac{(16+6)^2 + 18.248^2 - 16^2}{2 \times (16+6) \times 18.248} = 45.678°$

所以 $\angle CDG = \angle ADG + \angle CDA = 9.462° + 45.678° = 55.14°$

所以 A 点的坐标：x 坐标为 24

　　　　　　　　y 坐标为 $20 + 3 = 23$

B 点的坐标：x 坐标为 $6 + DB \times \cos\angle CDG = 6 + 6 \times \cos 55.14° = 9.429$

　　　　　　　　y 坐标为 $20 + DB \times \sin\angle CDG = 20 + 6 \times \sin 55.14° = 24.923$

C 点的坐标：x 坐标为 $6 + DC \times \cos\angle CDG = 6 + 22 \times \cos 55.14° = 18.575$

　　　　　　　　y 坐标为 $20 + DC \times \sin\angle CDG = 20 + 22 \times \sin 55.14° = 38.052$

所以编程时点的坐标为 $A(24，23)$，$B(9.429，24.923)$，$C(18.575，38.052)$。

例 25　加工图 7-64 所示轮廓时，根据图样尺寸计算编程时 A、B、C、D、E 点的坐标。

解　根据图样尺寸作辅助图（图 7-65），计算编程点的坐标。过 C 点作垂线分别交 AB、x 轴于 K、I 点。过 A 点作垂线交 x 轴于 H 点。分别过 D、E 点作垂线交 y 轴于 F、G 点。联结 OA、OC、OD、OE。

A 点的坐标：

x 坐标 $OH = \sqrt{OA^2 - AH^2} = \sqrt{30^2 - 10^2} = 28.284$

y 坐标 $AH = 10$

C 点的坐标：

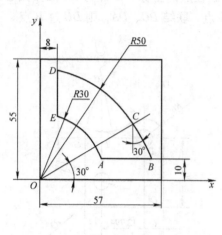

图 7-64

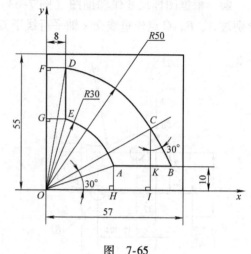

图 7-65

x 坐标 $OI = OC \times \cos30° = 50 \times \cos30° = 43.301$

y 坐标 $CI = OC \times \sin30° = 50 \times \sin30° = 25$

在 $Rt\triangle CKB$ 中：

$$CK = CI - KI = 25 - 10 = 15$$
$$KB = CK \cdot \tan30° = 15 \times \tan30° = 8.66$$

所以 B 点的坐标：

x 坐标 $OI + KB = 43.301 + 8.66 = 51.961$

y 坐标 $KI = 10$

D 点的坐标：

x 坐标 $FD = 8$

y 坐标 $OF = \sqrt{OD^2 - FD^2} = \sqrt{50^2 - 8^2} = 49.356$

E 点的坐标：

x 坐标 $GE = 8$

y 坐标 $OG = \sqrt{OE^2 - GE^2} = \sqrt{30^2 - 8^2} = 28.914$

所以编程时点的坐标为 $A(28.284, 10)$，$B(51.961, 10)$，$C(43.301, 25)$，$D(8, 49.356)$，$E(8, 28.914)$。

例 26 加工图 7-66 所示轮廓时，根据图样尺寸计算编程时 A、B、C、D 各点的坐标（两圆弧切线联结）。

解 根据图样尺寸作辅助图（图 7-67），计算编程点的坐标。A、B、C、D 点为切点，E、F 点为圆弧中心点。联结 EF、EC、BF。过 E 点作水平线，与过 F 点的垂直线相交于 G 点。过 C 点作 FG 的垂线交 FG 于 I 点，过 C 点作 EF 的平行线交 BF 于 H 点。

由图样尺寸计算可得 $A(100, 38)$，$D(0, 25)$。

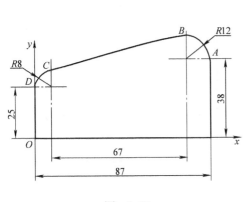

图　7-66

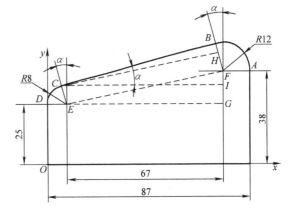

图　7-67

在 Rt△EFG 中：

$$\angle FEG = \arctan\frac{FG}{EG} = \arctan\frac{38-25}{67} = 10.981°$$

$$EF = \sqrt{EG^2 + FG^2} = \sqrt{67^2 + (38-25)^2} = 68.25$$

在 Rt△CHB 中：

$$CH = EF = 68.25$$

$$\angle BCH = \arcsin\frac{BH}{CH} = \arcsin\frac{BF-HF}{CH} = \arcsin\frac{12-8}{68.25} = 3.36°$$

所以 $\angle\alpha = \angle BCH + \angle FEG = 3.36 + 10.981 = 14.341°$

所以 B 点的坐标　　x 坐标为 $x = 67 + 8 - BF \cdot \sin\alpha = 67 + 8 - 12 \times \sin14.341° = 72.028$

y 坐标为 $y = 38 + BF \cdot \cos\alpha = 38 + 12 \times \cos14.341° = 49.626$

所以 C 点的坐标　　x 坐标为 $x = 8 - CE \cdot \sin\alpha = 8 - 8 \times \sin14.341° = 6.018$

y 坐标为 $y = 25 + CE \cdot \cos\alpha = 25 + 8 \times \cos14.341° = 32.751$

所以编程时点的坐标为 $A(100, 38)$，$B(72.028, 49.626)$，$C(6.018, 32.751)$，$D(0, 25)$。

例 27　加工图 7-68 所示轮廓时，根据图样尺寸计算编程时 A、B、C、D 各点的坐标（不相交的两圆弧间外切凸圆弧联结）。

解　根据图样尺寸作辅助图（图 7-69），计算编程点的坐标。A、B、C、D 为切点，E、F、G 点为圆弧中心点。过 E 点作垂线，与过 G 点垂直线交于 H 点。联结 CF 过 E 点，联结 BF 过 G 点，联结 EG。

由图样尺寸计算可得 $A(100, 53)$，$D(0, 47)$。

在 Rt△EGH 中：

$$EG = \sqrt{EH^2 + GH^2} = \sqrt{74^2 + (53-47)^2} = 74.243$$

$$\angle GEH = \arctan\frac{GH}{EH} = \arctan\frac{53-47}{74} = 4.635°$$

$$\angle EGH = 90° - \angle GEH = 90° - 4.635° = 85.365°$$

在 △GEF 中：

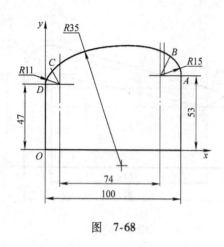

图　7-68

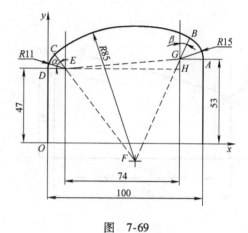

图　7-69

$EF = 85 - 11 = 74$，$GF = 85 - 15 = 70$。

因为 $GF^2 = EG^2 + EF^2 - 2EG \cdot EF \cdot \cos\angle GEF$

所以 $\angle GEF = \arccos \dfrac{EG^2 + EF^2 - GF^2}{2EG \cdot EF} = \arccos \dfrac{74.243^2 + 74^2 - 70^2}{2 \times 74.243 \times 74} = 56.354°$

所以 $\angle\alpha = \angle GEF - \angle GEH = 56.354° - 4.635° = 51.719°$

根据正弦定理：$\dfrac{GF}{\sin\angle GEF} = \dfrac{EF}{\sin\angle EGF}$

所以 $\angle EGF = \arcsin \dfrac{EF \cdot \sin\angle GEF}{GF} = \dfrac{74 \times \sin 56.354°}{70} = 61.648°$

所以 $\angle\beta = \angle EGH - \angle EGF = 85.365° - 61.648° = 23.717°$

所以 B 点的坐标　x 坐标为 $X = 100 - 15 + BG \cdot \sin\beta = 100 - 15 + 15 \cdot \sin 23.717° = 91.033$

　　　　　　　　　y 坐标为 $Y = 53 + BG \cdot \cos\beta = 53 + 15 \times \cos 23.717° = 66.733$

所以 C 点的坐标　x 坐标为 $X = 11 - CE \cdot \cos\alpha = 11 - 11 \times \cos 51.719° = 4.185$

　　　　　　　　　y 坐标为 $Y = 47 + CE \cdot \sin\alpha = 47 + 11 \times \sin 51.719° = 55.635$

所以编程时点的坐标为 $A(100, 53)$，$B(91.033, 66.733)$，$C(4.185, 55.635)$，$D(0, 47)$。

例28　加工图 7-70 所示轮廓时，根据图样尺寸计算编程时 B、C、D、E 各点的坐标（不相交的两圆弧间外切凹圆弧联结）。

解　根据图样尺寸作辅助图（图 7-71），计算编程点的坐标。B、C、D、E 点为切点，F、G、H 点为圆弧中心点。联结 GF 与外轮廓交于 D 点，联结 GH 与外轮廓交于 C 点。过 F 点作垂线，与过 H 点的垂线相交于 I 点。

由图样尺寸计算可得 $B(100, 50)$，$E(0, 44)$。

在 $\mathrm{Rt}\triangle FHI$ 中：

$$FH = \sqrt{FI^2 + HI^2} = \sqrt{68^2 + (50 - 44)^2} = 68.264$$

$$\angle HFI = \arctan \dfrac{HI}{FI} = \arctan \dfrac{50 - 44}{68} = 5.042°$$

在 $\triangle GFH$ 中：

$$GF = FD + GD = 14 + 60 = 74$$

$$GH = GC + CH = 60 + 18 = 78$$

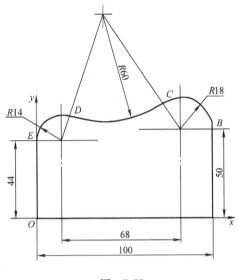

图　7-70

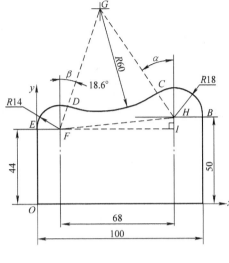

图　7-71

由余弦定理:

$$GH^2 = GF^2 + FH^2 - 2GF \cdot FH \cdot \cos\angle GFH$$

所以 $\angle GFH = \arccos\dfrac{GF^2 + FH^2 - GH^2}{2GF \cdot FH} = \arccos\dfrac{74^2 + 68.264^2 - 78^2}{2 \times 74 \times 68.264} = 66.355°$

根据正弦定理:

$$\frac{GH}{\sin\angle GFH} = \frac{GF}{\sin\angle GHF}$$

所以 $\angle GHF = \arcsin\dfrac{GF \cdot \sin\angle GFH}{GH} = \dfrac{74 \times \sin 66.355°}{78} = 60.351°$

所以 $\angle\alpha = 90° - (\angle GHF - \angle HFI) = 90° - (60.351° - 5.042°) = 34.691°$

所以 $\angle\beta = 90° - \angle GFH - \angle HFI = 90° - 66.355° - 5.042° = 18.603°$

所以 C 点的坐标　x 坐标为 $100 - 18 - CH \cdot \sin\alpha = 100 - 18 - 18 \cdot \sin 34.691° = 71.755$

　　　　　　　　　　y 坐标为 $50 + CH \cdot \cos\alpha = 50 + 18 \times \cos 34.691° = 64.8$

所以 D 点的坐标　x 坐标为 $14 + FD \cdot \sin\beta = 14 + 14 \cdot \sin 18.603° = 18.466$

　　　　　　　　　　y 坐标为 $44 + FD \cdot \cos\beta = 44 + 14 \times \cos 18.603° = 57.269$

所以编程时点的坐标为 $B(100, 50)$, $C(71.755, 64.8)$, $D(18.466, 57.269)$, $E(0, 44)$。

例 29　加工图 7-72 所示轮廓时,根据图样尺寸计算编程时 $A \sim E$ 点(B、C、D、E 点均为切点)的坐标以及圆心点 O、G、F 的坐标。

解　根据图样尺寸作辅助图(图 7-73),计算编程点的坐标。联结 OB、OF(过 E 点)、GC、GF(过 D 点)。过 O 点作垂线交 GC 于 H 点。

由图样尺寸计算可得 $A(-7, 0)$, $O(0, 0)$, $G(32.249, 0)$。

在 $\mathrm{Rt}\triangle OGH$ 中:

$$\angle GOH = \arcsin\frac{GH}{OG} = \arcsin\frac{GC - HC}{OG} = \arcsin\frac{GC - OB}{OG} = \arcsin\frac{16 - 7}{32.249} = 16.205°$$

$$\angle\alpha = \angle GOH = 16.205°$$

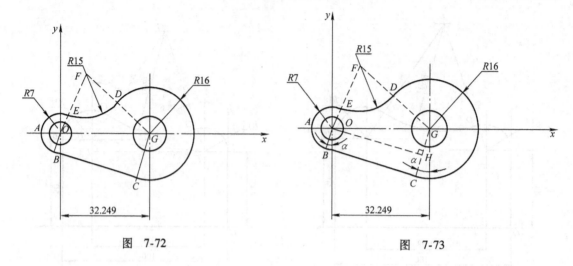

图 7-72　　　　　　　　　　　　　图 7-73

所以 B 点的坐标：

x 坐标 $-OB \cdot \sin\alpha = -7 \times \sin16.205° = -1.954$

y 坐标 $-OB \cdot \cos\alpha = -7 \times \cos16.205° = -6.722$

C 点的坐标：

x 坐标 $32.249 - GC \cdot \sin\alpha = 32.249 - 16 \times \sin16.205° = 27.783$

y 坐标 $-GC \cdot \cos\alpha = -16 \times \cos16.205° = -15.364$

在 $\triangle FOG$ 中，根据余弦定理：

因为 $FG^2 = OF^2 + OG^2 - 2OF \cdot OG \cdot \cos\angle FOG$

所以 $\angle FOG = \arccos \dfrac{OF^2 + OG^2 - FG^2}{2OF \cdot OG} = \arccos \dfrac{(15+7)^2 + 32.249^2 - (15+16)^2}{2 \times (15+7) \times 32.249} = 66.624°$

根据正弦定理：

因为 $\dfrac{OF}{\sin\angle FGO} = \dfrac{FG}{\sin\angle FOG}$

所以 $\angle FGO = \arcsin \dfrac{OF \cdot \sin\angle FOG}{FG} = \arcsin \dfrac{(15+7) \times \sin66.624°}{15+16} = 40.649°$

所以 D 点的坐标：

x 坐标 $32.249 - DG \cdot \cos\angle FGO = 32.249 - 16 \times \cos40.649° = 20.11$

y 坐标 $DG \cdot \sin\angle FGO = 16 \times \sin40.649° = 10.423$

E 点的坐标：

x 坐标 $OE \cdot \cos\angle FOG = 7 \times \cos66.624° = 2.777$

y 坐标 $OE \cdot \sin\angle FOG = 7 \times \sin66.624° = 6.425$

F 点的坐标：

x 坐标 $OF \cdot \cos\angle FOG = (15+7) \times \cos66.624° = 8.729$

y 坐标 $OF \cdot \sin\angle FOG = (15+7) \times \sin66.624° = 20.194$

所以编程时点的坐标为 $A(-7, 0)$，$B(-1.954, -6.722)$，$C(27.783, -15.364)$，$D(20.11, 10.423)$，$E(2.777, 6.425)$，$O(0, 0)$，$G(32.249, 0)$，$F(8.729, 20.194)$。

例30 加工图 7-74 所示轮廓时，根据图样尺寸计算编程时 A ~ E 点的坐标（相交两圆弧间圆弧过渡)。

解　根据图样尺寸作辅助图（图7-75），计算编程点的坐标。A、B、C 点为切点，O、G、F 点为圆弧中心点。联结 OB，联结 FG 与外轮廓交于 C 点，联结 OC、OF。

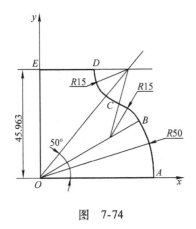

图　7-74

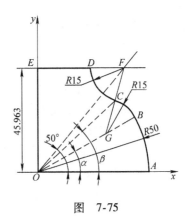

图　7-75

由图样尺寸计算可得 $A(50, 0)$，$E(0, 45.963)$。

在 Rt$\triangle OFE$ 中：

$$EF = OE \cdot \tan \angle EOF = 45.963 \times \tan(90° - 50°) = 38.568$$

$$OF = \frac{OE}{\cos \angle EOF} = \frac{45.963}{\cos(90° - 50°)} = 60$$

在三角形 OGF 中：

$$OG = OB - BG = 50 - 15 = 35$$

$$GF = GC + CF = 15 + 15 = 30$$

因为 $GF^2 = OF^2 + OG^2 - 2OF \cdot OG \cdot \cos \angle FOG$

所以 $\angle FOG = \arccos \dfrac{OF^2 + OG^2 - GF^2}{2OF \cdot OG} = \arccos \dfrac{60^2 + 35^2 - 30^2}{2 \times 60 \times 35} = 20.849°$

所以 $\angle \alpha = 50° - \angle FOG = 50° - 20.849° = 29.151°$

因为 $\dfrac{OG}{\sin \angle OFG} = \dfrac{GF}{\sin \angle FOG}$

所以 $\angle OFG = \arcsin \dfrac{OG \cdot \sin \angle FOG}{GF} = \arcsin \dfrac{35 \times \sin 20.849°}{30} = 24.533°$

在 $\triangle OCF$ 中：

$OC = \sqrt{OF^2 + FC^2 - 2OF \cdot FC \cdot \cos \angle OFC} = \sqrt{60^2 + 15^2 - 2 \times 60 \times 15 \times \cos 24.533°} = 46.771$

因为 $\dfrac{FC}{\sin \angle FOC} = \dfrac{OC}{\sin \angle OFC}$

所以 $\angle FOC = \arcsin \dfrac{FC \cdot \sin \angle OFC}{OC} = \arcsin \dfrac{15 \times \sin 24.533°}{46.771} = 7.653°$

所以 $\angle \beta = 50° - \angle FOC = 50° - 7.653° = 42.347°$

所以 B 点的坐标：

x 坐标　$OB \cdot \cos \alpha = 50 \times \cos 29.151° = 43.667$

y 坐标　$OB \cdot \sin \alpha = 50 \times \sin 29.151° = 24.356$

C 点的坐标：

x 坐标 $\quad OC \cdot \cos\beta = 46.771 \times \cos42.347° = 34.567$

y 坐标 $\quad OC \cdot \sin\beta = 46.771 \times \sin42.347° = 31.506$

D 点的坐标：

x 坐标 $\quad EF - DF = 38.568 - 15 = 23.568$

y 坐标 $\quad 45.963$

所以编程时点的坐标为 $A(50, 0)$，$B(43.667, 24.356)$，$C(34.567, 31.506)$，$D(23.568, 45.963)$，$E(0, 45.963)$。

例 31 数控编程时，要实现任意倒角 C 与拐角圆弧过渡 R 指令，可以在直线轮廓和圆弧轮廓之间插入任意倒角或拐角圆弧过渡轮廓，从而简化编程。采用倒角 C 与拐角圆弧过渡 R 指令编程时，工件轮廓虚拟拐点坐标必须易于确定，此时无需确定相切点坐标即可完成程序编制，虚拟拐点如图 7-76 所示。

完成图 7-77 所示轮廓编程时 A、B、C 点的坐标。

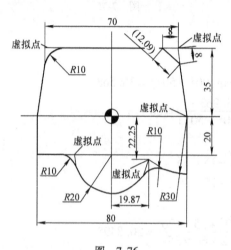

图 7-76

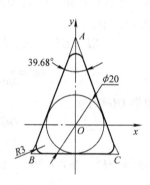

图 7-77

解 根据图样尺寸作辅助图（图 7-78），计算编程点的坐标。D、E 点为切点，联结 OD、OC。

在 Rt$\triangle AOD$ 中：

$$\angle OAD = 19.84°$$

所以 A 点的坐标：

x 坐标 $\quad 0$

y 坐标 $\quad \dfrac{OD}{\sin\angle OAD} = \dfrac{10}{\sin19.84°} = 29.464$

在 Rt$\triangle OEC$ 中：

$$\angle OCE = \frac{\angle DCE}{2} = \frac{180° - 39.68°}{2 \times 2} = 35.08°$$

所以 C 点的坐标：

x 坐标 $\quad \dfrac{OE}{\tan\angle OCE} = \dfrac{10}{\tan35.08°} = 14.239$

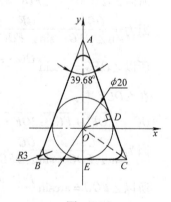

图 7-78

y 坐标　 -10

所以 B 点的坐标：

x 坐标　 -14.239

y 坐标　 -10

所以编程时点的坐标为 $A(0, 29.464)$，$B(-14.239, -10)$，$C(14.239, -10)$。

例32　加工图 7-79 所示轮廓时，根据图样尺寸计算编程时 O、A、B、C、D 点的坐标。

解　根据图样尺寸作辅助图（图 7-80），计算编程点的坐标。E、F 点为圆弧圆心点，过 E 点作垂线交过 F 点的垂直线于 G 点，联结 EF、EC、FC。

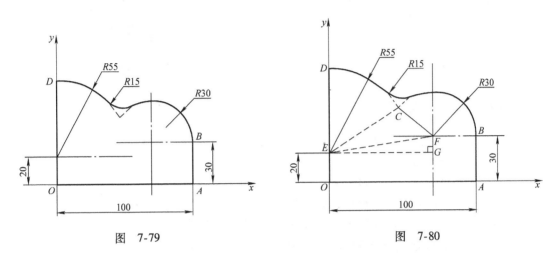

图　7-79　　　　　　　　　　　　图　7-80

由图样尺寸计算可得 $O(0, 0)$，$A(100, 0)$，$B(100, 30)$，$D(0, 75)$。

在 $\mathrm{Rt}\triangle EFG$ 中：

$$EF = \sqrt{EG^2 + FG^2} = \sqrt{(100-30)^2 + (30-20)^2} = 70.711$$

$$\angle FEG = \arctan\frac{FG}{EG} = \arctan\frac{30-20}{100-30} = 8.13°$$

在 $\triangle CEF$ 中：

$$CF^2 = EC^2 + EF^2 - 2EC \cdot EF \cdot \cos\angle CEF$$

所以 $\angle CEF = \arccos\dfrac{EC^2 + EF^2 - CF^2}{2EC \cdot EF} = \arccos\dfrac{55^2 + 70.711^2 - 30^2}{2 \times 55 \times 70.711} = 23.648°$

所以 $\angle CEG = \angle CEF + \angle FEG = 23.648° + 8.13° = 31.778°$

C 点的坐标：

x 坐标为：$EC \times \cos\angle CEG = 55 \times \cos31.778° = 46.755$

y 坐标为：$EC \times \sin\angle CEG + 20 = 55 \times \sin31.778° + 20 = 48.965$

所以编程时点的坐标为 $O(0, 0)$，$A(100, 0)$，$B(100, 30)$，$C(46.755, 48.965)$，$D(0, 75)$。

4. 坐标值计算

计算图 7-81 所示圆周均布孔编程时的孔位坐标（直角坐标、极坐标、变量值）。

解　1）计算孔位坐标直角坐标。

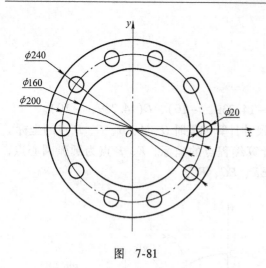

图 7-81

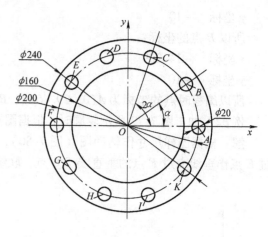

图 7-82

如图 7-82 所示，$\alpha = \dfrac{360°}{10} = 36°$

A 点坐标：x 坐标为　$x = 100$

　　　　　　　y 坐标为　$y = 0$

B 点坐标：x 坐标为　$x = 100 \times \cos\alpha = 100 \times \cos36° = 80.902$

　　　　　　　y 坐标为　$y = 100 \times \sin\alpha = 100 \times \sin36° = 58.779$

C 点坐标：x 坐标为　$x = 100 \times \cos2\alpha = 100 \times \cos72° = 30.902$

　　　　　　　y 坐标为　$y = 100 \times \sin2\alpha = 100 \times \sin72° = 95.106$

所以编程时孔的孔位坐标为：

$A(100,0)$，$B(80.902,58.779)$，$C(30.902,95.106)$，$D(-30.902,95.106)$，$E(-80.902,58.779)$，$F(-100,0)$，$G(-80.902,-58.779)$，$H(-30.902,-95.106)$，$I(30.902,-95.106)$，$K(80.902,-58.779)$。

2）计算极坐标孔位坐标。

编程指令G16 X_ Y_；　　　G16 为极坐标指令，X_ 表示极径，Y_ 表示极角

　　　　G15；　　　　　　　G15 为取消极坐标指令

则编程时孔的孔位坐标为：

$A(100,0)$，$B(100,36)$，$C(100,72)$，$D(100,108)$，$E(100,144)$，$F(100,180)$，$G(100,216)$，$H(100,252)$，$I(100,288)$，$K(100,324)$。

3）计算孔位变量值坐标。

采用直角坐标编程，如图 7-83 所示。

自变量赋值说明：

A：#1　　　　　　　孔加工起始角（第一孔）

B：#2　　　　　　　各孔间角度间隔（即增量角）

C：#3　　　　　　　孔数

I：#4　　　　　　　均布圆的圆周半径

F：#9　　　　　　　进给速度

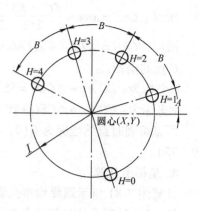

图 7-83

H：#11　　　　　　　　　　　　　孔数计数值
R：#18　　　　　　　　　　　　　固定循环中安全高度 R 点坐标值
X：#24　　　　　　　　　　　　　圆心 X 坐标值
Y：#25　　　　　　　　　　　　　圆心 Y 坐标值
Z：#26　　　　　　　　　　　　　孔深
宏程序：
O1300；
N20 #5 = #24 + #4 * COS［#1］；　　#5 为孔位 X 坐标
#6 = #25 + #4 * SIN［#1］；　　　　#6 为孔位 Y 坐标
G99 G81 X#5 Y#6 Z#26 R#18 F#9；
#1 = #1 + #2；　　　　　　　　　孔位角计算
#11 = #11 - 1；　　　　　　　　　孔数计算
IF［#11GT0］GOTO 20；　　　　　如果#11 大于 0，执行 N20
G80；
M99；
举例：
　　加工图 7-81 所示圆周均布孔，圆心坐标为（0，0），圆半径为 100，孔加工起始角为
0°，各孔间间隔角度为 36°，孔数为 10，孔径为 $\phi 8$，孔深为 30。
　　程序：
O300；
T1 M6；
M03 S800；
G90 G54 G00 X0 Y0；
Z50.；
G65 P1300 X0 Y0 Z - 30. R2. F60 A0 B36. H10 I100.；　　模态调用 O1300 子程序，并对
　　　　　　　　　　　　　　　　　　　　　　　　　　　　自变量赋值

G00 Z50.；
M05；
M30；
采用极坐标编程。
　　程序：
O310；
T1 M06；
M03 S800；
G90 G54 G00 X0 Y0；
Z50.；
G65 P1310 X0 Y0 Z - 30. R2. F60 A0 B36. H10 I100.；　　模态调用 O1310 子程序，并对
　　　　　　　　　　　　　　　　　　　　　　　　　　　　自变量赋值

G00 Z50.；

M05；

M30；

宏程序：

O1310；

G52 X#24 Y#25；　　　　　　　　　　　　在均布圆圆心（X，Y）处建立局部坐标系

G16；　　　　　　　　　　　　　　　　　极坐标

N20 G99 G81 X#4 Y#1 Z#26 R#18 F#9；

#1 = #1 + #2；

#11 = #11 − 1；

IF［#11GT0］GOTO 20；

G80；

G15；　　　　　　　　　　　　　　　　　取消极坐标

G52 X0 Y0；　　　　　　　　　　　　　　取消局部坐标系，恢复 G54 原点

M99；

5. 变量编程

加工椭圆外形，如图 7-84 所示。

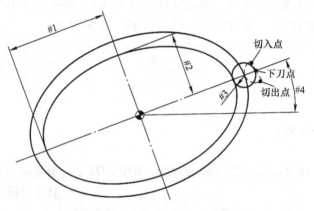

椭圆的参数方程 $x = a\cos t$　　$y = b\sin t$

图 7-84

自变量赋值说明：

A：#1　　　　　　　　　　　椭圆长半轴长（对应 X 轴）

B：#2　　　　　　　　　　　椭圆短半轴长（对应 Y 轴）

C：#3　　　　　　　　　　　刀具半径（平底刀）

I：#4　　　　　　　　　　　椭圆长半轴的轴线与 X 轴的夹角

F：#9　　　　　　　　　　　进给速度

H：#11　　　　　　　　　　吃刀量设为自变量，赋初始值

Q：#17　　　　　　　　　　自变量#11 每次递增量（等高）

R：#18　　　　　　　　　　角度设为自变量，赋初值为 0°

S：#19　　　　　　　　　　角度递增量

Z：#26	椭圆外形高度（绝对值）

宏程序：

O1100；

G00 X0 Y0；	快速定位至零点（椭圆圆心）上方
G68 X0 Y0 R#4；	以零点为旋转中心，坐标系旋转角度为#4
#5 = #1 + #3；	刀具中心所对应的"长半轴"
#6 = #2 + #3；	刀具中心所对应的"短半轴"
WHILE［#11 LE #26］DO 1；	如果加工高度#11≤#26，循环1继续
G01 X［#5 + #3］F［#9 * 2］；	刀具进至下刀点
Z − #11 F［#9 * 0.15］；	Z轴进至当前加工深度
Y#3；	Y轴进至切入点
G03 X#5 Y0 R#3 F#9；	以刀具半径为旋转半径，圆弧切入工件
#18 = 0；	重置#18 = 0
WHILE［#18 LE 360］DO 2；	如果#18≤360，循环2继续
#7 = #5 * COS［#18］；	椭圆上任一点的X坐标值　参数方程
#8 = #6 * SIN［#18］；	椭圆上任一点的Y坐标值　参数方程
G01 X#7 Y − #8；	以直线G01逼近椭圆
#18 = #18 + #19；	#18以#19为增量递增
END 2；	循环2结束（完成一圈椭圆加工，此时#18 > 360）
G03 X［#5 + #3］Y − #3 R#3；	圆弧切出退刀
#11 = #11 + #17；	Z坐标（绝对值）依次递增#17（层间距）
END 1；	循环1结束（此时#17 > #26）
G00 Z30.；	抬刀至安全高度
G69；	取消坐标旋转
M99；	子程序结束

习　题

1. 什么是二维数学模型和三维数学模型？各适合于什么情况？

2. 已知零件图如图7-85所示，用轮廓铣加工，建立其数学模型。

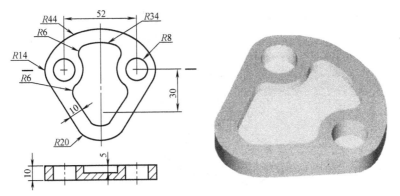

图　7-85

3. 已知零件图如图 7-86 所示，用车削加工，建立其数学模型。

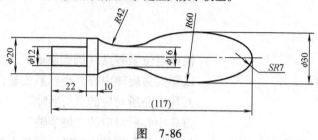

图 7-86

4. 已知零件图如图 7-87 所示，用车削加工，建立其数学模型。

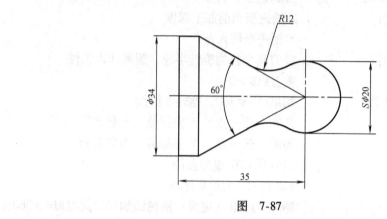

图 7-87

5. 已知零件图如图 7-88 所示，用轮廓铣加工，建立其数学模型。

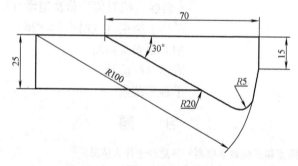

图 7-88

6. 已知零件图如图 7-89 所示，用轮廓铣加工，建立其数学模型。

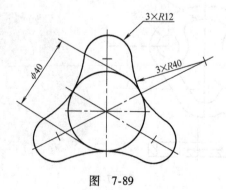

图 7-89

7. 已知零件图如图 7-90 所示，用轮廓铣加工，建立其数学模型。

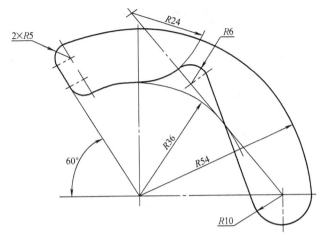

图　7-90

8. 已知零件图如图 7-91 所示，用线切割加工，建立其数学模型。

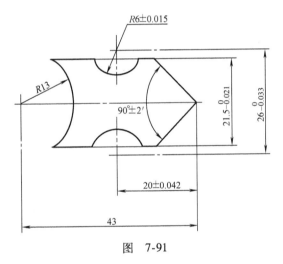

图　7-91

参 考 文 献

[1] 义务教育数学课程标准研制组. 数学 [M]. 北京：北京师范大学出版社，2004.

[2] 丛日明. 数学 [M]. 北京：中国劳动社会保障出版社，1999.

[3] 唐应谦. 数控加工工艺学 [M]. 北京：中国劳动社会保障出版社，2000.

读者信息反馈表

亲爱的读者:

您好！感谢您购买《数控应用数学 第2版》(闻福三 于清 翟瑞波 编) 一书。为了更好地为您服务，我们希望了解您的需求以及对我社教材的意见和建议，愿这小小的表格在我们之间架起一座沟通的桥梁。另外，如果您在培训中选用了本教材，我们将免费为您提供与本教材配套的电子课件。

姓　　名		所在单位名称			
性　　别		所从事工作（或专业）			
通信地址				邮　编	
移动电话			办公电话		
E-mail			QQ		

1. 您选择图书时主要考虑的因素（在相应项后面画√）
出版社（　　）内容（　　）价格（　　）其他：＿＿＿＿＿
2. 您选择我们图书的途径（在相应项后面画√）
书目（　　）书店（　　）网站（　　）朋友推介（　　）其他：＿＿＿＿＿

希望我们与您经常保持联系的方式：
□电子邮件信息　□定期邮寄书目　□通过编辑联络　□定期电话咨询

你关注（或需要）哪些类图书和教材：

您对本书的意见和建议（欢迎您指出本书的疏漏之处）：

您近期的著书计划：

请联系我们——
地　　址　北京市西城区百万庄大街22号　机械工业出版社技能教育分社
邮　　编　100037
社长电话　（010）88379083　88379080
传　　真　（010）68329397
营销编辑　（010）88379534　88379535
免费电子课件索取方式：
网上下载　www. cmpedu. com
邮箱索取　jnfs@ cmpbook. com